国家社科基金项目（13BJY031）和亚洲开发银行技术援助项目（TA-8180 PRC）
中央高校基本科研业务费专项资金　　资助

中国草原生态
补偿机制研究

靳乐山　胡振通 ◎ 著

中国财经出版传媒集团
经济科学出版社
Economic Science Press

图书在版编目（CIP）数据

中国草原生态补偿机制研究/靳乐山，胡振通著．
—北京：经济科学出版社，2017.7
ISBN 978 – 7 – 5141 – 8018 – 3

Ⅰ. ①中⋯　Ⅱ. ①靳⋯　②胡⋯　Ⅲ. ①草原生态
系统 – 补偿机制 – 研究 – 中国　Ⅳ. ①S812

中国版本图书馆 CIP 数据核字（2017）第 107067 号

责任编辑：周国强　张　蕾
责任校对：杨　海
版式设计：齐　杰
责任印制：邱　天

中国草原生态补偿机制研究
靳乐山　胡振通　著
经济科学出版社出版、发行　新华书店经销
社址：北京市海淀区阜成路甲 28 号　邮编：100142
总编部电话：010 – 88191217　发行部电话：010 – 88191522
网址：www. esp. com. cn
电子邮件：esp@ esp. com. cn
天猫网店：经济科学出版社旗舰店
网址：http://jjkxcbs. tmall. com
固安华明印业有限公司印装
710×1000　16 开　21.25 印张　350000 字
2017 年 7 月第 1 版　2017 年 7 月第 1 次印刷
ISBN 978 – 7 – 5141 – 8018 – 3　定价：89.00 元
（图书出现印装问题，本社负责调换．电话：010 – 88191510）
（版权所有　侵权必究　举报电话：010 – 88191586
电子邮箱：dbts@ esp. com. cn）

前　言

　　中国陆地面积的 40%，即约 60 亿亩，是草原。就面积而言，草原是中国的第一大生态系统。长期以来，受农畜产品绝对短缺时期优先发展生产的影响，国家和牧民强调草原的生产功能，忽视草原的生态功能，由此造成草原长期超载过牧和人畜草关系持续失衡，导致中国草原 90% 以上面积出现不同程度退化。

　　随着中国综合国力日益增强，农牧业综合生产能力不断提升，中国已经有条件更好地处理草原生态、牧业生产和牧民生活的关系。2011 年 6 月 1 日国务院发布的《关于促进牧区又好又快发展的若干意见》（国发〔2011〕17号）确立了中国牧区发展中"生态优先"的基本方针，指出在新的历史条件下，牧区发展要树立生产生态有机结合、生态优先的基本方针，走出一条经济社会又好又快发展的新路子。

　　在"生态优先"的牧区发展战略指导下，国家从 2011 年开始实施"草原生态保护补助奖励"机制。从 2011 年起连续 5 年，中央财政将每年安排资金 136 亿元（后增加到 150 亿元以上），在内蒙古、新疆、西藏、青海、四川、甘肃、宁夏和云南 8 个主要草原牧区省区，全面建立草原生态保护补助奖励机制，上述 8 个省区草原占中国草原面积 80% 以上。

　　草原生态保护补助奖励机制是中国草原生态补偿的主要政策/项目，也是继森林生态补偿之后中国启动的第二个基于主导生态要素的生态补偿政策。相比较于森林生态补偿和流域生态补偿等领域，草原生态补偿对于政策制定者、实施者、研究者以及对于政策对象牧民，都是新的尝试，国际上也不像森林和流域生态补偿那样有众多实践案例和经验。草原生态补偿政策实施后，能否达到生态保护目标，对牧民生计影响如何，政策设计是否存在问题，牧民对政策是否满意，政策有没有改进空间，等等，这些问题是我们作为生态补偿研究者十分关注的。

国家第一轮草原生态补偿政策2012年落地实施后不久，我们申请了国家社会科学基金项目"草原生态保护补助奖励机制对不同规模牧户的影响研究"（13BJY031），并于2013年得到批准，使我们能够在内蒙古广大牧区开展草原生态补偿研究。同时，我们也得到亚洲开发银行技术援助项目"TA-8180 PRC：甘肃省生态补偿法规和政策框架研究"（2013~2014）的资助，在甘肃省牧区天祝县（青藏高原牧区）进行草原生态补偿的研究。本书的研究成果是在以上两个项目的支持下完成的。

我们的研究基于对牧户面对面的访谈和问卷调查（见附录），我们在内蒙古牧区抽取了498个牧户进行了入户访谈，在甘肃天祝县抽取了109个牧户进行了入户访谈。同时，我们还访问了调研地区各级草原管理部门，包括省（自治区）的草原监督管理局、市县（旗）的草原监理部门，以及村（嘎查）领导干部。研究初步成果于2015年12月3日召开的草原生态补偿研讨会上向来自中国社会科学院、北京大学、农业部草原监理中心、甘肃省和内蒙古自治区草原监督管理局等机构的专家和领导进行了汇报交流，听取了专家和领导意见。

草原生态补偿涉及草原经营管理的多个方面。本书重点从以下方面研究草原生态补偿：（1）中国草原生态补偿的政策设计和效果评估；（2）草畜平衡奖励中减畜和补偿的不对等关系；（3）禁牧补助标准的差别化；（4）草原生态补偿的监督管理；（5）牧区适度规模经营；（6）牧区畜牧业经营的代际传递意愿。牧区适度规模经营之所以与草原生态补偿相关，是因为我们在研究中发现，小牧户是过牧超载的主体，牧区适度规模经营，有助于解决减畜与补偿不对等的问题。畜牧业经营的代际传递意愿研究，又与牧区适度规模经营密切相关。

中国草原生态补偿第一轮政策于2015年底结束以后，从2016年开始又启动了新一轮草原生态保护补助奖励政策（2016~2020）。中国草原生态补偿政策是一个涉及中国40%国土面积、13个省区和上千万牧民的重大政策，对其政策设计、实施、评估的研究尚未像退耕还林那样引起学术界的足够重视。本书的出版目的是通过中国草原生态补偿的研究，以期有助于草原生态补偿政策的进一步完善。

靳乐山是国家社科基金项目和亚行技术援助项目的主持人，胡振通是两个项目的核心成员。参加这两项草原生态补偿研究项目的其他成员包括中国农业大学人文与发展学院博士生孔德帅、吴乐、李玉新、魏同样、柳荻等，硕士生荣茂、朱元捷、王眉宇和范一添等。感谢课题成员的辛勤付出，是他们在牧区艰苦条件下长时间的牧户访谈调研，构成了本研究的坚实基础。

感谢国家社科基金和亚洲开发银行在项目资金上的支持，使得我们在牧区的实地调研有了资金保障。牧区地广人稀，调研成本极高，凡是到牧区牧户调研过的人对此都会有切身体会。

农业部草原监理中心李兵处长在项目组调研之初就提供了宝贵的建议。在内蒙古实地调研期间得到内蒙古草原监督管理局陈永泉局长和刘永利副局长的大力支持和协调。内蒙古四子王旗草监局崔智林局长和巴雅尔图科长为项目组在四子王旗的调研提供了帮助和支持。内蒙古陈巴尔虎旗农牧局包峰副局长为项目组在陈巴尔虎旗的调研提供了便利和帮助。内蒙古阿拉善左旗农牧局宝勒德站长为项目组在阿拉善左旗的调研积极协调沟通。项目组在甘肃省调研期间得到甘肃省草原监督管理局唐功龙局长的大力支持和协调。甘肃省天祝县草原监督管理站张起荣副站长和焦金寿股长为项目组在天祝县的调研提供了极大帮助。作者对他们的大力支持和慷慨帮助深表感谢。同时，作者对我们访谈过的内蒙古498个牧户、甘肃省天祝县109个牧户的积极配合和坦诚相告表示衷心感谢！

该书的出版得到中央高校基本科研业务费专项资金资助，在此表示感谢！感谢经济科学出版社金融编辑中心周国强主任和张蕾编辑为本书出版付出的辛勤努力！

作者对本书的数据、方法和结论负责，任何错误与不当之处与以上领导专家及其单位无关。错误疏漏之处，敬请读者批评指正。

目　录
CONTENTS

第一部分

中国草原生态补偿

| 第一章 |
中国草原生态补偿概述

简要介绍中国草原生态补偿项目和实施概况，在此基础上探讨中国草原生态补偿的基本构成。中国草原生态补偿共有两个政策/项目，一是从 2003 年开始实施的退牧还草工程，二是从 2011 年开始实施的草原生态保护补助奖励机制。2011 年草原生态保护补助奖励机制这项重大政策出台后，退牧还草工程做出了调整使之与草原生态保护补助奖励机制相适应。草原生态保护补助奖励机制，是目前中国最重要的草原生态补偿机制，是中国继森林生态效益补偿机制建立之后的第二个基于生态要素的生态补偿机制。草原生态保护的政策目标主要是指遏制超载，具体的政策措施是禁牧和草畜平衡，国家限制超载的政策目标是希望通过实施草原生态补偿，达到草原生态保护和促进牧民增收相结合。本书中的草原生态补偿就是指是草原生态保护补助奖励机制。

一、中国草原生态补偿项目

中国草原生态补偿有两个政策/项目，一是从 2003 年开始实施的退牧还草工程，二是从 2011 年开始实施的草原生态保护补助奖励机制。

（一）退牧还草工程

继退耕还林工程之后，中国从 2003 年开始实施"退牧还草"草原生态保护工程。"退牧还草"工程对全年禁牧和季节性休牧的牧民进行饲料粮补助,并且补助草原围栏建设。

2002 年 9 月,国务院发布了《关于加强草原保护与建设的若干意见》,正式提出建立基本草地保护制度、实行草畜平衡制度以及推行划区轮牧、休牧和禁牧制度。

2002 年 12 月全国人大常委会修订的《草原法》对草原的合理利用、草原建设与保护作了新的规定。同年 12 月,国务院批准了国务院西部开发办、国家计委、农业部、财政部、国家粮食局联合提交的《关于启动退牧还草工程建设的请示》,决定在西部 11 个省启动退牧还草工程。

2003 年 3 月国务院西部开发办、国家计委、农业部、财政部、国家粮食局联合下发了《关于下达 2003 年退牧还草任务的通知》,要求从 2003 ~ 2007 年 5 年时间,在蒙甘宁西部荒漠草原、内蒙古东部退化草原、新疆北部退化草原和青藏高原东部江河源草原,先期集中治理 10 亿亩,约占西部地区严重退化草原的 40%,力争 5 年使工程区内退化的草原得到基本恢复,天然草场得到休养生息,达到草畜平衡,实现草原资源的永续利用,建立起与畜牧业可持续发展相适应的草原生态系统。

为了确保退牧还草工程顺利实施,该通知确立了如下政策与措施。

第一,完善草原家庭承包责任制。要落实草原使用权,把草场划分承包到户,核发草原使用权证,明确农牧民的权利与义务,保护农牧民合法权益,保持承包关系长期稳定。

第二,实行以草定畜,严格控制载畜量。要根据草场资源状况和草场承载量,定期核定项目建设户草原载畜量,控制休牧和划区轮牧草原区内的牲畜放养数量,防止超载过牧,实现草畜平衡。

第三,退牧还草的投入机制,实行国家、地方和农牧户相结合的方式,以中央投入带动地方和个人投入,多渠道保证投入。国家对退牧还草给予必要的草原围栏建设资金补助和饲料粮补助。轮牧不享受饲料粮补助政策。

2003 ~ 2010 年"退牧还草"工程在内蒙古、新疆、青海、甘肃、四川、西藏、宁夏、云南 8 省区和新疆生产建设兵团,中央累计投入基本建设投资 136 亿元,安排草原围栏建设任务 7.78 亿亩,同时对项目区实施围栏封育的牧民给予饲料粮补贴。工程惠及 174 个县(旗、团场),90 多万农牧户,450

多万名农牧民。①

2011 年"草原生态保护补助奖励"这项重大政策出台后，2011 年 8 月，经国务院同意，国家发展改革委会同农业部、财政部印发了《关于完善退牧还草政策的意见》，"退牧还草"做出了调整使之与"草原生态保护补助奖励"政策相适应。国务院主管部门有关"退牧还草"政策与法规如表 1 – 1 所示。

表 1 – 1　　　　　国务院主管部门有关退牧还草政策与法规一览

政策与法规	颁布机关	颁布时间
关于开展退牧还草工程监督检查的通知	农业部办公厅	2012. 04. 06
完善退牧还草政策的意见	国家发展改革委、农业部、财政部	2011. 08. 22
关于开展退牧还草工程监督检查的通知	农业部办公厅	2009. 07. 22
关于切实做好退耕还林粮食补助资金和退牧还草、禁牧舍饲饲料粮补助资金管理衔接工作的通知	财政部农业司	2008. 01. 30
关于进一步加强退牧还草工程实施管理的意见	农业部	2005. 04. 11
关于进一步做好退牧还草工程实施工作的通知	农业部	2003. 10. 14
退牧还草和禁牧舍饲陈化粮供应监管暂行办法	国家发展和改革委员会、国家粮食局、国务院西部开发办等	2003. 07. 09
关于下达 2003 年退牧还草任务的通知	国务院西部开发办、国家计委、农业部、财政部、国家粮食局	2003. 03. 18

2011 年"退牧还草"政策调整的主要内容是：

一是实行禁牧封育的草原，原则上不再实施围栏建设。今后的退牧还草重点安排划区轮牧和季节性休牧围栏建设，并与推行草畜平衡挂钩。按照围栏建设任务的 30% 安排重度退化草原补播改良任务。逐步扩大岩溶地区草地治理试点范围。"十二五"时期，安排退牧还草围栏建设任务 5 亿亩，配套实施退化草原补播改良任务 1.5 亿亩。

---

① 人民网，2011 – 08 – 05. 国家退牧还草工程成效显著. http：//finance. people. com. cn/nc/GB/15335066. html.

二是配套建设舍饲棚圈和人工饲草地。在具有发展舍饲圈养潜力的工程区，对缺乏棚圈的退牧户，按照每户80平方米的标准，配套实施舍饲棚圈建设，推动传统畜牧业向现代牧业转变。在具备稳定地表水水源的工程区，配套实施人工饲草地建设，解决退牧后农牧户饲养牲畜的饲料短缺问题。

三是提高中央投资补助比例和标准。围栏建设中央投资补助比例由2011年前的70%提高到80%，地方配套由30%调整为20%，取消县及县以下资金配套。青藏高原地区围栏建设每亩中央投资补助由17.5元提高到20元，其他地区由14元提高到16元。补播草种费每亩中央投资补助由10元提高到20元。人工饲草地建设每亩中央投资补助160元，舍饲棚圈建设每户中央投资补助3000元。按照中央投资总额的2%安排退牧还草工程前期工作费。

四是饲料粮补助改为草原生态保护补助奖励。从2011年起，不再安排饲料粮补助，在工程区内全面实施草原生态保护补助奖励机制。对实行禁牧封育的草原，中央财政按照每亩每年补助6元的测算标准对牧民给予禁牧补助，5年为一个补助周期；对禁牧区域以外实行休牧、轮牧的草原，中央财政对未超载的牧民，按照每亩每年1.5元的测算标准给予草畜平衡奖励。

（二）草原生态保护补助奖励机制

草原生态保护补助奖励机制，是目前中国最重要的草原生态补偿机制，是中国继森林生态效益补偿机制建立之后的第二个基于生态要素的生态补偿机制。从表1-2国务院主管部门有关草原生态保护补助奖励政策与法规文件的颁布，可以看出中国草原生态补偿的演变。

表1-2　　国务院主管部门有关草原生态保护补助奖励政策与法规一览

政策与法规	颁布机关	颁布时间
新一轮草原生态保护补助奖励政策实施指导意见（2016~2020年）	农业部、财政部	2016.03.01
中央财政农业资源及生态保护补助资金管理办法	财政部、农业部	2014.06.09
关于深入推进草原生态保护补助奖励机制政策落实工作的通知	农业部办公厅、财政部办公厅	2014.05.20

续表

政策与法规	颁布机关	颁布时间
关于做好 2013 年草原生态保护补助奖励机制政策实施工作的通知	农业部办公厅、财政部办公厅	2013. 05. 22
中央财政草原生态保护补助奖励资金绩效评价办法	财政部、农业部	2012. 11. 14
关于建立草原生态保护补助奖励政策实施情况定期报送制度的通知	农业部办公厅	2012. 10. 10
关于进一步推进草原生态保护补助奖励机制落实工作的通知	农业部办公厅、财政部办公厅	2012. 04. 26
中央财政草原生态保护补助奖励资金管理暂行办法	财政部、农业部	2011. 12. 31
关于 2011 年草原生态保护补助奖励机制政策实施的指导意见	农业部、财政部	2011. 06. 13
关于做好建立草原生态保护补助奖励机制前期工作的通知	财政部、农业部	2010. 12. 31

2011 年 6 月 1 日国务院发布的《关于促进牧区又好又快发展的若干意见》（国发〔2011〕17 号）确立了中国牧区发展中"生态优先"的基本方针，指出长期以来，受农畜产品绝对短缺时期优先发展生产的影响，强调草原的生产功能，忽视草原的生态功能，由此造成草原长期超载过牧和人畜草关系持续失衡，导致草原生态难以走出恶性循环。随着中国综合国力日益增强，农牧业综合生产能力不断提升，中国已经有条件更好地处理草原生态、牧业生产和牧民生活的关系。在新的历史条件下，牧区发展要树立生产生态有机结合、生态优先的基本方针，走出一条经济社会又好又快发展的新路子。

在"生态优先"的牧区发展战略指导下，国家从 2011 年开始实施"草原生态保护补助奖励"机制。2010 年 10 月财政部和农业部向国务院提交了《关于建立草原生态保护补助奖励机制》的请示，2010 年 10 月 12 日国务院 128 次常务会议决定，从 2011 年起连续 5 年，中央财政将每年安排资金 136 亿元（后有所增加），在内蒙古、新疆、西藏、青海、四川、甘肃、宁夏和云南 8 个主要草原牧区省区，全面建立草原生态保护补助奖励机制，上述 8 个省区一共涉及 37.5 亿亩（2.5 亿公顷）草原，占中国草原面积80%以上。

2011 年中央财政安排草原生态保护补助奖励资金 136 亿元；2012 年中央财政进一步加大投入力度，安排资金 150 亿元，将政策实施范围扩大到河北等 5 省的 36 个牧区半牧区县；2013 年中央财政安排草原生态保护补助奖励资金 159. 75 亿元。

第一轮"草原生态保护补助奖励"（2011～2015 年）的政策内容和补偿标准是：

一是禁牧补助。对生态环境非常恶劣、草场严重退化、不宜放牧的草原，实行禁牧封育，中央财政按照每年每亩 6 元的测算标准对禁牧牧民给予禁牧补助。5 年一个周期，禁牧期满后，根据草场生态功能恢复情况，继续实施禁牧或者转入草畜平衡、合理利用。

二是草畜平衡奖励。对禁牧区域以外的可利用草原实施草畜平衡。根据草原载畜能力，科学确定草畜平衡点，合理核定载畜量。中央财政按照每年每亩 1.5 元的测算标准，对未超载的牧民给予草畜平衡奖励。牧民在草畜平衡的基础上，实施季节性休牧和划区轮牧。持续实施草畜平衡奖励，直至形成草原合理利用的长效机制。

三是牧民生产性补贴。包括 3 个方面。（1）实施牧草良种补贴。为提高牧民种植人工牧草积极性，鼓励有条件的地方开展人工牧草种植，增强饲草料补充供应能力，中央财政按照每年每亩 10 元的标准，实施人工种植牧草良种补贴。（2）实施牧民生产资料综合补贴。对已承包草原并实施禁牧或草畜平衡，从事草原畜牧业生产的牧户，按照每年每户补贴 500 元的标准，对牧民生产所用柴油、饲草料等生产资料给予补贴。（3）增加牧区畜牧良种补贴品种。为鼓励牧民转变传统生产方式，提高经营效益，中央财政在对肉牛和绵羊进行良种补贴的基础上，进一步扩大政策覆盖范围，将牦牛和山羊纳入补贴范围。

2012 年 1 月，财政部、农业部印发了《中央财政草原生态保护补助奖励资金管理暂行办法》，明确了草原生态保护补奖资金的概念、机制等内容。草原生态保护补奖资金是指为加强草原生态保护、转变畜牧业发展方式、促进牧民持续增收、维护国家生态安全，中央财政设立的专项资金，包括禁牧补助、草畜平衡奖励、牧草良种补贴、牧民生产资料综合补贴和绩效考核奖励资金。草原生态保护补奖资金发放的工作机制，是由财政部门负责安排补奖资金预算，会同农牧部门制定资金分配方案，拨付和发放资金，监督检查资金使用管理情况，组织开展绩效考评等。农牧部门负责组织实施管理，会同财政部门编制实施方案，完善草原承包，划定禁牧和草畜平衡区域，核定补助奖励面积和受益牧户，落实禁牧和草畜平衡责任，开展草原生态监测和监督管理，监管实施过程，提出绩效考核意见等。此外，《中央财政草原生态保护补助奖励资金管理暂行办法》还对补助奖励范围与标准、资金拨付与发放、资金管理与监督等做出了具体规定，使草原生态保护补助奖励政策向草原生态补偿法律制度的方向走出了一大步。财政部要求地方各级财政部门要设立补助奖励资金专账，实行分项核算，确保专款专用。在有农村金融网点的地方，补助奖励资金采用"一卡通"发放到牧户，无网点的地方采取现金方式直接发放到户。

2012 年 4 月，农业部办公厅、财政部办公厅还联合印发了《关于进一步推进草原生态保护补助奖励机制落实工作的通知》，就解决草原生态保护补助奖励资金实施工作中存在的草原管理与保护制度不完善，人、草、畜基础数据信息不全面，监督管护措施不到位，补奖资金兑现到户不及时等政策落实不到位问题做出了工作安排。

2012 年 10 月，为及时掌握各地草原生态保护补助奖励政策执行进度和工作开展情况，农业部办公厅发布了《关于建立草原生态保护补助奖励政策实施情况定期报送制度的通知》。

2012 年 11 月，为加强中央财政草原生态保护补助奖励资金和项目管理，建立健全激励和约束机制，确保草原生态保护补助奖励各项政策落到实处，切实提高资金使用效益，财政部、农业部印发了《中央财政草原生态保护补助奖励资金绩效评价办法》。中央财政按照各地草原生态保护效果、地方财政投入、工作进展情况等因素进行绩效考评，每年安排奖励资金，对工作突出、成效显著的省份给予资金奖励。2014 年，中央财政以绩效评价结果为重要依据，统筹考虑草原面积、畜牧业发展情况等因素，拨付奖励资金 20 亿元，用于草原生态保护绩效评价奖励，支持开展加强草原生态保护、加快畜牧业发展方式转变和促进农牧民增收等方面工作。[1]

---

[1] 财政部网站，中央财政拨付资金 20 亿元支持草原生态保护补助奖励机制绩效评价奖励，http://nys. mof. gov. cn/zhengfuxinxi/bgtGongZuoDongTai_1_1_1_1_3/201411/t20141106_1156241. html.

2013 年 5 月，农业部办公厅、财政部办公厅联合发布了《关于做好 2013 年草原生态保护补助奖励机制政策实施工作的通知》，要求各级农牧部门和财政部门要在地方政府的领导下继续做好落实超载减畜任务、推进草原承包到户、严格保护基本草原、转变生产经营方式。落实基本草原保护制度等工作。

2014 年 5 月，农业部办公厅、财政部办公厅联合发布了《关于深入推进草原生态保护补助奖励机制政策落实工作的通知》，要求加快补奖任务资金落实、及时准确填报补奖信息、开展政策实施成效评估研究、划定和保护基本草原、扶持草原畜牧业转型发展。

2014 年 6 月，财政部、农业部联合印发了《中央财政农业资源及生态保护补助资金管理办法》，对草原生态保护补助奖励资金的用途、区域范围、支出内容、补偿标准、资金发放的时间、方式以及绩效评价做出了规定。

2015 年第一轮草原生态保护补助奖励机制结束，实施效果基本到达政策要求。

2016 年国家启动了新一轮草原生态保护补助奖励机制。2016 年 3 月 1 日农业部和财政部发布《新一轮草原生态保护补助奖励政策实施指导意见（2016～2020 年）》，在"十三五"期间，国家在原有的内蒙古、四川、云南、西藏、甘肃、宁夏、青海、新疆 8 个省（自治区）和新疆生产建设兵团（以下统称"8 省区"），以及在新增的河北、山西、辽宁、吉林、黑龙江 5 个省和黑龙江省农垦总局（以下统称"5 省"），启动实施新一轮草原生态保护补助奖励政策。

新一轮草原生态保护补奖政策的主要内容是：

（1）禁牧补助。对生存环境恶劣、退化严重、不宜放牧以及位于大江大河水源涵养区的草原实行禁牧封育，中央财政按照每年每亩 7.5 元的测算标准给予禁牧补助。5 年为一个补助周期，禁牧期满后，根据草原生态功能恢复情况，继续实施禁牧或者转入草畜平衡管理。

（2）草畜平衡奖励。对禁牧区域以外的草原根据承载能力核定合理载畜量，实施草畜平衡管理，中央财政对履行草畜平衡义务的牧民按照每年每亩 2.5 元的测算标准给予草畜平衡奖励。引导鼓励牧民在草畜平衡的基础上实施季节性休牧和划区轮牧，形成草原合理利用的长效机制。

（3）绩效考核奖励。中央财政每年安排绩效评价奖励资金，对工作突出、成效显著的省区给予资金奖励，由地方政府统筹用于草原生态保护建设和草牧业发展。

二、中国草原生态补偿的实施概述

（一）实施方案

为贯彻国务院发布的《关于促进牧区又好又快发展的若干意见》（国发〔2011〕17 号），全面落实草原生态保护补助奖励机制，根据农业部、财政部《2011 年草原生态保护补助奖励机制政策实施指导意见》，全国 8 个主要草原牧区省（区）均制定了各自的《草原生态保护补助奖励机制实施方案》，如表 1 – 3 所示。

表 1 – 3　　8 个主要草原牧区省（区）草原生态保护补助奖励机制实施方案一览

政策与法规	颁布机关	文件号	颁布时间
内蒙古自治区人民政府办公厅关于印发草原生态保护补助奖励机制实施方案的通知	内蒙古自治区人民政府办公厅	内政办发〔2011〕54 号	2011.05.23
甘肃省人民政府办公厅关于印发甘肃省落实草原生态保护补助奖励机制政策实施方案的通知	甘肃省人民政府办公厅	甘政办发〔2011〕232 号	2011.09.27
青海省人民政府办公厅关于印发青海省生态保护补助奖励机制实施意见（试行）的通知	青海省人民政府办公厅	青政办〔2011〕229 号	2011.09.28
宁夏自治区人民政府办公厅转发关于建立和落实草原生态保护补助奖励机制实施方案的通知	宁夏自治区人民政府办公厅	宁政办发〔2011〕143 号	2011.09.13
四川省人民政府办公厅关于印发四川省 2011 年草原生态保护补助奖励机制政策实施意见的通知	四川省人民政府办公厅	川办函〔2011〕179 号	2011.08.17

政策与法规	颁布机关	文件号	颁布时间
西藏自治区人民政府办公厅关于印发西藏自治区建立草原生态保护补助奖励机制 2011 年度实施方案的通知	西藏自治区人民政府办公厅	藏政办发〔2011〕71 号	2011.07.29
新疆落实草原生态保护补助奖励机制实施方案	新疆自治区财政厅、畜牧厅	新草保字〔2011〕03 号	2011.01.10
云南省农业厅关于下发草原生态保护补助奖励机制工作方案的通知	云南省农业厅	云农牧〔2010〕95 号	

（二）面积和金额

根据 8 个主要草原牧区省（区）的《草原生态保护补助奖励机制实施方案》的介绍，各个省区相应的草原生态补偿的面积和金额如表 1－4 所示。在 8 个主要牧区省（区）中，草原补奖总面积 37.82 亿亩，其中禁牧 11.97 亿亩，草畜平衡 25.85 亿亩，草畜平衡面积占到了 68.34%，禁牧面积占到了 31.66%。仅包括禁牧补助和草畜平衡奖励的草原补奖金额为 110.61 亿元/年，占到了草原补奖总金额的 81.3%，其中禁牧补助 71.85 亿元/年，草畜平衡奖励 38.77 亿元/年，草畜平衡奖励金额占到了 35.05%，禁牧补助金额占到了 64.95%。

内蒙古自治区草原补奖总面积为 10.2 亿亩，其中禁牧面积为 4.43 亿亩，草畜平衡面积为 5.77 亿亩。甘肃的草原补奖总面积为 2.41 亿亩，其中禁牧面积为 1 亿亩，草畜平衡面积为 1.41 亿亩。宁夏全区禁牧，禁牧面积为 0.36 亿亩。新疆草原补奖总面积为 6.9 亿亩，其中禁牧面积为 1.52 亿亩，草畜平衡面积为 5.39 亩。西藏草原补奖总面积为 10.36 亿亩，其中禁牧面积为 1.29 亿亩，草畜平衡面积为 9.07 亿亩。青海草原补奖总面积为 4.74 亿亩，其中禁牧面积为 2.45 亿亩，草畜平衡面积为 2.29 亿亩。四川草原补奖总面积为 2.12 亿亩，其中禁牧面积为 0.70 亿亩，草畜平衡面积为 1.42 亿亩。云南草原补奖总面积为 0.73 亿亩，其中禁牧面积为 0.23 亿亩，草畜平衡面积为 0.50 亿亩。

表1-4　　　　8个主要草原牧区省（区）草原生态补偿面积与金额

省/自治区	草原补奖总面积（亿亩）	禁牧（亿亩）	草畜平衡（亿亩）	草原补奖金额（亿元/年）	禁牧补助（亿元/年）	草畜平衡奖励（亿元/年）
内蒙古	10.20	4.43	5.77	35.24	26.58	8.66
甘肃	2.41	1.00	1.41	8.12	6.00	2.12
宁夏	0.36	0.36	0.00	2.13	2.13	0.00
新疆	6.90	1.52	5.39	17.17	9.09	8.08
西藏	10.36	1.29	9.07	21.37	7.76	13.61
青海	4.74	2.45	2.29	18.14	14.70	3.44
四川	2.12	0.70	1.42	6.33	4.20	2.13
云南	0.73	0.23	0.50	2.13	1.38	0.75
总计	37.82	11.97	25.85	110.61	71.85	38.77
占比（%）	—	31.66	68.34	—	64.95	35.05

资料来源：8个主要草原牧区省（区）的《草原生态保护补助奖励机制实施方案》和部分省（区）的《草原生态保护补助奖励资金管理实施细则》。

注：1）草原补奖总金额中，只核算了禁牧补助和草畜平衡奖励，未核算人工种草补助、畜牧良种补贴、牧户生产资料补贴；2）禁牧补助金额和草畜平衡奖励金额在省级层面的资金分配，参照草原生态补偿的国家标准，即禁牧补助6元/亩，草畜平衡奖励1.5元/亩；3）新疆自治区的草原补奖总面积，不包括新疆生产建设兵团的0.3亿亩草原。

（三）补偿标准

第一轮草原生态补偿（2011～2015）的国家标准为禁牧补助6元/亩，草畜平衡奖励1.5元/亩，各省（区）可参照国家标准，科学合理地确定适合本省（区）实际情况的具体标准。在8个主要草原牧区省（区）中，除了西藏自治区、云南省、四川省三个省（区）采取了与国家标准一致的草原生态补偿标准外，其余五个省（区）均实行了差别化的草原生态补偿标准，如表1-5所示。

表1-5　　8个主要草原牧区省（区）实施的差别化草原生态补偿标准

省/自治区	草原生态补偿标准的差别化
内蒙古	以全区亩平均载畜能力为标准亩，内蒙古自治区年平均饲养一个羊单位所需40亩天然草原作为一个"标准亩"，测算各盟市标准亩①系数，自治区按照标准亩系数分配各盟市补奖资金。例如，陈巴尔虎旗的标准亩系数为1.59，则陈巴尔虎旗的禁牧补助为9.54元/亩，草畜平衡奖励为2.385元/亩
甘肃	实施了三个区域的标准，分别是：青藏高原区（禁牧补助20元/亩，草畜平衡奖励2.18元/亩）、西部荒漠区（禁牧补助2.2元/亩，草畜平衡奖励1元/亩）、黄土高原区（禁牧补助2.95元/亩，草畜平衡奖励1.5元/亩）
宁夏	宁夏全区禁牧，实行"一刀切"的禁牧补助标准6元/亩。但每户最大补助面积为3000亩，超过3000亩的补助结余资金要补给该县（市、区）草场承包面积小的牧户
新疆	根据草原类型确定了差别化的禁牧补助标准，荒漠类草原和退牧还草工程区禁牧补助5.5元/亩；水源涵养区禁牧补助50元/亩。草畜平衡奖励统一为1.5元/亩，与国家标准一致
西藏	禁牧补助6元/亩，草畜平衡奖励1.5元/亩，均与国家标准一致
青海	以青海省年平均饲养一个羊单位所需26.73亩天然草原作为一个"标准亩"，测算各州的标准亩系数。各州禁牧补助测算标准为：果洛、玉树州5元/亩，海南、海北州10元/亩，黄南州14元/亩，海西州3元/亩。草畜平衡奖励各州统一为1.5元/亩，与国家标准一致
四川	禁牧补助6元/亩，草畜平衡奖励1.5元/亩，均与国家标准一致
云南	禁牧补助6元/亩，草畜平衡奖励1.5元/亩，均与国家标准一致

三、中国草原生态补偿的政策逻辑

这里包括草原生态补偿的政策背景、政策目标、政策逻辑、政策内容、关键问题等五个方面。

草原生态补偿的政策背景包括两个方面：一是超载过牧导致草地退化；二是草原生态保护应用多个环境管理手段。《国务院关于促进牧区又好又快发展的若干意见》指出，"长期以来，受农畜产品绝对短缺时期优先发展生

---

① "标准亩"由内蒙古自治区首先提出并应用，根据天然草原的平均载畜能力，测算出平均饲养1只羊单位所需要的草地面积为1个标准亩，其系数为1。

产策略的影响，我国在强调草原生产功能的同时，忽略了草原的生态功能，造成草原长期超载过牧和人畜草关系持续失衡，这是导致草原生态难以走出恶性循环的根本原因。"草原生态保护是多个管理管理手段的结合，有命令控制手段（如禁牧制度、草畜平衡制度）、生态补偿制度（如草原生态保护补助奖励机制）、保护开发项目（如发展现代畜牧业），草原生态补偿制度不是一个孤立的政策，是与其他环境管理手段相互融合且至关重要的一个政策。

草原生态补偿的政策目标是草原生态保护，它不是唯一的目标，但是第一目标。《国务院关于促进牧区又好又快发展的若干意见》确立了我国牧区实行"生产生态有机结合、生态优先"的发展方针。草原生态补偿的政策目标是生态目标，即草原生态保护。进一步明确和理解草原生态补偿的政策目标，关键是要理解好草原生态保护和牧民生计之间的冲突和协调问题，定位好牧民生计在草原生态补偿政策目标中的位置。

草原生态补偿的政策逻辑是，在超载过牧的背景下，为了达到草原生态保护的目的，就需要遏制超载，具体的政策措施是禁牧和草畜平衡。国家遏制超载的政策目标是希望通过实施草原生态补偿，达到草原生态保护和促进牧民增收相结合。

草原生态补偿的政策内容包括三个方面：一是禁牧补助；二是草畜平衡奖励；三是牧民生产性补贴。按照政策要求，"将生态脆弱、生存环境恶劣、草场严重退化、不宜放牧以及位于大江大河水源涵养区的草原划为禁牧区"，"全国牧区除禁牧区以外的草原都划为草畜平衡区"。禁牧是使草原从放牧到不放牧的转变，牧民因为不能放牧而承担了一定的机会成本。草畜平衡是使草原从超载到不超载的转变，牧民因为减畜而承担了一定的机会成本。草原生态补偿标准是草原生态补偿机制设计中的核心内容，禁牧补助标准和草畜平衡奖励标准是两类分别对应禁牧和草畜平衡的草原生态补偿标准。禁牧补助的国家标准为 6 元/亩，草畜平衡奖励的国家标准为 1.5 元/亩，各省（区）可参照国家标准，科学合理地制定适合本省（区）实际情况的具体标准。

草原生态补偿的关键问题主要包括（包含但不仅限于）：

（1）草原生态补偿的基线调查。草原的生态服务存量评估，生态重要性评估，生态脆弱性评估，为确定禁牧草场提供基础数据支撑。草原超载现状评估，确定草原超载的主体，明确哪些地区超载严重，哪些牧户超载严重，为促进超载主体实现有效减畜提供数据支撑。

（2）草原生态补偿标准的估算。禁牧和草畜平衡的机会成本具体表现为减畜的收入损失，禁牧补助标准应该大于禁牧的机会成本，草畜平衡奖励标准应该大于草畜平衡的机会成本，这样才能促使牧户自觉自愿地通过减畜来达到政策要求，否则就会出现偷牧、继续超载等行为。

（3）草原生态补偿标准的差别化和依据。全国将近 60 亿亩草原、18 种草地类型，不同地区生态区位优势、人口居住密度、草地类型、草场面积分布、超载程度等存在显著的差异，草原生态补偿标准要不要差别化，如何差别化，差别化的依据是什么。

（4）草原生态补偿的监管和后评估。禁牧区是否真的实现了禁牧，草畜平衡区是否真的通过减畜达到了草畜平衡，这对于草原生态补偿生态目标的实现具有重要意义。

| 第二章 |
中国草原生态补偿的政策分析

借鉴国外环境服务付费（PES）的分析框架，对中国草原生态补偿进行了整体的思考和分析，简单论述草原生态补偿的政策背景，辩证论述草原生态补偿的政策目标，重点论述草原生态补偿的政策设计。研究发现：在禁牧地区，禁牧补助只能补偿草场的要素价值，通过配套政策措施帮助牧民转产再就业是禁牧政策得以实施的关键；现有的草畜平衡奖励标准未将超载程度纳入考虑因素，这会造成减畜和补偿的不对等关系，进而降低草原生态补偿的生态效果；现有的草原生态补偿监管体系是草畜平衡框架下的数量监管体系，呈现出弱监管的特性，会严重影响草原生态补偿的政策目标的实现；草场流转和适度规模经营与草原生态保护有着密切的联系，有必要做进一步的深入研究。

一、引　　言

2011 年国务院发布《关于促进牧区又好又快发展的若干意见》，明确草原牧区实行"生产生态有机结合、生态优先"的发展方针，要求建立草原生态保护补助奖励机制。从 2011 年开始，中央财政每年拿出 136 亿元（后增加到 150 亿元以上）在内蒙古、新疆、西藏、青海、甘肃、四川、宁夏、云南及新疆生产建设兵团全面建立草原生态保护补助奖励机制。

2011 年草原生态保护补助奖励机制这项重大政策出台后，原有的"退牧还草"工程做出了调整使之与草原生态保护补助奖励机制相适应。草原生态保护补助奖励机制,是目前中国最重要的草原生态补偿机制,是中国继森林生态效益补偿机制建立之后的第二个基于生态要素的生态补偿机制。

关于中国草原生态补偿机制研究,已有的文献就草原生态补偿的必要性、补偿原则、补偿主体、补偿资金来源、补偿标准以及补偿方式进行了很好的论述,为全面建立草原生态补偿机制奠定了重要的理论基础(陈佐忠、汪诗平,2006;侯向阳等,2008;胡勇,2009;宋丽弘、唐孝辉,2012;张志民等,2007)。随着2011年草原生态保护补助奖励机制的实施,一些学者和政府部门通过调研发现草原生态保护补助奖励机制在实施过程中存在着政策延续性不明朗、部分禁牧区草场退化、禁牧区牧民生活无依靠、禁牧区违禁放牧、草畜平衡区未能完全减畜、补偿标准普遍偏低、牧区基础设施不完善等问题(陈永泉等,2013;额尔敦乌日图、花蕊,2013;刘爱军,2014;孙长宏,2013;文明等,2013)。这些发现为后续完善草原生态保护补助奖励机制提供了重要的依据。

已有的文献对中国草原生态补偿机制的研究多是在草原生态保护补助奖励机制政策出台之前进行的研究,而在当前中国已经全面建立草原生态保护补助奖励机制之后,就如何完善中国的草原生态补偿机制,急需进一步的深入研究。关于草原生态保护补助奖励机制的政策评价多为自上而下的政府评估和问题的简单描述,缺乏与生态补偿理论的结合进行系统的梳理和分析。

本章试图通过课题组在内蒙古和甘肃两省区的实地调研,借鉴国际环境服务付费的理念,对中国草原生态补偿在实践中存在的问题进行自下而上视角的政策评估。本章首先对中国草原生态补偿的政策背景进行简单论述,然后对中国草原生态补偿的政策目标和政策设计进行重点论述,并在此基础上提出一些有针对性的政策建议。

二、中国草原生态补偿的政策背景

先前众多研究表明,"超载过牧"是造成中国草地退化的主要原因(李博,1997;张瑞荣、申向明,2008;朱美玲、蒋志清,2012)。国务院《关于促进牧区又好又快发展的若干意见》指出，"长期以来，受农畜产品绝对短缺时期优先发展生产策略的影响，中国在强调草原生产功能的同时，忽视了草原的生态功能，造成草原长期超载过牧和人畜草关系持续失衡，这是导致草原生态难以走出恶性循环的根本原因"。

草原生态保护是多个环境管理手段的结合，有命令控制手段（如禁牧制度、草畜平衡制度）、生态补偿制度（如草原生态保护补助奖励机制）、保护开发项目（如发展现代畜牧业）。草原生态保护相关的环境管理手段，不是一个非此即彼的关系，而是一个相互融合的关系。这些不同的环境管理手段共同地去实现草原生态保护的目标，同时也去实现牧民收入不降低或者牧民收入增加的目标。

禁牧制度和草畜平衡制度是草原的三大草原保护制度中的两个，属于命令控制手段。禁牧制度是指为恢复草原植被，在生态脆弱区和草原退化严重的地区实行围封禁牧。草畜平衡制度是指根据区域内草原在一定时期提供的饲草供给量确定牲畜饲养量，实行草畜平衡。相对于其他环境管理手段，禁牧制度和草畜平衡制度要严厉一些，禁牧制度通常都是一个强约束的制度，草畜平衡制度在实施草原生态保护补助奖励机制之后，从一个相对弱约束的制度转变为一个相对强约束的制度。

草原生态保护补助奖励机制属于草原生态补偿制度，是 2011 年开始实施的一个新政策。基于超载过牧的现状，通过实施减畜来达到草原生态保护的目的，减畜是对禁牧制度和草畜平衡制度的具体实施，扩大禁牧范围，落实草畜平衡制度，同时为了保证牧民收入不降低，基于受益者付费的原则，对草原牧民实施生态补偿。禁牧制度和草畜平衡制度是草原生态补偿制度实施的基础，同时草原生态补偿制度使得禁牧制度和草畜平衡制度更容易实施和被牧民接受。

发展现代畜牧业属于保护开发项目类型的环境管理手段。保护开发项目往往是希望通过增加农民的替代收入来源来促使其减少对环境的破坏，增加环境服务的供给。现代畜牧业的发展，舍饲化养殖，培育新品种等，能够提高牧民收入，进而有可能减弱牧民超载过牧的经济动机。保护开发项目也会使得禁牧制度和草畜平衡制度更容易实施和被牧民接受。

三、中国草原生态补偿的政策目标

一个政策有明确的政策目标，并且在实践中贯彻了这个政策目标，这个政策才有可能成为一个比较成功的政策。对于中国草原生态补偿机制建设而言，同样有两个问题需要解答，一是草原生态补偿的政策目标是什么，二是为贯彻这个政策目标，在实践中如何进行有效的政策设计。前者是重要的基本问题，后者是复杂的核心问题。

草原生态补偿的政策目标是什么，这是草原生态补偿机制建设的基本问题，但也是一个在实践中容易被忽视和错误理解的问题。

2011 年国务院发布的《关于促进牧区又好又快发展的若干意见》（国发〔2011〕17 号）确立了中国牧区发展中"生态优先"的基本方针。毋庸置疑的是，草原生态补偿的政策目标是生态目标，即草原生态保护。进一步明确和理解草原生态补偿的政策目标，则关键是要理解好草原生态保护和牧民生计之间的冲突和协调问题、定位好牧民生计在草原生态补偿政策目标中的位置。

草原生态保护和牧民生计的冲突体现在，无论是禁牧政策，还是草畜平衡政策，牧民通常都会遭受损失，尤其是禁牧政策。禁牧是使草原从放牧到不放牧的转变，牧民因为不能放牧而承担了一定的机会成本；草畜平衡是使草原从超载到不超载的转变，牧民因为减畜而承担了一定的机会成本。从自愿性的角度来看，在缺乏有效补偿的情况下，牧民不愿意去遵守禁牧政策和草畜平衡政策，从而可能表现为偷牧和继续超载。

草原生态保护和牧民生计之间的冲突的协调体现在，草原生态补偿提供了一条协调冲突的可能途径。通过草原生态补偿，弥补牧民因为实行禁牧政策和草畜平衡政策的收入损失。无论是正外部性的增加，还是负外部性的降低，都带来了正的生态效益，草原生态补偿提供了一条将外部效应内部化的路径。

定位好牧民生计在草原生态补偿政策目标中的位置，是保证在实施草原生态补偿过程中不偏离其政策目标即草原生态保护的关键。做好这个定位需要强化两点认识。第一点认识是，牧民的生计改善并不是草原生态补偿的一个政策目标，草原生态补偿的政策目标只有一个，那就是草原生态保护。第二点认识是，牧民的生计改善虽然不是草原生态补偿的一个政策目标，但是鉴于存在草原生态保护和牧民生计之间的冲突，不考虑牧民生计问题是不可能也是不可行的。在实践中，在现有的监管体系之下，因为存在多层委托代理关系，越是基层的政府，面对的草原生态保护和牧民生计之间的冲突往往越直接也越大，从而更倾向于关注牧民的生计问题，从而有可能忽视草原生态补偿的政策目标，甚至错误的将牧民生计改善作为草原生态补偿的政策目标，这会极大地降低草原生态补偿的政策效果。

总的来说，草原生态补偿是一个生态保护政策，而不是一个牧民收入支持政策，实现牧区又好又快发展，草原生态补偿重在实现这个"好"字，而不是"快"字，"快"字没法通过草原生态补偿这个政策去实现，但是可以通过草原生态补偿政策以外的一些政策去实现。

四、中国草原生态补偿的政策设计

草原生态补偿的政策设计是草原生态补偿机制建设的核心问题，既困难又复杂，政策设计是否合理直接决定了政策目标的实现程度。

对于生态补偿的政策设计，国内外的研究都提供了一些可供借鉴的分析框架。李文华等（2010）对生态补偿概念、原则、标准、途径进行了阐述。相比于国内的研究，国外的研究则更加系统和细致，Engel 等（2008）对环境服务付费的概念、适用范围、买方、卖方、活动类型、补偿标准、有效性、瞄准机制、贫困影响等方面进行了阐述。

根据 Wunder（2008）对于环境服务付费的最初定义，环境服务付费其实包含了三个重要的属性，分别是自愿性（voluntary）、额外性（additionality）和条件性（conditionality），自愿性就是"自愿参与"，额外性就是"通过付费所购买的环境服务"，条件性就是"只有提供了环境服务才付费"。这三个方面，在国内的生态补偿实践中，并没有得到很好的体现，也少有文献对这几个方面进行阐述。这三个属性可以有效地保证环境服务付费的生态效果，当政策的实施没有建立在自愿参与的基础上时，那么在具体实施的时候就会遇到阻碍，也会使得地方实践部门处于两难的境地；当政策的实施缺乏额外性时，这个政策本身就是失败了，因为其背离了政策目标，通俗地讲就是花了钱什么都没得到；当政策的实施缺乏条件性时，环境服务的提供者是否真的采取了特定的土地利用方式而提供了相应的环境服务就会不得而知。

本章借鉴以上分析框架对中国草原生态补偿的政策设计中存在的问题进行解析。

（一）自愿性

在已有的草原生态补偿中，涉及两种活动类型，一种是禁牧，另一种是草畜平衡；涉及两种补偿标准，一种是禁牧补助，另一种是草畜平衡奖励。草原生态补偿的自愿性，体现在补偿标准是否大于牧民的机会成本，补偿标准大于机会成本，牧民才有可能愿意实行禁牧或者草畜平衡。

1. 禁牧的自愿性

根据我们的实地调研发现，禁牧存在很大的困难，这种困难体现在禁牧之后牧民很难进城，具体表现为再就业困难、城镇生活成本高、生活习惯不适应、引发一些社会矛盾等；同时也发现在部分地区禁牧存在不合理性，这种不合理性体现在两个方面，一是禁牧导致草场资源浪费并且也不利于牧草生长，二是禁牧导致草场冬季防火压力大。

在禁牧补助标准上，牧民普遍反映禁牧补助标准（国家标准是 6 元/亩，各个省区内部实行了差别化的补助标准）较低，其根本原因在于牧民在禁牧之后没法通过转产实现再就业，从而在禁牧的受偿意愿中不仅包含了草地的要素价值，还包含了劳动力的要素价值。劳动力的要素价值不可能也不应该以资金补偿（禁牧补助）的方式去覆盖，需要通过资金补偿以外的方式帮助牧民转产再就业。

为使得禁牧能够有效实行，应该考虑以下三个方面：一是做好禁牧草场的选择；二是科学制定禁牧补助标准；三是配套政策措施帮助牧民转产再就业。

2. 草畜平衡的自愿性

首先，看草畜平衡的机会成本。草畜平衡的机会成本主要和草地生产力和超载程度两个因素相关，其中是否超载和超载程度是核心因素。只有存在超载，牧户才需要为达到草畜平衡而减畜；超载程度越大，需要减畜的比例也就越高。由于不同地区之间、同一地区不同牧户之间超载程度存在显著的差异，所以草畜平衡的机会成本在不同地区之间、同一地区不同牧户之间也就存在显著的差异性。

其次，看草畜平衡奖励标准。草畜平衡奖励标准的国家标准是 1.5 元/亩/年，各个省区内部实行了差别化的补助标准，差别化的依据主要是草地生产力，并没有将超载程度的差异考虑其中。而这样的草畜平衡奖励标准会带来减畜和补偿的不对等关系。

原本就实现了草畜平衡的地区，其草畜平衡的机会成本为零，愿意实行草畜平衡政策并接受草畜平衡奖励；一些超载不严重甚至不超载的牧户，其草畜平衡的机会成本等于零或者小于草畜平衡奖励标准，愿意实行草畜平衡政策并接受草畜平衡标准；一些超载严重的牧户，其草畜平衡的机会成本大于草畜平衡奖励标准，愿意继续超载或者只愿意部分减畜而不是通过完全减畜来获得草畜平衡奖励。

（二）额外性

额外性就是"通过付费能够购买到额外的环境服务"，当付费没有带来环境服务增量，通常称之为"缺乏额外性"。草原生态补偿的额外性，严格意义上，应该测算牧户在政策实施前后生产方式变化所带来的环境服务的增量，但是活动类型和环境服务之间的定量关系一直是资源环境经济领域中的一个难点，为简化处理，本章以减畜/超载程度作为替代指标来衡量草原生态补偿中禁牧/草畜平衡的额外性。

禁牧是牧户从放牧到不放牧的转变，实施禁牧政策之后，虽然牧户继续放牧，但只要牧户减畜了，通常牧户也带来了额外性。因此，草原生态补偿的额外性分析，主要侧重对草畜平衡进行分析。

首先，考虑两个问题：一是考虑地区之间超载程度的差异，一些地区原本就实现了草畜平衡，是否需要对其进行草畜平衡奖励；二是考虑地区内部不同牧户之间超载程度的差异，草场面积较大的牧户超载不严重甚至不超载，

是否需要对其进行草畜平衡奖励。从额外性的视角分析，这两种情况都属于
"缺乏额外性"。

其次，需进一步考虑的问题是：草畜平衡奖励的目的是什么，是为了奖
励原本不超载的行为，还是奖励从超载到不超载的减畜过程。如果是为了奖
励原本不超载的行为，草畜平衡奖励并不能带来额外性，这不符合生态补偿
的定义。如果是为了奖励从超载到不超载的减畜过程，虽然带来了额外性，
但这样的概念界定同样需要谨慎考虑。

通常超载严重的牧户和地区难以通过草畜平衡奖励来弥补其因为减畜带
来的收入损失，但是他们却是草原超载的主体。这是在草畜平衡奖励标准制
定不可忽视的一个方面。

为使得草畜平衡能够有效实行，应该考虑以下三个方面：一是做好基线
调研，定位草原超载的主体；二是合理阐述草畜平衡奖励的概念；三是科学
制定草畜平衡奖励标准，将超载程度的差异纳入考虑因素，有机协调超载地
区和不超载地区、超载牧户和不超载牧户。

(三) 瞄准

瞄准（targeting）是指如何在项目申请者之间进行选择以使得项目的财
务效率最大，通常包括价值瞄准方法、成本瞄准方法或者价值成本瞄准方法。
最有效的是价值成本瞄准方法（Engel et al, 2008）。在环境服务付费机制设
计中，瞄准能够显著提升项目的生态效果。美国的 CRP（Conservation Reserve
Program）项目和 EQIP（Environmental Quality Incentives Program）项目采用了
价值成本瞄准方法选择项目的参与者，提高了项目的环境成本效率（即每单
位支付所获取的环境服务）（Claassen et al, 2008）。

以价值成本瞄准方法为例，瞄准方法的具体运用通常包含四个步骤。首
先，是收集信息，包括两个方面的信息，一是环境效益（Benefit），二是机会
成本（Cost）；其次，是利用信息，在价值成本瞄准方法中，计算每位申请者
的效益成本比（B/C）并进行排序；再次，是根据排序对项目申请者根据得
分由高到低进行筛选；最后，是对项目申请者进行支付。

在这四个步骤中，最难的是第一个步骤即收集信息。机会成本的收集，

因为存在信息不对称，让项目参与者真实表达其机会成本是很困难的，当前最为有效的方法是反向拍卖，即选择要价低者，又叫作竞争性投标。利用竞争性投标来获取项目申请者的机会成本。环境效益价值的收集，是通过构建环境效益价值指标，利用客观的信息数据（土地类型、地理位置、人口、社会经济状况等），得出环境效益价值得分。因为瞄准重在通过排序来筛选项目申请者，所以并不一定需要知道真实的环境效益价值。在信息收集中，必须考虑的一个重要因素是交易成本，通常交易成本随着个体数量的增加而增加，个体规模越小，交易成本也越大。

需要指出的是，瞄准机制重点在筛选出项目申请者，而不在于确定具体的付费，通常在筛选完项目申请者之后，具体的付费主要是依据机会成本。

下面结合中国草原生态补偿来分析瞄准机制。

1. 禁牧的瞄准：禁牧草场的选择

全国牧区除禁牧区以外的草原都实行草畜平衡政策，因此哪些草场需要禁牧，这是需要进行选择的。

从宏观政策层面上看，"将生态脆弱、生存环境恶劣、草场严重退化、不宜放牧以及位于大江大河水源涵养区的草原划为禁牧区"（《关于做好建立草原生态保护补助奖励机制前期工作的通知》财农〔2010〕568号），即在禁牧草场的选择上主要考虑两个因素，一是生态脆弱性，二是生态重要性。

从操作层面上看，瞄准机制可以用来对禁牧草场进行选择，关键是要量化生态重要性和生态脆弱性以及禁牧的机会成本。包括：（1）构建环境效益价值（benefit）指标，量化生态脆弱性和生态重要性；（2）构建机会成本（cost）指标，量化禁牧的机会成本，既可以从牧户层面去揭示其受偿意愿，也可以从牧民生产的角度去核算其机会成本；（3）价值成本比B/C，对不同地区不同牧户的草原进行排序筛选，综合考虑价值成本瞄准带来的效率改进以及相应的交易成本的增加，同时考虑禁牧草场的集中连片。

2. 草畜平衡的瞄准：定位草原超载的主体

禁牧和草畜平衡都是通过遏制超载以达到草原生态保护为目的的具体政策措施，不管草畜平衡奖励的概念如何界定，定位草原超载的主体，都是一项重要且最为基本的工作。只有明确了草原超载的主体，才能进一步制定出一些指向性的政策来达到遏制超载的目的。

靳乐山等（2013）指出中小牧户是草原超载的主体，中小牧户超载的主要原因在于维持家庭收支平衡和增加收入。如果中小牧户是草原超载的主体，由于中小牧户草场面积小而获得的草畜平衡奖励少，同时中小牧户超载严重而需要的减畜任务重，那么理性的中小牧民将愿意继续超载而不是通过减畜来获得草畜平衡奖励。

（四）监管、约束机制和条件性

条件性是指"只有提供了环境服务才支付"。为了保证支付的条件性，必须满足的情况是禁牧地区真的实现了禁牧，草畜平衡地区真的通过减畜达到了草畜平衡，而这需要通过有效的监管和一定的约束机制来完成。

现有的监管体系是草畜平衡框架下的数量监管体系，由省市县乡各级草原监理机构和村级草管员组成，部分地区聘用了大学生村官担任草管员，监管的内容是禁牧地区不能放牧、草畜平衡地区不能超载。

根据我们的实地调研发现，现有的监管体系存在一些弊端，呈现出弱监管的特性，既有主观上的因素，也有客观上的因素。一方面，政策本身可能存在不完善，尤其是部分地区的禁牧政策，绝牧之后，牧民难以生活也无法进城居住，只能继续留在牧区从事畜牧业。从草原生态补偿的角度来看，禁牧地区继续养殖肯定是没有达到预期的目的，从牧民生计的角度，他们的确没法生活，地方政府也只能是束手无策，听之任之，地方监管部门很难去实践一个原本就不完善的政策，因而需要科学合理地确定禁牧草场，同时配套相应的政策措施。另一方面，监管成本高和监管效率低，牧区牧民草场面积大、居住分散，实施监管需要耗费大量的交通费用，但是草管员的工资往往不高，连基本的交通费用都难以覆盖；同时牧民的牲畜养殖数量在一年当中会发生较大变动，要去数牧民的养殖牲畜，也容易演变成"猫鼠游戏"。由村领导兼任的村级草管员，虽然存在监管上的信息优势，但也容易因为委托代理关系外加人情因素而带来监管效率的降低。地方监管部门发现牧民违反政策规定，也只能处以较低的罚款（限于《草原法》的规定）。

弱监管，不仅会影响当前牧民的行为选择（禁牧地区继续养殖，草畜平衡地区继续超载），而且会影响将来牧民的选择，而这一点是较为严重且必须考虑的一点。在弱监管下，原本遵守禁牧和草畜平衡政策的牧户就会获得反向激励，有可能促使原本遵守规定的牧户也不遵守规定。结果是，草畜平衡地区的牧户都普遍希望禁牧，因为禁牧之后可以继续养殖，但得到的禁牧补助却比草畜平衡奖励要高 3 倍。

实践中也存在一定的约束机制，主要是在资金发放上进行了一些政策创新，各个省区普遍采取了分期的资金发放方式。例如每年的年中发放 70%，年末根据牧民是否遵守规定再决定是否将剩余的 30% 发放给牧民。但是，"是否遵守"仍是需要监督监管的。

有效的监管是保证草原生态补偿条件性的关键，数量监管体系存在天然的劣势。随着经济的发展和科学技术的发展，监管手段的创新会极大地降低监管成本，例如利用卫星遥感技术和无线监测设备等的成本在逐年降低。转变监管思路，尝试构建一些新的监管体系，只有这样才能实现草原生态补偿支付的条件性，进而实现草原生态补偿的政策目标。

（五）其他方面

1. 按面积补偿还是按人口补偿

总体而言，草原生态保护补助奖励机制中，全国大部分地区采取了按面积补偿的模式分配草原生态补偿资金，部分地区采取了按人口补偿的模式分配草原生态补偿资金，并且很多按面积补偿的地区也在思考按人口补偿的可行性。因此，有必要对按面积补偿和按人口补偿这两种补偿模式进行一些理论上分析和探讨。

按面积补偿和按人口补偿，两者等价的条件是地区内部人均草场面积相同。实际情况是，很多地区，自 20 世纪 80～90 年代分配草场以来，不同牧户家庭人口变化，人口和草场面积呈现出明显的不成比例。重新分配草场不现实也不符合政策规定，按照现有政策规定，大部分牧区承包关系到 2027 年到期。所以，这两种补偿方式是不等价的，会带来不同的利益分配格局。

按人口补偿的模式，过多考虑了公平因素，与草场的利用不直接相关，从而实际上违背了草原生态补偿的政策目标即草原生态保护；按面积补偿的模式，可能有欠公平，但应该是更为有效的，因为与草场的利用直接相关，并且不违背草原生态补偿的政策目标。

2. 适度规模经营和草原生态补偿

家庭经营模式下的牧民，以畜牧业为生，存在一个由非畜牧业因素所决定的最小养殖规模，从而对应一个最小草场经营面积。那么对于草场经营面积小于最小草场经营面积的中小牧户而言，超载严重是必然的结果。为什么不同地区之间、同一地区不同牧户之间，超载程度会存在显著的差异？就是因为不同地区之间、同一地区不同牧户之间草场面积存在显著的差异。

草原生态补偿作为一种协调牧民生计和草原生态保护之间冲突的手段，它运用的前提是存在冲突，如果不存在冲突，也就不需要进行草原生态补偿。这也正是澳大利亚的新南威尔士州并没有采取草原生态补偿的方式来保护草原，而是采用严厉的行政手段来管理草场的原因，因为牧民普遍草场经营面积较大，并且牲畜放牧是可以创造高利润的，不存在普遍的牧民生计和草原生态保护之间的冲突。

所以，在草原生态补偿中，需要将牧户的资源禀赋即草场面积纳入考虑的因素之中。其实特别需要进行研究的是牧区的适度规模经营问题。当草场面积大于适度经营规模时，牧民通常表现为不超载；当草场面积小于适度经营规模时，牧民通常表现为超载。牧区是否存在适度规模经营，适度经营的规模是多少，这需要进行系统的理论分析和实证分析。

3. 草场流转和草原生态补偿

在已有的草原生态补偿中，涉及两种活动类型，即禁牧和草畜平衡。但是其实存在另外一种活动类型，即草场流转，同样可以有效地促进草原生态保护，并且这种行为是牧民之间的自发行为。胡振通等（2014）利用甘肃、内蒙古两省（自治区）的截面数据对草场流转和草原生态保护之间的关系进行了定量分析，分析结果显示草场流转有助于草原生态保护。

鉴于草场流转有助于草原生态保护，并且草场流转在当前和以后都会不断增加，那么有必要对"将草场流转纳入到草原生态补偿当中"做一个政策选项进行可行性研究。

4. 其他配套政策和草原生态补偿

草原生态补偿作为协调草原生态保护和牧民生计之间冲突的手段，它的效果如何，不仅仅取决于这个政策本身，还在于它是否有一系列的配套政策。

草原生态补偿着眼于草原生态保护，配套政策应该着眼于牧民生计，只有通过配套政策去改善牧民生计，才能进一步缓解草原生态保护和牧民生计之间的冲突，才能促进草原生态补偿顺利实施，达到草原生态保护的目的。这些配套政策主要包括，完善牧区社会保障制度、加强基础设施建设、发展现代畜牧业、鼓励合作经营等，这些有助于提升牧民畜牧业的经营效益和降低牧户超载过牧的经济动机。

五、小　　结

从研究中可以得出以下结论：第一，草原生态保护是中国草原生态补偿的政策目标也是唯一的政策目标。第二，在禁牧地区，禁牧补助只能补偿草场的要素价值，通过配套政策措施帮助牧民转产再就业是禁牧政策得以实施的关键。第三，现有的草畜平衡奖励标准未将超载程度纳入考虑因素，这会造成减畜和补偿的不对等关系，进而降低草原生态补偿的生态效果。第四，现有的草原生态补偿监管体系是草畜平衡框架下的数量监管体系，呈现出弱监管的特性，会严重影响草原生态补偿的政策目标的实现。第五，相对于按人口补偿的模式，按面积补偿的模式更符合草原生态补偿的政策目标。第六，草场流转和适度规模经营与草原生态保护有着密切的联系，有必要做进一步的深入研究。第七，以草原生态补偿政策为主体，完善配套政策措施，能够显著提升草原生态补偿的政策效果。

研究结论具有以下政策含义：第一，在草原生态补偿实践中，需进一步明确和强化中国草原生态补偿的政策目标即草原生态保护。第二，做好禁牧草场的选择，科学制定禁牧补助标准，配套政策措施帮助牧民转产再就业。第三，做好基线调研，定位草原超载的主体，合理阐述草畜平衡奖励的概念，科学制定草畜平衡奖励标准，将超载程度的差异纳入考虑因素。第四，转变监管思路，创新监管手段，确保草原生态补偿支付的条件性。第五，以草原生态补偿政策为主体，完善配套政策措施，有助于提升草原生态补偿的政策效果。第六，关注牧区的草场流转和适度规模经营研究。

参 考 文 献

[1] 陈佐忠, 汪诗平. 关于建立草原生态补偿机制的探讨 [J]. 草地学报, 2006 (1): 1-3.

[2] 张志民, 延军平, 张小民. 建立中国草原生态补偿机制的依据、原则及配套政策研究 [J]. 干旱区资源与环境, 2007 (8): 142-146.

[3] 侯向阳, 杨理, 韩颖. 实施草原生态补偿的意义、趋势和建议 [J]. 中国草地学报, 2008 (5): 1-6.

[4] 胡勇. 亟须建立和完善草原生态补偿机制 [J]. 宏观经济管理, 2009 (6): 40-42.

[5] 宋丽弘, 唐孝辉. 我国草原生态补偿制度探析 [J]. 理论与现代化, 2012 (2): 60-64.

[6] 额尔敦乌日图, 花蕊. 草原生态保护补奖机制实施中存在的问题及对策 [J]. 内蒙古师范大学学报 (哲学社会科学版), 2013 (6): 147-152.

[7] 孙长宏. 青海省实施草原生态保护补助奖励机制中存在的问题及探讨 [J]. 黑龙江畜牧兽医, 2013 (4): 32-33.

[8] 文明, 图雅, 额尔敦乌日图, 等. 内蒙古部分地区草原生态保护补助奖励机制实施情况的调查研究 [J]. 内蒙古农业大学学报 (社会科学版), 2013 (1): 16-19.

[9] 陈永泉, 刘永利, 阿穆拉. 内蒙古草原生态保护补助奖励机制典型牧户调查报告 [J]. 内蒙古草业, 2013 (1): 15-18.

[10] 刘爱军. 内蒙古草原生态保护补助奖励效应及其问题解析 [J]. 草原与草业, 2014 (2): 4-8.

[11] 李博. 中国北方草地退化及其防治对策 [J]. 中国农业科学, 1997 (6): 2-10.

[12] 张瑞荣, 申向明. 牧区草地退化问题的实证分析 [J]. 农业经济问题, 2008 (S1): 183-189.

[13] 朱美玲, 蒋志清. 新疆牧区超载过牧对草地退化影响分析 [J]. 青海草业, 2012 (1): 2-5.

［14］李文华，刘某承．关于中国生态补偿机制建设的几点思考［J］．资源科学，2010（5）：791－796．

［15］靳乐山，胡振通．谁在超载？不同规模牧户的差异分析［J］．中国农村观察，2013（2）：37－43．

［16］胡振通，孔德帅，焦金寿，靳乐山．草场流转的生态环境效率——基于内蒙古、甘肃两省份的实证研究［J］．农业经济问题，2014（6）：90－97．

［17］Engel S, Pagiola S, Wunder S. Designing payments for environmental services in theory and practice：An overview of the issues［J］. Ecological Economics, 2008, 65（4）：663－674.

［18］Wunder S. Payments for Environmental Services：Some Nuts and Bolts. Occasional Paper No. 42. CIFOR, Bogor. 2005.

［19］Claassen R, Cattaneo A, Johansson R. Cost-effective design of agri-environmental payment programs：U. S. experience in theory and practice［J］. Ecological Economics, 2008, 65（4）：737－752.

| 第三章 |
草原生态补偿的政策评估

　　利用 2014 年内蒙古自治区阿拉善左旗、四子王旗、陈巴尔虎旗三个旗县的 470 户牧户样本数据，从生态绩效、收入影响、政策满意度三个方面对草原生态补偿政策（即草原生态保护补助奖励机制）进行评估。生态绩效评估结果表明：全国草原生态环境得到了一定的改善，草原利用方式更趋合理，平均牲畜超载率下降明显，但超载过牧的现状没有得到根本的转变，样本调研旗县 2011 ~ 2014 年减畜任务达成比例为 42%，总体减畜任务达成情况一般。收入影响评估结果表明：平均每户理论收入影响为 8607 元，草原生态补偿标准偏低，需要在原有基础上提高 35%；平均每户的实际收入影响为 16686 元，牧民没有严格按照政策要求进行完全的减畜；草原生态补偿标准不只是一个单纯的标准偏低的问题，同时也有标准差别化的问题，需要在不同地区之间做出调整。政策满意度评估结果表明：草原生态补偿政策的政策满意度为 57%，其中陈巴尔虎旗的政策满意度最高，为 87%；四子王旗其次，为 62% ~ 63%；阿拉善左旗最低，为 18% ~ 32%。政策满意度与实际收入影响之间存在显著的相关关系，实际收入影响正向越大，政策满意度越高。辨析"政策满意度"，牧民对草原生态补偿政策的政策满意度越高，并不意味着草原生态补偿的政策设计和执行就越好，政策满意度越高，实际收入影响正向越大，但生态效果可能不佳。

一、评估背景

2015 年 4 月 25 日，国务院发布《关于加快推进生态文明建设的意见》，明确指出 "要严格落实禁牧休牧制度和草畜平衡制度，加大退牧还草力度，继续实行草原生态保护补助奖励政策"。草原生态保护补助奖励机制的第一轮周期（2011～2015）即将结束，系统地评估草原生态保护补助奖励机制对于完善下一期草原生态保护补助奖励机制具有重要的借鉴意义。

关于中国的草原生态补偿机制研究，已有的文献就草原生态补偿的必要性、补偿原则、补偿主体、补偿资金来源、补偿标准以及补偿方式进行了很好的论述（陈佐忠、汪诗平，2006；张志民等，2007；侯向阳等，2008；胡勇，2009；宋丽弘、唐孝辉，2012），为全面建立草原生态补偿机制奠定了重要的理论基础。随着 2011 年草原生态保护补助奖励机制的实施，一些学者和政府部门对草原生态保护补助奖励机制进行了评估，指出草原生态保护补助奖励机制在实施过程中存在着草原生态补偿标准普遍偏低、部分禁牧区草场退化、禁牧区牧民生活无依靠、禁牧区违禁放牧、草畜平衡区未能完全减畜、草畜平衡奖励标准未能考虑超载程度的差异、草原生态补偿的监管呈现弱监管的特性、牧区基础设施不完善等问题（额尔敦乌日图、花蕊，2013；孙长宏，2013；文明等，2013；陈永泉等，2013；刘爱军，2014；靳乐山、胡振通，2014）。这些发现为后续完善草原生态保护补助奖励机制提供了重要的依据。关于草原生态保护补助奖励机制草原监测与实施效果评价方法，张新跃等（2015）建议运用 "3S" 技术和现代信息技术，采取地面调查与遥感监测相结合的方法。关于草原生态补偿实施的生态效果，刘爱军（2014）通过研究指出，草原生态保护补助奖励机制实施以后，草原植被总体好转，禁牧措施的生态效果显著，草原覆盖度提高、生物量增加，草畜平衡措施达到了减轻草地放牧压力的效果。关于草原生态补偿的政策满意度，李玉新等（2014）、包扫都必力格（2015）、白爽等（2015）基于实地调研数据发现草原生态补偿的政策满意度分别为 31%、79%、29%，不同地区政策满意度的研究结果存在差异。

现有文献对草原生态补偿实施效果的研究，多为问题的定性描述，缺乏定量分析，在我国已经全面建立草原生态保护补助奖励机制之后，就如何完善我国的草原生态补偿机制，亟须系统深入的研究。草原生态补偿的生态绩效如何、收入影响如何、政策满意度如何，三者又有什么内在的联系，本章将结合内蒙古自治区的实地调研数据对这些问题进行系统的论述。

二、评 估 思 路

在超载过牧的解释框架下，平衡生计维持/改善和生态保护/修复之间的关系是草原生态环境政策的中心议题。实现保护草原生态和促进牧民增收相结合，是促进草原牧区可持续发展的前提条件。评价草原生态补偿的实施效果，存在两个维度，一是草原生态补偿实施的生态绩效，二是草原生态补偿实施的收入影响，前者是第一位的，后者是第二位的。

本章对草原生态补偿的评估围绕以下四个问题展开：

问题1：草原生态补偿的生态绩效如何？

问题2：草原生态补偿对牧民的收入影响如何？

问题3：牧民对草原生态补偿的政策满意度以及和收入影响之间的相关关系如何？

问题4：如何辩证地看待"政策满意度"？

1. 生态绩效

评估草原生态补偿实施的生态绩效，是衡量草原生态补偿政策是否有效的根本指标。评估草原生态补偿实施的生态绩效存在两个思路：一是考核草原生态补偿实施之后的草原生态恢复状况；二是考核草原生态补偿实施之后的减畜任务达成情况，前者是直接指标，后者是间接指标。

2. 收入影响

评估草原生态补偿实施的收入影响，是确保草原生态补偿政策能否顺利实施的关键。正确地理解草原生态补偿实施的收入影响，不要将草原生态补偿资金理解成一种纯粹的收入，而忽略了牧户为获得草原生态补偿资金所承担的机会成本，需要综合考虑牧户获得的草原生态补偿资金和牧民因为减畜所带来的收入损失。

评估草原生态补偿实施的收入影响具有两个层面的含义：一是理论收入影响，即严格执行禁牧政策和草畜平衡政策给牧民带来的收入影响；二是实际收入影响，即禁牧政策和草畜平衡政策的实际执行情况给牧民带来的收入影响，相比于第一个层面，两者的区别在于牧户对禁牧政策和草畜平衡政策的执行程度。

3. 政策满意度

政策满意度和收入影响都是衡量草原生态补偿政策对牧民影响的指标，前者是主观评价指标，后者是客观评价指标，两者都是确保草原生态补偿政策能否顺利实施的关键参考。政策满意度和实际收入影响之间应该存在显著的相关关系，实际收入影响正向越大，政策满意度越高。

4. 辨析"政策满意度"

牧民对草原生态补偿政策的"政策满意度"越高，是不是就意味着草原生态补偿的政策设计和执行就越好？这是一个值得深入探讨和剖析的问题，解答这个问题的关键在于如何把握草原生态补偿的政策目标即草原生态保护。

三、研究区域和样本说明

（一）研究区域

为了突出研究的代表性，本章选取了内蒙古自治区东部的陈巴尔虎旗、中部的四子王旗、西部的阿拉善左旗作为研究区域，各个地区的基本信息如表 3－1 所示。

阿拉善左旗，阿拉善盟所辖旗县，主要草地类型为温性草原化荒漠和温性荒漠，禁牧区面积为 5849 万亩，草畜平衡区面积为 1447 万亩，按照人口补偿模式进行补偿，全旗的平均草畜平衡标准为 75 亩/羊单位，阿拉善左旗的标准亩系数①为 0.52，相应的禁牧补助标准为 3.12 元/亩，草畜平衡奖励标准为 0.78 元/亩，实际禁牧补助标准②按照 13000 元/人进行发放，实际的草畜平衡奖励标准③按 4000 元/人发放。

四子王旗，乌兰察布市所辖旗县，主要草地类型为温性荒漠化草原和温性草原化荒漠，禁牧区面积为 1845 万亩，草畜平衡区面积为 1232 万亩，按照面积补偿模式进行补偿，禁牧区的平均草畜平衡标准为 47 亩/羊单位，草畜平衡区的平均草畜平衡标准为 30 亩/羊单位，四子王旗的标准亩系数为 0.85，相应的禁牧补助标准为 5.1 元/亩，相应的草畜平衡奖励标准为 1.275 元/亩。

陈巴尔虎旗，呼伦贝尔市所辖旗县，主要草地类型为温性典型草原和温性草甸草原，禁牧区面积为 507 万亩，草畜平衡区面积为 1626 万亩，按照面积补偿模式进行补偿，全旗的平均草畜平衡标准为 12.5 亩/羊单位，陈巴尔虎旗的标准亩系数为 1.59，相应的禁牧补助标准为 9.54 元/亩，相应的草畜平衡奖励标准为 2.385 元/亩。

表 3-1 样本旗县基本信息

地区	阿拉善左旗	四子王旗	陈巴尔虎旗
主要草地类型	温性草原化荒漠、温性荒漠	温性荒漠化草原、温性草原化荒漠	温性典型草原、温性草甸草原
禁牧区面积	5849 万亩	1845 万亩	507 万亩
草畜平衡区面积	1447 万亩	1232 万亩	1626 万亩
补偿模式	人口补偿模式	面积补偿模式	面积补偿模式

① 内蒙古自治区采用了"标准亩"的概念，按照标准亩系数分配个盟市州的禁牧补助资金。"标准亩"是根据所在省（区）天然草原的平均载畜能力，测算出平均饲养 1 羊单位所需的草地面积为 1 个标准亩，其系数为 1，大于这个载畜能力的草原，其标准亩系数就大于 1，反之则小于 1。

② 阿拉善左旗，实际的禁牧补助标准的划分较为复杂，有两种禁牧规定，分别是完全禁牧和饲养规定数量牲畜（120 亩/羊单位，总数不能超过 100 羊单位），不同禁牧规定下的禁牧补助标准存在差异。1)<16 周岁：2000 元/人年；2)≥16 周岁，<60 周岁：完全禁牧，13000 元/人年；饲养规定数量牲畜，10000 元/人年；3)≥60 周岁：完全禁牧，10000 元/人年；饲养规定数量牲畜，8000 元/人年。

③ 阿拉善左旗，实际的草畜平衡奖励标准为：<16 周岁：2000 元/人年；≥16 周岁：4000 元/人年。

续表

地区	阿拉善左旗	四子王旗	陈巴尔虎旗
草畜平衡标准	75 亩/羊单位	禁牧区：47 亩/羊单位 草畜平衡区：30 亩/羊单位	12.5 亩/羊单位
标准亩系数	0.52	0.85	1.59
禁牧补助标准	3.12 元/亩 13000 元/人	5.1 元/亩	9.54 元/亩
草畜平衡奖励标准	0.78 元/亩 4000 元/人	1.275 元/亩	2.385 元/亩

注：资料来源于《阿拉善左旗草原生态保护补助奖励机制实施办法》《四子王旗2011年草原生态保护补助奖励机制实施方案》《陈巴尔虎旗2011年草原生态保护补助奖励机制实施方案》《阿拉善左旗草原补奖机制落实情况调研报告》《四子王旗草原生态保护补助奖励机制工作总结》《陈巴尔虎旗草原生态保护补助奖励机制工作总结》。

（二）样本说明

本章分析所用资料来自调研组一行 8 人于 2014 年 7 月 3 日~8 月 6 日对内蒙古自治区阿拉善左旗、四子王旗、陈巴尔虎旗三个旗县的 8 个苏木镇的 34 个纯牧业嘎查的实地调研。8 个苏木镇包括阿拉善左旗的三个苏木镇，分别是巴彦诺尔公苏木、吉兰泰镇、巴彦浩特镇，四子王旗的两个苏木，分别是查干补力格苏木、红格尔苏木，陈巴尔虎旗的三个苏木镇，分别是巴彦哈达苏木、呼和诺尔镇、东乌珠尔苏木。调查以问卷调查为主，采取调研员和牧户面对面交谈的方式。

此次调研共发放问卷 498 份，应本书需要筛选有效问卷 470 份，样本分布情况如表 3－2 所示。从旗县分布看，阿拉善左旗 163 份，四子王旗 164 份，陈巴尔虎旗 143 份。从牧户类型看，禁牧牧户 272 户，草畜平衡牧户 326 户，其中阿拉善左旗的 9 户牧户、陈巴尔虎旗的 119 户牧户既有禁牧草场又有草畜平衡草场。

表 3 - 2　　　　　　　　　　　　　　样本分布情况

	禁牧牧户 （户）	草畜平衡牧户 （户）	总计 （份）
阿拉善左旗	89	83	163
四子王旗	60	104	164
陈巴尔虎旗	123	139	143
总计	272	326	470

在 470 户样本牧户中，受访对象以户主优先，81% 为男性，304 户为蒙古族，166 户为非蒙古族（以汉族为主），平均年龄为 46 岁，以 36~55 岁的居多，受教育程度以小学、初中文化程度的居多。平均家庭人口数为 3.72人，平均家庭劳动力数量 2.55 人，平均从事畜牧业劳动力数量 2.08 人，平均从事非农劳动力 0.46 人。各个旗县受访牧户草场承包面积情况如下：阿拉善左旗平均每户的草场承包面积为 9902 亩，四子王旗平均每户的草场承包面积为 5921 亩，陈巴尔虎旗平均每户的草场承包面积为 6028 亩。

四、生 态 绩 效

评估草原生态补偿实施的生态绩效，是衡量草原生态补偿政策是否有效的根本指标。评估草原生态补偿实施的生态绩效，分别从"草原生态恢复状况""减畜任务达成情况"两个方面展开论述。

（一）草原生态恢复状况

草原生态恢复状况，是评估草原生态补偿实施的生态绩效的最重要的也是最直接的指标。2014 年 5 月 20 日农业部发布文件《关于深入推进草原生态保护补助奖励机制政策落实工作的通知》（农办财〔2014〕42 号）指出，在草原生态保护补助奖励机制实施的第四年，各省（区）要组织开展政策实施成效评估研究。2014 年 7 月 16 日内蒙古农牧厅发布文件《关于协助做好草原生态保护补助奖励机制政策实施成效评估工作的通知》（内农牧草发

〔2014〕193号），制定了《内蒙古草原生态保护补助奖励实施成效生态效益评估实施方案》，委托内蒙古自治区草原勘察规划院对草原生态保护补助奖励机制实施的生态效益进行评估。草原生态恢复状况的评估，是一项复杂的工作，需要由专门的草原监测部门，制定评估方案，确定评估方法和评估内容，建立评估指标，收集相关监测数据（监测点数据、遥感数据），进而对禁牧区、草畜平衡区的草原生态恢复状况做出全面综合的评估。

结合全国草原监测报告，本小节仅对草原生态补偿实施的草原生态恢复状况进行简要的引述。参照2009~2014年的《全国草原监测报告》，全国天然草原生产力、载畜能力、牧草生长季气温、降水变化如表3-3所示。

表3-3　全国天然草原生产力、载畜能力、牧草生长季气温、降水变化

	2009年	2010年	2011年	2012年	2013年	2014年	2010~2014年增长幅度
鲜草总产量（亿吨）	9.384	9.763	10.025	10.496	10.558	10.222	4.7%
载畜能力（亿羊单位）	2.310	2.401	2.462	2.546	2.558	2.476	3.1%
牧草生长季气温	偏高	偏高	偏高	偏高	略偏高	略偏高	
牧草生长季降水	偏少	偏多	偏多	偏多	偏多	略偏少	

资料来源：2009~2014年各年份的《全国草原监测报告》。

2011~2014年的全国天然草原鲜草总产量，在年际间存在波动，但均在10亿吨以上，草地生产力保持在较高水平，2014年全国天然草原鲜草总产量为10.222亿吨，比2010年增长4.7%，载畜能力2.476亿羊单位，比2010年增长3.1%。总体而言，随着2011年草原生态保护补助奖励机制的实施和退牧还草等一系列草原保护建设工程的持续实施，全国草原生态环境得到了一定的改善，草原生态恢复加快。

在进行草原生态补偿的生态评估时，如何分离气候因素年际波动的影响和草原生态保护补助奖励机制的影响是重点、难点和局限所在。通常情况下，每年牧草生长季节，气温的变化和降水的变化会对草原植被生长状况产生影响。如表3-3所示，2010年、2011年、2012年、2013年全国大部分草原地区牧草生长季降水正常偏多，2014年正常略偏少，到底草原生态恢复状况，

在多大程度上是由于气象因素波动造成的，在多大程度上是由于政策实施的影响造成的，这需要进行科学的分析和做出谨慎的判断。

（二）减畜任务达成情况

减畜任务达成情况是评估草原生态补偿政策的生态绩效的间接指标。如果超载过牧是导致草原退化的重要原因，那么以遏制超载为具体目标的减畜政策（具体指禁牧政策、草畜平衡政策）就能够起到草原生态保护的目的，减畜任务达成情况就可以度量草原生态补偿实施的生态绩效。下面分别从全国草原监测报告、实地调研数据两个方面来论述减畜任务达成情况。

1. 基于全国草原监测报告

长远考虑，草地资源可持续发展的核心在于草畜平衡，减畜政策的实施，最直观的表现为平均牲畜超载率的下降。参照 2010~2014 年的《全国草原监测报告》，全国重点天然草原、牧区县、半牧区县平均牲畜超载率年度变化如表 3-4 所示。

表 3-4　　全国重点天然草原、牧区县、半牧区县平均牲畜超载率年度变化

单位：%

	2010 年	2011 年	2012 年	2013 年	2014 年	2010~2014 年超载率降低	减畜任务达成比例
全国重点天然草原平均牲畜超载率	30.0	28.0	23.0	16.2	15.2	14.8	49
牧区县平均牲畜超载率	42.0	39.0	34.5	22.5	20.6	21.4	51
半牧区县平均牲畜超载率	47.0	46.0	36.2	17.5	15.6	31.4	67

资料来源：2009~2014 年各年份的《全国草原监测报告》。

草原利用方式更趋合理，平均牲畜超载率下降明显。2014 年全国重点天然草原平均牲畜超载率为 15.2%，比 2010 年下降 14.8%，2014 年牧区县平均牲畜超载率为 20.6%，比 2014 年下降 21.4%，2014 年半牧区县平均牲畜

超载率为 15.6%，比 2010 年下降 31.4%。

超载过牧的现状并没有得到根本的转变。虽然全国草原平均牲畜超载率有了明显的下降，但 2014 年全国草原平均牲畜超载率仍保持在 15%～20% 之间。相比于 2010 年的超载程度，全国重点天然草原、牧区县、半牧区县 2011～2014 年减畜任务达成比例分别为 49%、51%、67%，还没有达到各省（区）、市（盟、州）、县（旗）《草原生态保护补助奖励机制实施方案》中规定的三年（2011～2013）完成减畜任务的要求。说明减畜政策，无论是禁牧政策，还是草畜平衡政策，在实际实施中存在具体的困难。如果将禁牧区和草畜平衡区分开核算，禁牧区虽有载畜能力，但理论上需要禁止放牧，那么草畜平衡区的平均牲畜超载率将远高于全国草原平均牲畜超载率。2014 年已经是草原生态保护补助奖励机制实施的第四年，天然草原的平均牲畜超载率虽有下降，但还未达到政策的预期水平，说明草原生态保护补助奖励机制的实施，一定程度上起到了遏制超载的目的，但天然草原超载过牧的现状并没有得到根本的转变。

2. 基于实地调研数据

减畜任务达成情况，主要考核禁牧政策和草畜平衡政策的落实，牧民是否按照政策规定进行了相应的减畜，达到了禁牧区不放牧、草畜平衡区不超载的要求。为了核算减畜任务达成情况，需要对每个牧户收集以下信息：2010 年实际载畜量、2014 年实际载畜量、2014 年理论载畜量。核算每个牧户 2010 年实际载畜量、2014 年实际载畜量，统一折算成羊单位①，采用的牧业年度②统计数据。核算每个牧户 2014 年理论载畜量，按照每个牧户 2014 年的实际草场经营面积和该地区的草畜平衡标准和禁牧规定进行测算。实际草场经营面积 = 草场承包面积 − 草场禁牧面积 + 净草场流转面积。阿拉善左旗的平均草畜平衡标准为 75 亩/羊单位，禁牧规定是禁止放牧或饲养少于 100

---

① 根据《天然草地合理载畜量的计算》（中华人民共和国农业行业标准 NY/T635 - 2002），一个标准羊单位为一只体重 50 公斤、哺半岁以内羊羔的成年绵羊，日消耗干草 1.8 公斤，全年放牧以 365 天计算，全年消耗干草 657 公斤。

② 在畜牧业统计中，存在两种统计口径，一种是牧业年度统计，指每年的 6 月份，另一种是日历年度统计，指每年的 1 月份，本研究采用的是牧业年度统计数据。一只大羊折合 1 个羊单位算，1 只羊羔折合 0.4 个羊单位算，一头大牛折合 6 个羊单位，一头牛犊折合 3 个羊单位，一匹成年马折合 6 个羊单位，一匹小马折合 3 个羊单位，一峰骆驼折合 7 个羊单位。

羊单位的牲畜；四子王旗草畜平衡区的草畜平衡标准为 30 亩/羊单位，禁牧
区禁牧前的草畜平衡标准为 47 亩/羊单位，禁牧后的禁牧规定为禁止放牧；
陈巴尔虎旗的平均草畜平衡标准为 12.5 亩/羊单位，禁牧规定为禁止放牧。

减畜任务达成情况的核算结果如表 3－5 所示。为核算减畜任务达成情
况，需要分地区类型进行介绍，根据实际情况分为五种地区类型，分别是阿
拉善左旗禁牧户、阿拉善左旗草畜平衡户、四子王旗禁牧区、四子王旗草畜
平衡区、陈巴尔虎旗，陈巴尔虎旗属于部分禁牧部分草畜平衡的类型，通常
绝大多数牧户都有1000~2000 亩的禁牧草场。

表 3－5   减畜任务达成情况的核算结果

地区 类型	样本数 （户）	草场承 包面积 （亩）	2010 年实际 载畜量 （羊单位）	2014 年实际 载畜量 （羊单位）	2014 年理论 载畜量 （羊单位）	理论减 畜量 （羊单位）	实际减 畜量 （羊单位）	减畜难 度评价	减畜任务 达成比例 （%）
A1	89	8381	262	109	69	193	153	很大	79
A2	74	11732	335	297	180	155	38	较大	25
B1	60	7415	253	223	0	253	30	很大	12
A1、 A2、 B1	223	9233	284	202	87	197	82		42
B2	104	5059	312	343	238	74	−31	较小	未减畜
C	143	6028	410	490	366	44	−80	很小	未减畜

注：地区类型中，A1 代表阿拉善左旗禁牧户，A2 代表阿拉善左旗草畜平衡牧户，B1 代表四子王
旗禁牧区，B2 代表四子王旗草畜平衡区，C 代表陈巴尔虎旗。

阿拉善左旗禁牧户，平均每户的理论减畜量为 193 羊单位，减畜难度很
大，实际减畜量为 153 羊单位，减畜任务达成比例为 79%，减畜任务达成情
况较好。阿拉善左旗草畜平衡户，平均每户的理论减畜量为 155 羊单位，减
畜难度较大，实际减畜量为 38 羊单位，减畜任务达成比例为 25%，减畜任
务达成情况一般。四子王旗禁牧户，平均每户的理论减畜量为 253 羊单位，
减畜难度很大，实际减畜量为 30 羊单位，减畜任务达成比例为 12%，减畜
任务达成情况一般。四子王旗草畜平衡区，平均每户的理论减畜量为 74 羊单
位，减畜难度较小，实际未进行减畜，减畜任务达成情况一般。陈巴尔虎旗，

平均每户的理论减畜量为 44 羊单位，减畜难度很小，实际未进行减畜，减畜任务达成情况一般。

将减畜难度较大和很大的三个地区类型汇总到一起，衡量整体的减畜任务达成情况。在 223 户调查样本牧户中，平均每户的理论减畜量为 197 羊单位，实际减畜量为 82 羊单位，减畜任务达成比例为 42%，总体减畜任务达成情况一般。

实际未进行减畜的四子王旗草畜平衡区和陈巴尔虎旗，有其特殊性。四子王旗草畜平衡区虽未进行减畜，但四子王旗草畜平衡区存在普遍的草场流转行为，在 104 户样本牧户中，有 52 户牧户存在草场转入行为，52 户牧户的平均草场承包面积为 4060 亩，转入后的平均草场经营面积为 8505 亩，因为草场流转所带来的户均草场经营面积的增加，牧户的牲畜养殖规模虽未减少，但整体的超载程度却得到了降低，草场流转行为与减畜政策起到了同样的效果。陈巴尔虎旗，在实施禁牧前，平均每户的理论载畜量为 530 羊单位，整体不超载，尚有进一步扩大牲畜养殖规模的潜力，由于是部分禁牧部分草畜平衡的模式，多数禁牧草场并未实行集中连片禁牧，牧民实际中仍可对禁牧草场进行利用，如果仍考虑禁牧草场的载畜能力，陈巴尔虎旗的牧户虽然扩大了牲畜养殖规模，但仍保持在不超载的范围内。

五、收 入 影 响

（一）计算公式和数据处理

1. 计算公式

减畜是当前草原生态补偿政策的核心所在。减畜能否顺利地实现，关键在于牧民的选择，减畜会对牧民的生计造成影响，牧民考虑的是减畜带来的收入损失和补偿之间的对等关系。当补偿不足以抵消减畜带来的损失时，牧民不愿意减畜，当补偿足够抵消减畜带来的损失时，牧民可能愿意减畜。草原生态补偿的收入影响等于牧户的草原生态补偿金额和减畜的收入损失之间的差额，具体的计算公式如下：

实际收入影响＝草原生态补偿金额－实际减畜量×一羊单位的畜牧业纯收入

$$(3-1)$$

理论收入影响＝草原生态补偿金额－理论减畜量×一羊单位的畜牧业纯收入

$$(3-2)$$

其中，实际减畜量＝2010 年实际载畜量－2014 年实际载畜量，理论减畜量＝2010 年实际载畜量－2014 年理论载畜量。实际收入影响和理论收入影响的差别在于牧户对禁牧政策和草畜平衡政策的执行程度。

2. 数据处理

为了测算实际收入影响和理论收入影响，需要对每个牧户收集以下信息：草原生态补偿金额、2010 年实际载畜量、2014 年实际载畜量、2014 年理论载畜量以及一羊单位的畜牧业纯收入。草原生态补偿金额包括禁牧补助、草畜平衡奖励、牧草良种补贴、生产资料综合补贴四项，主要组成部分为前两项，具体的补偿标准，详见表 3－1 的介绍。2010 年实际载畜量、2014 年实际载畜量、2014 年理论载畜量的核算方法在第四部分已经进行介绍。

一羊单位的畜牧业纯收入的核算，采用 2014 年对三个旗县草畜平衡区牧户的实地调查数据进行核算，核算结果如表 3－6 所示。核算结果显示：阿拉善左旗、四子王旗、陈巴尔虎旗一羊单位的畜牧业纯收入分别为 348 元、215 元和 136 元。不同旗县之间一羊单位的畜牧业纯收入存在显著的差异性，造成这种差异性的原因是多样的，与地理位置、气候条件、牲畜结构、畜产品价格、经营性支出等因素相关，限于篇幅，不详细罗列畜牧业销售情况和经营性支出情况，只做简要分析。与阿拉善左旗、四子王旗相比，造成陈巴尔虎旗一羊单位的畜牧业纯收入低的主要原因有：①高纬度，气候寒冷，暖棚建设不足，牲畜冬季死亡率较高；②每年打草场需要打草，机械燃油费、短期雇工费用显著高于其他两个旗县，雇工放牧现象普遍，长期雇工费用显著高于其他两个旗县；③牲畜结构以养羊和养牛为主，通常养羊的收益要比养牛要高，其他两个旗县都主要以养羊为主。造成阿拉善左旗一羊单位的畜牧业纯收入高的主要原因：牲畜结构以养羊为主，羊的品种主要是白绒山羊，近几年羊绒价格较好，羊绒收入占到畜牧业收入的 $\frac{1}{3}$ 左右。

表 3–6 2013 年"一羊单位的畜牧业纯收入"的核算

旗县	样本数（户）	草场经营面积（亩）	牲畜养殖规模（羊单位）	畜牧业总收入（元）	畜牧业经营性支出（元）	畜牧业纯收入（元）	一羊单位的畜牧业纯收入（元）
阿拉善左旗	83	12808	288	144374	44076	100298	348
四子王旗	104	7146	343	160587	86718	73869	215
陈巴尔虎旗	139	4649	499	140240	72221	68019	136

（二）计算结果

收入影响的核算结果如表 3–7 所示，下面先从总体上介绍收入影响，再分地区类型介绍收入影响，并简要分析其背后的含义。

表 3–7 收入影响的核算结果

区域类型	样本数（户）	草场承包面积（亩）	草原生态补偿金额（元/年）	2010 年实际载畜量（羊单位）	2014 年实际载畜量（羊单位）	2014 年理论载畜量（羊单位）	理论收入影响（元）	实际收入影响（元）
A1	89	8381	29137	262	109	69	–38027	–24107
A2	74	11732	15368	335	297	180	–38572	2144
B1	60	7415	45367	253	223	0	–9028	38917
B2	104	5059	9096	312	343	238	–6814	15761
C	143	6028	29862	410	490	366	23878	40742
总计	470	7334	24827				–8607	16686

注：地区类型中，A1 代表阿拉善左旗禁牧户，A2 代表阿拉善左旗草畜平衡牧户，B1 代表四子王旗禁牧区，B2 代表四子王旗草畜平衡区，C 代表陈巴尔虎旗。

1. 总体介绍

在 470 户样本牧户中，平均每户获得的草原生态补偿金额为 24827 元，平均每户的理论收入影响为 –8607 元，平均每户的实际收入影响为 16686 元。这可以说明两个问题：①理论收入影响为负，说明草原生态补偿标准偏低，草原生态补偿标准需要在原来的基础上提高 35%（8607÷24827＝35%）才能保证理论收入影响不为负，进而让牧民自觉自愿地参与到草原生态补偿中；②理论收入影响为负，但实际收入影响却为正，说明草原生态补偿在具体实施中，牧民并没有严格按照政策要求进行完全的减畜。

在 470 户样本牧户中，有 227 户牧户的理论收入影响为正，有 243 户牧户的理论收入影响为负，有 342 户牧户的实际收入影响为正，有 128 户牧户的实际收入影响为负。这可以说明一个问题，牧户之间存在显著的差异性，草原生态补偿标准不只是一个单纯的标准偏低的问题，同时也有标准差别化的问题，并且这种差异性的存在，将使得草原生态补偿的生态目标的实现难度增加。

2. 分地区类型介绍

为进一步地了解草原生态补偿的收入影响，同样分五种地区类型进行介绍，分别是阿拉善左旗禁牧户、阿拉善左旗草畜平衡户、四子王旗禁牧区、四子王旗草畜平衡区、陈巴尔虎旗。从理论收入影响看，除陈巴尔虎旗之外，其余四种地区类型的理论收入影响都为负，这说明草原生态补偿在不同地区类型之间存在过度补偿和补偿不足的差异，草原生态补偿标准需要在地区之间做出调整。从实际收入影响看，除阿拉善左旗禁牧户之外，其余四种类型的实际收入影响都为正，从实际收入影响的数值差异且与理论收入影响的结合考虑看，不同地区类型减畜任务达成情况差异显著，需要深入分析这种差异的背后原因，总结有益的做法，针对问题采取适当的措施。

六、政策满意度

（一）政策满意度

草原生态补偿政策满意度评估结果如表 3 - 8 所示。在 470 户样本牧户中，268 户牧户对草原生态补偿政策的态度为满意，占到了样本总数的 57%，94 户牧户对草原生态补偿政策的态度为一般，占到了样本总数的 20%，108 户牧户对草原生态补偿政策的态度为不满意，占到了样本总数的 23%。从地区类型差异上看，陈巴尔虎旗的政策满意度最高，政策满意的牧户比例为

87%，四子王旗的政策满意度其次，政策满意的牧户比例为 62% ~ 63%，阿拉善左旗的政策满意度最低，禁牧户政策满意的牧户比例仅为 18%，草畜平衡牧户政策满意的牧户比例仅为 32%。

表 3-8　　　　　　　　　　草原生态补偿政策满意度评估结果

旗县	类型	样本数 （户）	满意	一般	不满意
阿拉善左旗	禁牧户	89	16 18%	20 22%	53 60%
	草畜平衡户	74	24 32%	15 20%	35 48%
四子王旗	禁牧区	60	37 62%	16 26%	7 12%
	草畜平衡区	104	66 63%	29 28%	9 9%
陈巴尔虎旗		143	125 87%	14 10%	4 3%
总计		470	268 57%	94 20%	108 23%

（二）政策满意度和收入影响的相关关系

1. 研究假设

政策满意度和收入影响都是衡量草原生态补偿政策对牧民影响的指标，前者是主观评价指标，后者是客观评价指标，两者都是确保草原生态补偿政策能否顺利实施的关键参考。本小节将验证政策满意度和实际收入影响之间的相关关系，研究假设为：政策满意度和实际收入影响之间存在相关关系，并且实际收入影响正向越大，政策满意度越高。

2. 模型建立

为检验实际收入影响和政策满意度之间的相关关系，选取的计量模型为多元有序 Logit 回归模型，将牧户对草原生态补偿政策的政策满意度作为因变量，实际收入影响作为自变量，将牧户民族、年龄、受教育程度、是否是村干部、家庭人数、资金发放是否及时等变量作为控制变量。

将 y 设为政策满意度，y 取值 0、1、2，分别代表为牧民对草原生态补偿政策的不满意、一般、满意。采用 Logistic 概率分布函数，则：

$$\ln\left(\frac{P(y < j)}{1 - P(y < j)}\right) = \alpha + \sum_{i=1}^{n} \beta_i x_i, \ j = 0, 1, 2 \qquad (3-3)$$

即

$$P(y < j) = F\left(\alpha + \sum_{i=1}^{n} \beta_i x_i\right) = \frac{1}{1 + \exp\left[-\left(\alpha + \sum_{i=1}^{n} \beta_i x_i\right)\right]}, \ j = 0, 1, 2$$

$$(3-4)$$

式中，p 为概率；α 为截距项；β_i 为自变量 x_i 的系数；n 为自变量的个数。

3. 模型变量说明及描述性统计

计量分析模型中各个变量的定义、取值及描述性统计如表 3-9 所示。

表 3-9　　　　　　　　　变量定义、赋值及描述性统计

变量名称	变量定义及取值	最小值	最大值	平均值	标准差
政策满意度	定序变量，不满意 = 0；一般 = 1；满意 = 2	0	2	1.34	0.83
实际收入影响	连续变量，实际收入影响（万元）	-20.80	28.27	1.67	5.14
民族	虚拟变量，蒙古族 = 0；非蒙古族 = 1	0	1	0.65	0.48
年龄	连续变量，实际年龄（岁）	22	78	45.67	9.77
受教育程度	定序变量，文盲 = 1；小学 = 2；初中 = 3；高中 = 4；高中以上 = 5	1	5	2.85	0.96
是否是村干部	虚拟变量，否 = 0；是 = 1	0	1	0.13	0.34
家庭人数	连续变量，实际家庭人口数（人）	1	10	3.72	1.31
资金发放是否及时	虚拟变量，不及时 = 0；及时 = 1	0	1	0.61	0.49

4. 估计结果分析

本章应用 EViews7.0 统计软件对计量模型进行回归和检验，回归结果见表 3-10。

表 3 - 10　　　　　　　　　　　模型估计结果

变量	系数	Z 检验值
实际收入影响	0. 124 ***	5. 641
民族	0. 453 *	2. 209
年龄	0. 010	0. 863
受教育程度	− 0. 088	− 0. 753
是否是村干部	0. 722 *	2. 211
家庭人数	0. 019	0. 238
资金发放是否及时	1. 180 ***	6. 008
模型拟合效果	R^2	0. 110
	LR	101. 718
	显著性水平	0. 000 ***
	观测值个数	470

注：* 、 *** 分别表示在 5% 和 1‰ 的水平上显著。

实证分析模型中，多元 Logit 回归的最大似然比通过 0. 001 水平显著性检验，说明该模型整体显著。实际收入影响与政策满意度在 0. 001 水平上显著正相关，说明实际收入影响正向越大的牧户，政策满意度越高，研究假设得到验证。模型回归结果还表明：牧民的民族对政策满意度存在显著的正向影响，蒙古族牧民相比于非蒙古族牧民的政策满意度要高；是否是村干部对政策满意度存在显著的正向影响，村干部牧民比非村干部牧民的政策满意度要高；资金发放是否及时对政策满意度存在显著的正向影响，资金发放越及时，政策满意度越高。

不同政策满意度的平均每户实际收入影响如表 3 - 11 所示。268 户对草原生态补偿政策满意的牧户，平均每户的实际收入影响为 2. 87 万元，94 户对草原生态补偿政策满意度一般的牧户，平均每户的实际收入影响为 1. 46 万元，108 户对草原生态补偿政策不满意的牧户，平均每户的实际收入影响为 − 1. 13 万元。

表 3 - 11　　　　　　　不同政策满意度的平均每户实际收入影响

	满意	一般	不满意
样本数（户）	268	94	108
平均每户实际收入影响（万元）	2.87	1.46	- 1.13

七、辨析"政策满意度"

　　牧民对草原生态补偿政策的"政策满意度"越高，并不意味着草原生态补偿的政策设计和执行就越好。过度地关注"政策满意度"，可能会使得政策研究者、政策制定者、政策执行者遗忘了政策的初衷。"政策满意度"只是草原生态补偿实施状况的一个参考，我们需要关注"政策满意度"，但"政策满意度"并不是政策目标，草原生态保护才是草原生态补偿的政策目标。

　　按照生态补偿的基本定义，生态补偿标准要大于机会成本，小于生态系统服务价值。草原生态补偿的生态目标实现了（草原生态恢复了或者减畜任务达成了），牧民的理论收入影响和实际收入影响都为正，这样才符合生态补偿的基本定义。在实际中，生态目标和"政策满意度"存在一致的地方，也存在不一致的地方。具体分三种情形来辨析"政策满意度"和剖析背后存在的问题，如表 3 - 12 所示。

表 3 - 12　　　　　　　　　辨析"政策满意度"

情形	理论收入影响为正 实际收入影响为正	理论收入影响为负 实际收入影响为正	理论收入影响为负 实际收入影响为负
样本数（户）	218	124	119
平均理论收入变化（万元）	3.55	- 3.43	- 6.45
平均实际收入变化（万元）	4.47	2.82	- 4.46
预期"政策满意度"	满意	满意	不满意
政策设计层面的问题	过度补偿	补偿不足	补偿不足
政策执行层面的评估	—	执行较差	执行较好
典型区域	陈巴尔虎旗	阿拉善左旗草畜平衡户 四子王旗禁牧区 四子王旗草畜平衡区	阿拉善左旗禁牧户

　　注：理论收入影响为正、实际收入影响为负的情形很少，在 470 户样本牧户仅有 9 户，所以未列入其中。

（一）情形1：理论收入影响为正、实际收入影响为正

当理论收入影响为正、实际收入影响为正时，这种情形下的"满意"可以通俗地理解为"牧民遵守政策规定并且牧民收入影响为正"，在一定程度上实现了生态目标和"政策满意度"的一致。在这种情形下，由于实际收入影响都为正，通常会表现出很高的满意度。但当理论收入影响过高时，在政策设计上可能存在着过度补偿的问题，进而造成草原生态补偿的财务低效率。

在现有的调查样本区域类型中，陈巴尔虎旗地区倾向于属于这种类型。陈巴尔虎旗，143 户样本调研牧户，政策满意度很高，87% 的牧户对草原生态补偿政策满意，平均每户的理论收入影响为 2.39 万元，平均每户的实际收入影响为 4.47 万元。更进一步可能需要关注到的问题是：因为禁牧使得牧户的平均草场经营面积从 6631 亩减少到 4579 亩，理论载畜量从 2010 年的 530 羊单位减少到禁牧后的 366 羊单位，而实际载畜量却从 2010 年的 410 羊单位增加到 490 羊单位，草场从 2010 年的总体不超载转变为 2014 年的存在超载。草原生态补偿资金外加草场承包证抵押贷款的杠杆作用，解决了牧民在畜牧业生产中面临的资金不足的问题，不少牧户扩大了畜牧业生产经营规模。从政策效果上看，收入影响显著，但生态效果不佳。

（二）情形2：理论收入影响为负、实际收入影响为正

当理论收入影响为负、实际收入影响为正时，这种情形下的"满意"可以通俗地理解为"牧民不遵守政策规定并且牧民收入影响为正，但如果遵守政策规定则牧民收入影响为负"，这在一定程度上可以看作是生态目标和"政策满意度"的不一致。在这种情形下，由于实际收入影响为正，通常会表现出较高的满意度。由于理论收入影响为负，说明在政策设计上存在补偿不足的问题，但由于实际收入影响为正，又说明存在政策执行较差的问题。

在现有的调查样本区域类型中，阿拉善左旗草畜平衡户、四子王旗禁牧区、四子王旗草畜平衡区都倾向于属于这种类型。以四子王旗禁牧区为例，60 户样本调研牧户，政策满意度较高，62% 的牧户对草原生态补偿政策满

意，平均每户的理论收入影响为 -0.90 万元，平均每户的实际收入影响为 3.89 万元。四子王旗禁牧区，进行了部分减畜，但离禁牧的要求还有差距，在政策设计上存在补偿不足的问题，在政策执行层面，存在政策执行较差的问题。从政策效果上看，收入影响显著，但生态效果不佳。

（三）情形3：理论收入影响为负、实际收入影响为负

当理论收入影响为负、实际收入影响为负时，这种情形下的"不满意"可以通俗地理解为"牧民遵守政策规定但收入影响为负"，这在一定程度上可以看作是生态目标和"政策满意度"的不一致。在这种情形下，由于实际收入影响为负，通常会表现出较低的满意度。由于理论收入影响为负，说明在政策设计上存在补偿不足的问题，同时实际收入影响也为负，说明政策执行较好。

在现有的调查样本区域类型中，阿拉善左旗禁牧户倾向于属于这种类型。阿拉善左旗禁牧户，89 户样本调研牧户，仅有 18% 的牧户对草原生态补偿政策满意，平均每户的理论收入影响为 -3.8 万元，平均每户的实际收入影响为 -2.41 万元。阿拉善左旗禁牧区，进行了较大比例的减畜，很好地达到了禁牧的效果，在政策设计上存在补偿不足的问题，在政策执行层面，政策执行较好。从政策效果上看，收入影响为负，但生态效果较佳。

八、小　　结

本章利用 2014 年内蒙古自治区阿拉善左旗、四子王旗、陈巴尔虎旗三个旗县的 470 户牧户样本数据，从生态绩效、收入影响、政策满意度三个方面对草原生态补偿政策（即草原生态保护补助奖励机制）进行了评估。

生态绩效评估结果表明：全国草原生态环境得到了一定的改善，2014 年全国天然草原鲜草总产量比 2010 年增长 4.1%。草原利用方式更趋合理，平均牲畜超载率下降明显，2014 年全国重点天然草原平均牲畜超载率为 15.2%，比 2010 年下降 14.8%。超载过牧的现状没有得到根本的转变，全国

重点天然草原、牧区县、半牧区县、样本调研旗县 2011~2014 年减畜任务达成比例分别为 49%、51%、67%、42%，总体减畜任务达成情况一般。收入影响评估结果表明：平均每户理论收入影响为 −8607 元，草原生态补偿标准偏低，需要在原有基础上提高 35%。平均每户的实际收入影响为 16686 元，牧民没有严格按照政策要求进行完全的减畜。不同地区类型之间、不同牧户之间，减畜任务达成情况差异显著，草原生态补偿标准不只是一个单纯的标准偏低的问题，同时也有标准差别化的问题，需要在不同地区之间做出调整。政策满意度评估结果表明：草原生态补偿政策的政策满意度为 57%，其中陈巴尔虎旗的政策满意度最高，为 87%，四子王旗其次，为 62%~63%，阿拉善左旗最低，为 18%~32%。政策满意度与实际收入影响存在显著的相关关系，实际收入影响正向越大，政策满意度越高。

需要辨析"政策满意度"：牧民对草原生态补偿政策的"政策满意度"越高，并不意味着草原生态补偿的政策设计和执行就越好。当理论收入影响为正、实际收入影响为正时，牧户对草原生态补偿政策满意，但却存在着过度补偿的问题，在这种情形下，收入影响显著，但生态效果不佳。当理论收入影响为负、实际收入影响为正时，牧户对草原生态补偿政策满意，但却存在着补偿不足和政策执行较差的问题，收入影响显著，但生态效果不佳。当理论收入影响为负、实际收入影响为负时，牧户对草原生态补偿政策不满意，存在着补偿不足的问题，政策执行较好，收入影响为负，但生态效果较佳。

研究结论具有以下政策含义：（1）在参考收入影响和政策满意度的基础上，草原生态补偿实践需进一步明确和强化中国草原生态补偿的政策目标即草原生态保护；（2）草原生态补偿标准偏低，需要在原有基础上提高 35%；（3）草原生态补偿标准不只是一个单纯的标准偏低的问题，同时也有标准差别化的问题，需要在不同地区之间做出调整；（4）牧民没有严格按照政策要求进行完全的减畜，不同地区类型减畜任务达成情况差异显著，需要深入分析这种差异的背后原因，总结有益的做法，针对问题采取适当的措施。

参 考 文 献

[1] 陈佐忠，汪诗平. 关于建立草原生态补偿机制的探讨 [J]. 草地学

报，2006（1）：1-3.

[2] 张志民，延军平，张小民. 建立中国草原生态补偿机制的依据、原则及配套政策研究 [J]. 干旱区资源与环境，2007（8）：142-146.

[3] 侯向阳，杨理，韩颖. 实施草原生态补偿的意义、趋势和建议 [J]. 中国草地学报，2008（5）：1-6.

[4] 胡勇. 亟须建立和完善草原生态补偿机制 [J]. 宏观经济管理，2009（6）：40-42.

[5] 宋丽弘，唐孝辉. 我国草原生态补偿制度探析 [J]. 理论与现代化，2012（2）：60-64.

[6] 额尔敦乌日图，花蕊. 草原生态保护补奖机制实施中存在的问题及对策 [J]. 内蒙古师范大学学报（哲学社会科学版），2013（6）：147-152.

[7] 孙长宏. 青海省实施草原生态保护补助奖励机制中存在的问题及探讨 [J]. 黑龙江畜牧兽医，2013（4）：32-33.

[8] 文明，图雅，额尔敦乌日图，等. 内蒙古部分地区草原生态保护补助奖励机制实施情况的调查研究 [J]. 内蒙古农业大学学报（社会科学版），2013（1）：16-19.

[9] 陈永泉，刘永利，阿穆拉. 内蒙古草原生态保护补助奖励机制典型牧户调查报告 [J]. 内蒙古草业，2013（1）：15-18.

[10] 刘爱军. 内蒙古草原生态保护补助奖励效应及其问题解析 [J]. 草原与草业，2014（2）：4-8.

[11] 靳乐山，胡振通. 草原生态补偿政策与牧民的可能选择 [J]. 改革，2014（11）：100-107.

[12] 张新跃，唐川江，张绪校，等. 四川省草原生态保护补助奖励机制草原监测与生态效果评价方法 [J]. 草业与畜牧，2015（1）：31-34.

[13] 李玉新，魏同洋，靳乐山. 牧民对草原生态补偿政策评价及其影响因素研究——以内蒙古四子王旗为例 [J]. 资源科学，2014（11）：2442-2450.

[14] 包扫都必力格. 牧户对草原生态补奖机制满意度的分析 [J]. 内蒙古科技与经济，2015（6）：10-11.

[15] 白爽，何晨曦，赵霞. 草原生态补奖政策实施效果——基于生产性补贴政策的实证分析 [J]. 草业科学，2015（2）：287-293.

第二部分

超载过牧和草畜平衡奖励

| 第四章 |
草原超载过牧的内在机理研究

　　超载过牧是草原退化的主要原因，但是草畜平衡的传统分析框架在解释草原超载过牧现象时有局限性。人畜草平衡的分析框架能更好地解释草原超载过牧现象，从而揭示超载过牧的内在机理，为制定遏制超载过牧的政策提供了理论基础。利用 2014 年内蒙古自治区阿拉善左旗、四子王旗和陈巴尔虎旗三个旗县的 320 户牧户样本数据，对家庭承包经营模式下草原超载过牧的内在机理进行了研究。研究结果表明：中小牧户是草原超载的主体，草场经营面积越小，载畜率越低。中小牧户是草场租入的主体，草场承包面积越小，租入草场的概率越高。大牧户是雇工放牧的主体，草场经营面积越大，雇工放牧的概率越高。在家庭承包经营模式下，草场面积是影响牧户是否超载和超载程度的重要因素。突破草畜平衡在科学层面上的概念界定，草畜平衡的社会经济含义是适度规模经营。为了达到草原生态保护，实现草畜平衡，在制定和完善一些政策措施时，应该瞄准草原超载的主体，重点关注草地资源禀赋较差的地区和牧户。在草地资源禀赋适中的地区，应该鼓励和支持有条件的中小牧户进行草场流转，扩大草场经营规模，实现适度规模经营。在草地资源禀赋较差的地区，应该反思围栏的必要性，尝试探索新的草地管理模式，例如集体草场的社区参与式管理。

一、背　　景

　　超载过牧是我国草原退化的主要原因（李博，1997；王关区，2007；

张瑞荣、申向明，2008）。长期以来，受农畜产品绝对短缺时期优先发展生产策略的影响，我国在强调草原生产功能的同时，忽视了草原的生态功能，造成草原长期超载过牧和人畜草关系持续失衡，这是导致草原生态难以走出恶性循环的根本原因（国务院，2011）。草畜平衡是草原可持续发展的核心所在，草原超载过牧的内在机理研究对于实现草畜平衡具有重要意义。

关于草原超载过牧的原因的研究，季节性草畜矛盾（侯向阳，2005）、草地产权不清导致的公地悲剧（王云霞、曹建民，2007）、草畜双承包制度和畜产品价格上涨提高牧民生产积极性（杜富林，2008）、多种因素导致的可利用草原面积的减少（恩和，2009）、草畜平衡监管困难（曹晔、王钟建，1995；杨理，2008）等是造成草原超载过牧的主要原因。经济利益驱动是超载过牧的最重要的原因，草地退化和超载过牧互为因果走向恶性循环（恩和，2009）。关于超载过牧的应对策略，王云霞和曹建民（2007）指出要明晰草场产权、加强草原建设和发展现代畜牧业，杨理和侯向阳（2005）认为应该转变草畜平衡监管模式，由侧重牲畜数量的审批监管模式改为市场经济管理新模式，杜富林（2008）认为应该加大"三牧"制度的投资力度和促进牧区人口向城镇转移。

纵观我国草地资源可持续管理的制度选择，核心制度为草场承包经营和草畜平衡制度。随着20世纪90年代左右开始实施草场承包经营和围栏建设以来，牧区草场实现了从集体公共草场到家庭承包草场的转变，畜牧业生产生活方式也实现了从游牧到定居的转变。将近30年的草场承包和围栏建设，通过明晰产权有效地解决了集体草场因产权不清而导致的"公地悲剧"问题，但在家庭承包经营模式下，草原超载过牧依旧存在，有了新的表现和规律。王关区（2007）指出草场承包解决了"公地悲剧"的问题，却产生了"狭地制约"的问题，草场分户承包经营使得牧户的草场经营规模变得狭小。因此，有必要从牧户异质性的视角去研究家庭承包经营模式下草原超载过牧的规律。靳乐山和胡振通（2013）从牧户异质性的视角对超载过牧进行了研究，研究发现草场超载过牧的主体是中小牧户，草场面积越小的牧户越有可能超载，而且超载的程度越高。

现有研究对超载过牧的原因以及如何遏制超载过牧现象关注比较多，少量文献从牧户异质性的视角对超载过牧进行了研究，但研究还有待进一步深入。本章将通过内蒙古自治区阿拉善左旗、四子王旗和陈巴尔虎旗三个旗县的实地调研，从牧户异质性的视角对家庭承包经营模式下草原超载过牧的内在机理进行理论分析和实证研究。

二、理 论 分 析

（一）草畜平衡的再认识

草原要实现可持续发展，需要草原的承包经营者在从事畜牧业生产中遵循草畜平衡的规定。根据《草畜平衡管理办法》（2005 年）的规定，草畜平衡是指为了保持草原生态系统良性循环，在一定时间内，草原使用者或者承包经营者通过草原和其他途径获取的可利用饲草饲料总量与其饲养的牲畜所需的饲草饲料总量保持动态平衡。

草畜平衡，按照字面理解就是"草"和"畜"的平衡，但是长期的超载过牧导致草地退化，牧户很难实现草畜平衡，其根本原因在于草畜平衡从来都不是简简单单的"草"和"畜"的平衡，而是"人""畜""草"的内在的动态的平衡。草畜平衡仅仅是一个科学的概念，草畜平衡的实现却包含了社会属性，正因为没有考虑"人"的因素，草畜平衡才难以落实，超载过牧也趋于常态化。在一定草场上养殖多少牲畜，体现"草"和"畜"的平衡，意在实现草原可持续发展的需求。牧民养殖多少牲畜，体现"人"和"畜"的平衡，意在实现牧民生存和发展的需求。牧民在一定的草场上养殖多少牲畜，综合体现了"人""畜""草"的平衡，可能面临着生计目标和生态目标之间的冲突。将"人"的因素纳入到草畜平衡的分析框架中，才能更好地认识牧户超载过牧的客观规律。

考虑"人"的因素，有两个方面影响着牧户的牲畜养殖规模。一是生计需求，为了生存和发展的需求，牧民需要养殖不低于一定数量的牲畜，即存在一个受限于生计需求但与草场经营面积无关的最小养殖规模。二是畜牧业劳动力，草原畜牧业属于劳动密集型的农业生产方式，在家庭承包经营模式下，牧户的畜牧业劳动力数量无显著差异，受畜牧业劳动力的限制，牧民需要养殖不高于一定数量的牲畜，即存在于一个受限于畜牧业劳动力但与草场经营面积无关的最大养殖规模。

在草畜平衡的科学概念下，饲草饲料总量与牲畜养殖规模呈线性关系，结合"人"的因素，再进一步来分析不同草场经营规模下的草畜平衡状况。中小牧户，草场面积较小，为了生计需求而养殖不低于一定数量的牲畜，超载过度存在一定的必然性。大牧户，草场面积较大，但受限于家庭劳动力的限制而养殖不高于一定数量的牲畜，不超载也存在一定的必然性。

突破草畜平衡在科学层面上的概念界定，草畜平衡的社会经济含义是适度规模经营，即"在家庭承包经营模式下，一个牧户家庭，需要拥有多少草场，才能按照草畜平衡的规定进行牲畜养殖，同时保障其生计需求"。

（二）理论分析框架

从投入产出的角度构建家庭承包经营模式下的牧民生产函数模型（胡振通等，2014）。家庭承包经营模式下，草原畜牧业是牧民的唯一收入来源；牧民在自己的天然草场上放养牲畜，草场面积为 X；牲畜的数量为 Y；从事畜牧业的劳动力为 L；畜产品价格为 P；牧民的最低家庭支出为 Z；草畜平衡标准为 k 亩/羊单位，严重超载为 k/2 亩/羊单位。主要考察 Y 与 X 之间的关系，将 L、P、Z、k 设为外生变量。

家庭承包经营模式下的生产函数为：

$$Y = f(X) \tag{4-1}$$

为了维持家庭收支平衡，存在一个最小养殖规模 Y_{min}，最小养殖规模与最低家庭支出和畜产品价格相关，而与草场面积无关，从而：

$$Y \geqslant Y_{min} = f(Z, P) = \frac{Z}{P} \tag{4-2}$$

家庭承包经营模式下，因为劳动力的约束，存在一个最大养殖规模 Y_{max}，最大养殖规模与劳动力相关，而与草场面积无关，从而：

$$Y \leqslant Y_{max} = f(L) \tag{4-3}$$

当维持家庭收支平衡和劳动力不构成约束时，牧民会在草畜平衡和严重超载之间选择一个合适的养殖量，从而：

$$\frac{X}{k} \leqslant Y = f(X) \leqslant \frac{2X}{k} \tag{4-4}$$

结合图4-1来分析 Y 与 X 之间的变化关系。

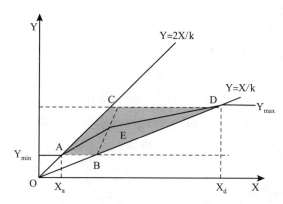

图4-1　家庭承包经营模式下的牧民生产决策

在图4-1中，纵轴是 Y，横轴是 X，原点为 O，任意一点到原点的直线的斜率为 Y/X（是载畜率的倒数）。有两条参考线，一条是 Y = X/k，为草畜平衡线，另一条是 Y = 2X/k，为严重超载线。

图形有四个点，分别为 A，B，C，D。A 点表示处于最小养殖规模上同时超载非常严重；B 点表示处于最小养殖规模上同时实现了草畜平衡；C 点表示处于最大养殖规模同时超载严重；D 点表示处于最大养殖规模同时实现了草畜平衡。

当 X 小于 X_a 时，$Y = Y_{min}$，牧民的畜牧业生产处于严重超载线以上，超载非常严重。

当 X 大于 X_d 时，$Y = Y_{max}$，牧民的畜牧业生产处于草畜平衡线以下，不超载。

当 X 处于 X_a 和 X_d 之间时，点（X，Y）的取值处于梯形 ABCD 以内，起点是 A 点，终点是 D 点，随着 X 的增大，点（X，Y）从越靠近严重超载线逐步向越靠近草畜平衡线靠拢。简化处理，取 BC 的中点 E，连接 AE、DE，将 AED 作为（X，Y）变化的路径。

综合来看，随着草场面积的逐步增大，（X，Y）的变化轨迹为 Y_{min}，A，E，D，Y_{max}。

上述分析框架能够进一步推导出以下三点推论：

（1）中小牧户是草原超载的主体[①]。由于载畜率[①]是点到原点的斜率的倒数，于是由图 4-1 可以看出，随着草场经营面积的增大，载畜率逐渐增加。

（2）中小牧户是草场租入的主体。中小牧户是草原超载的主体，草场是中小牧户畜牧业发展的主要限制因素，因此中小牧户倾向于租入草场，草场承包面积越小的牧户，租入草场的概率越高。

（3）大牧户是雇工放牧[②]的主体。随着草场面积的增大，畜牧业劳动力逐渐成为畜牧业发展的主要限制因素，因此大牧户倾向于雇工放牧，草场经营面积越大的牧户，雇工放牧的概率越高。

（三）研究假设

根据前面的描述和分析，本章提出三个假设，分别是：1）谁在超载过牧？中小牧户是草原超载的主体；2）谁在租入草场？中小牧户是草场租入的主体；3）谁在雇工放牧？大牧户是雇工放牧的主体。

为了验证这三个假设，本章提出如下三个具体的待检验假设：

假设 1：载畜率与草场经营面积有关系，并且草场经营面积越大的牧户，载畜率越高。

假设 2：是否租入草场与草场承包面积有关系，并且草场承包面积越大的牧户，租入草场的概率越低。

假设 3：是否雇工放牧与草场经营面积有关系，并且草场经营面积越大的牧户，雇工放牧的概率越高。

---

① 载畜率＝草场经营面积/牲畜养殖规模，就是多少草场养 1 个羊单位，载畜率越高，超载程度越低。

② 雇工放牧是指牧主雇用牧工（通常称为羊倌）进行放牧的行为，不包括用于剪羊毛、接羔、打草等的短期雇工行为。

三、数据来源和样本说明

（一）数据来源

为了突出研究的代表性，本章选取了内蒙古自治区东部的陈巴尔虎旗、中部的四子王旗、西部的阿拉善左旗作为研究区域，分别代表三种草原类型，温性草甸草原、温性荒漠化草原和温性草原化荒漠。分析所用资料来自调研组一行 8 人于 2014 年 7 月 3 日～8 月 6 日对内蒙古自治区阿拉善左旗、四子王旗、陈巴尔虎旗三个旗县的 8 个苏木①的 34 个纯牧业嘎查②的实地调研。调查以问卷调查为主，采取调研员和牧户面对面交谈的方式。

此次调研共发放问卷 498 份，获得有效问卷 490 份，其中阿拉善左旗 174 份，四子王旗 169 份，陈巴尔虎旗 147 份。剔除 154 份全禁牧牧户的样本和少量数据缺失的样本，将剩余的 320 份调查问卷作为本研究的有效样本，其中阿拉善左旗 83 份，四子王旗 104 份，陈巴尔虎旗 133 份。

（二）数据处理

三个旗县的草地类型对应的草地生产力存在显著的差异，根据《2013 年内蒙古自治区草原监测报告》，呼伦贝尔市、乌兰察布市、阿拉善盟的平均草地生产力（以干草计算）分别为 132.91 公斤/亩、37.85 公斤/亩、15.72 公斤/亩。为使三个地区的草地面积可比，本章将三个地区的草场面积按照"标准亩"③ 折算系数统一折算成标准亩，然后再统一折算成标准公顷，其中

---

① 苏木，源自蒙古语，指一种介于旗及村之间的行政区划单位，与乡镇平级。
② 嘎查，设在内蒙古有关盟市所属旗的行政编制下，与行政村平级。
③ "标准亩"是指根据内蒙古自治区天然草原的平均载畜能力，测算出平均饲养 1 只羊单位所需要的草地面积为 1 个标准亩，根据 2009～2010 年内蒙古自治区的草原普查数据，全区平均载畜能力为 40 亩养 1 个羊单位，其系数为 1。

阿拉善左旗的标准亩折算系数为 0.52，四子王旗的标准亩折算系数为 0.85，陈巴尔虎旗的标准亩折算系数为 1.59。

牲畜养殖规模统一折算成羊单位[①]，采用的牧业年度[②]统计数据，一只大羊折合 1 个羊单位算，1 只羊羔折合 0.4 个羊单位算，一头大牛折合 6 个羊单位，一头牛犊折合 3 个羊单位，一匹成年马折合 6 个羊单位，一匹小马折合 3 个羊单位，一峰骆驼折合 7 个羊单位。

（三）样本基本信息

320 户样本牧户中，受访对象以户主优先，80% 为男性，228 户为蒙古族，92 户为非蒙古族（以汉族为主），平均年龄为 45 岁，以 36~55 岁的居多，受教育程度以小学、初中文化程度的居多。表 4-1 显示了受访样本的草场经营情况。320 户受访牧户，总经营草场面积 17.68 万标准 hm^2，平均每户草场承包面积 465 标准 hm^2，平均每户草场经营面积 553 标准 hm^2，总养殖规模为 12.82 万羊单位，平均每户养殖规模为 401 羊单位，平均载畜率为 1.38 标准 hm^2/羊单位。

表 4-1　　　　　　　　　　受访者草场经营情况

	草场承包面积（标准 hm^2）			
	[0, 250)	[250, 500)	[500, 750)	[750, 3000]
户数（户）	88	106	78	48
比例（%）	28	33	24	15
	草场经营面积（标准 hm^2）			
	[0, 250)	[250, 500)	[500, 750)	[750, 5000]
户数（户）	55	118	82	65
比例（%）	17	37	26	20

---

① 根据《天然草地合理载畜量的计算》（中华人民共和国农业行业标准 NY/T635-2002），一个标准羊单位为一只体重 50 公斤、哺半岁以内羊羔的成年绵羊，日消耗干草 1.8 公斤，全年放牧以 365 天计算，全年消耗干草 657 公斤。

② 在畜牧统计中，存在两种统计口径，一种是牧业年度统计，指每年的 6 月份，另一种是日历年度统计，指每年的 1 月份，本书采用的是牧业年度统计数据。

续表

	牲畜养殖规模（羊单位）					
	[0，200)	[200，300)	[300，400)	[400，500)	[500，600)	[600，2500]
户数（户）	73	74	68	31	25	49
比例（%）	23	23	21	10	8	15
	载畜率（标准 hm²/羊单位）					
	[0，0.5)	[0.5，1)	[1，1.5)	[1.5，2)	[2，2.5)	[2.5，10]
户数（户）	20	75	81	52	35	57
比例（%）	6	23	25	16	11	18

（四）模型变量说明及描述性统计

本章将载畜率、是否租入草场、是否雇工放牧选为分别验证三个假设的因变量，将草场经营面积和草场承包面积选为自变量，其余变量选为控制变量，包括户主特征变量（年龄、民族、受教育程度、婚姻状况、是否是村干部）和除草场之外的两个重要的生产投入要素（草料费支出、家庭劳动力数量）。各个变量的定义、取值及描述性统计如表4-2所示。

表4-2 变量定义、赋值及描述性统计

变量名称	变量定义及取值	最小值	最大值	平均值	标准差
载畜率 （标准 hm²/羊单位）	连续变量，载畜率＝草场经营面积/牲畜养殖规模	0.17	9.58	1.82	1.50
是否租入草场	虚拟变量，否＝0；是＝1	0	1	0.29	0.46
是否雇工放牧	虚拟变量，否＝0；是＝1	0	1	0.30	0.46
草场经营面积 （标准 hm²）	连续变量，草场经营面积＝草场承包面积＋净流转草场面积	12	4792	552.55	427.87
草场承包面积 （标准 hm²）	连续变量，每户承包经营的草场面积	12	2672	464.54	337.46
年龄（岁）	连续变量，实际年龄	22	74	45.13	9.15

续表

变量名称	变量定义及取值	最小值	最大值	平均值	标准差
民族	虚拟变量，蒙古族=0；非蒙古族=1	0	1	0.29	0.45
受教育程度	定序变量，文盲=1；小学=2；初中=3；高中=4；高中以上=5	1	5	2.85	0.97
婚姻状况	虚拟变量，未婚、丧偶或离异=0；有配偶=1	0	1	0.88	0.32
是否村干部	虚拟变量，否=0；是=1	0	1	0.13	0.34
草料费支出（万元）	连续变量，畜牧业生产购买草和料的支出	0	20.80	3.08	3.20
家庭劳动力数量（人）	定序变量，实际家庭劳动力数量	0	7	2.55	0.98

四、模型选择和估计结果

（一）计量模型选择

为分别检验本章提出的三个假设，计量模型的选择如下：1）为检验载畜率和草场经营面积之间的关系，选取的计量模型为多元线性回归模型；2）为检验是否租入草场和草场承包面积之间的关系，选取的计量模型为二元 Logit 回归模型；3）为检验是否雇工放牧和草场经营面积之间的关系，选取的计量模型为二元 Logit 回归模型。

（二）估计结果

（1）模型回归结果。本章应用 EViews7.0 统计软件分别对三个计量模型进行回归和检验，回归结果见表 4-3。

表 4 - 3 模型估计结果

变量	谁在超载？		谁在租入草场？		谁在雇工放牧？	
	载畜率		是否租入草场		是否雇工放牧	
	多元线性模型		二元 Logit 模型		二元 Logit 模型	
	系数	标准误	系数	Z 检验值	系数	Z 检验值
草场经营面积	0.0005 ***	0.0002	—	—	0.0027 ***	0.0005
草场承包面积	—	—	- 0.0009 *	0.0005	—	—
年龄	0.0029	0.0105	- 0.0020	0.0171	0.0042	0.0182
民族	- 0.0545	0.1863	0.2086	0.2956	- 0.0442	0.3340
受教育程度	- 0.0876	0.0975	0.2206	0.1582	0.3551 **	0.1729
婚姻状况	- 0.3361	0.2593	- 0.7308 *	0.4009	0.8724 *	0.5095
是否是村干部	- 0.3625	0.2562	0.0652	0.4215	0.4892	0.4006
草料费支出	- 0.1042 ***	0.0258	0.2006 ***	0.0464	0.1507 ***	0.0466
家庭劳动力数量	- 0.0301	0.0890	0.0426	0.1463	- 0.6037 ***	0.1780
R^2	0.0986		0.0990		0.2027	
F/LR	4.2541		38.3658		79.5777	
显著性水平	0.0001 ***		0.0000 ***		0.0000 ***	
观测值个数	320		320		320	

注：*、**、*** 分别表示在 10%、5% 和 1% 的水平上显著。

（2）谁在超载？实证分析模型中，多元线性回归的 F 值通过 0.01 水平显著性检验，说明该模型整体显著。草场经营面积与载畜率在 0.01 水平上显著正相关，说明草场经营面积越大的牧户，载畜率越高。研究假设 1 得到检验。草场经营面积的系数为 0.0005，说明草场经营面积每增加 100 标准 hm^2，载畜率上升 0.05 标准 hm^2/羊单位。

不同草场经营面积的牧户的平均载畜率和载畜率分布如表 4 - 4 所示。随着草场经营面积的增加，平均载畜率逐步增加，草场经营面积在 [0，250)、[250，500)、[500，750)、[750，5000] 标准 hm^2 之间的牧户的平均载畜率分别为 0.73、1.12、1.56、1.64 标准 hm^2/羊单位。从载畜率的分布上可以更清晰地显示出，随着草场经营面积的增加，载畜率不断上升的趋势。从上述分析中可以看出，无论是平均载畜率，还是载畜率的分布，草场经营面积越大的牧户，载畜率越高，相反而言，草场经营面积越小的牧户，载畜率越低，因此中小牧户是草原超载的主体。

表4-4　　　　　　不同草场经营面积的牧户的平均载畜率和载畜率分布

草场经营面积（标准 hm² ）	[0, 250)	[250, 500)	[500, 750)	[750, 5000]
户数（户）	55	118	82	65
平均草场经营面积（标准 hm² ）	160	362	605	1163
平均牲畜养殖规模（羊单位）	218	323	389	709
平均载畜率（标准 hm² /羊单位）	0.73	1.12	1.56	1.64
[0, 0.5) 标准 hm² /羊单位	15 户	5 户	0 户	0 户
[0.5, 1) 标准 hm² /羊单位	21 户	33 户	12 户	9 户
[1, 1.5) 标准 hm² /羊单位	10 户	38 户	19 户	14 户
[1.5, 2) 标准 hm² /羊单位	4 户	20 户	17 户	11 户
[2, 2.5) 标准 hm² /羊单位	0 户	8 户	17 户	10 户
[2.5, 10] 标准 hm² /羊单位	5 户	14 户	17 户	21 户

　　模型回归结果还显示：草料费支出与载畜率在0.01水平上显著负相关，说明草料费支出越大的牧户，载畜率越低。这是一个非常重要也很合理但又很麻烦的发现。它的重要性体现在，随着草原草场的承包经营和围栏建设，牧区草场实现了从集体公共草场到家庭承包草场的转变，畜牧业生产方式也实现从游牧到定居的转变，为了应对气候变化带来的极端天气如干旱等和平日天然草原饲草料的季节性不均匀供给和牲畜饲草料的平稳需求，买草买料已经成为草原畜牧业的重要组成部分。调研显示，320户牧户平均每户草料费支出为3.08万元，平均每户畜牧业经营性支出为6.98万元，草料费支出占到了畜牧业经营性支出的44%。它的合理性体现在，草畜平衡是饲养牲畜所需的饲草饲料总量和提供的饲草饲料总量保持动态平衡，而饲草饲料的来源主要包括天然草原和买草买料两种，载畜率越低说明牧户的天然草原不足，需要通过买草买料来补充饲草料，从而表现为草料费支出越高。它的麻烦性体现在，买草买料的行为在不同牧户之间存在很大的差异性和灵活性，这给草畜平衡的监管带来了很大的困难，载畜率越低说明牧户超载越严重，同时草料费支出越高在某种程度上又缓和了超载，那么"载畜率低"是"真超载"还是"假超载"就容易陷入口舌之争。本书的观点是，从草原保护的视角出发，草畜平衡的关键在于天然草原的饲草料供给和饲草料利用实现平衡，买草买料的行为的确能够缓和超载，但缓和效果需要谨慎看待，理由如下：一是买草买料主要供给冬春季节牲畜舍饲半舍饲时的饲草料，夏秋季节，牲

畜仍基本以天然草原的饲草料为主；二是买草买料属于一种适应行为，有一个词叫"补饲"，含义是在天然草原不够用的时候，才会给牲畜补充饲草料。故本书仍将载畜率低作为是否超载和超载程度的度量。

（3）谁在租入草场？实证分析模型中，二元 Logit 回归的最大似然比通过 0.01 水平显著性检验，说明该模型整体显著。草场承包面积与牧户是否租入草场在 0.1 水平上显著正相关，说明草场承包面积越大的牧户，租入草场的概率越低。研究假设 2 得到检验。

在 320 户样本牧户中，有 94 户牧户存在租入草场的行为，租入草场的比例为 29.4%。94 户租入草场的牧户的草场承包面积分布情况如表 4 – 5 所示。在 94 户租入草场的牧户中，草场承包面积主要集中在 [0，550) 标准 hm² 之间，48% 的牧户的草场承包面积在 [0，250) 标准 hm² 之间，30% 的牧户的草场承包面积在 [250，500) 标准 hm² 之间。随着草场承包面积的增加，租入草场的概率逐步降低，51% 的草场承包面积在 [0，250) 标准 hm² 之间的牧户、26% 的草场承包面积在 [250，500) 标准 hm² 之间的牧户、15% 的草场承包面积在 [500，750) 标准 hm² 之间的牧户、19% 的草场承包面积在 [750，3000] 标准 hm² 之间的牧户存在租入草场的行为。从租入面积上看，随着草场承包面积的增加，租入面积占总租入面积的比例逐步降低，草场承包面积在 [0，250) 标准 hm² 之间的租入牧户的租入面积占总租入面积的比例为 35%。从上述分析中可以看出，无论是租入草场牧户数、租入草场的概率，还是租入面积占总租入面积，中小牧户都是草场租入的主体。

表 4 – 5　　　　　94 户租入草场的牧户的草场承包面积分布情况

草场承包面积（标准 hm²）	[0，250)	[250，500)	[500，750)	[750，3000]
户数（户）	88	106	78	48
租入草场牧户数（户）	45	28	12	9
租入牧户数占总租入牧户数（%）	48	30	13	10
租入草场的概率（%）	51	26	15	19
平均每户草场承包面积（标准 hm²）	152	326	626	1276
平均每户草场租入面积（标准 hm²）	226	283	501	581
租入面积（标准 hm²）	10170	7924	6012	5229
租入面积占总租入面积（%）	35	27	20	18

需要进一步说明的是：在 320 户样本牧户中，有 94 户存在租入草场的行为，但是却只有 7 户存在部分租出草场的行为，说明租出草场的牧户多为全部出租草场并且进城务工或进城生活。因此，在已有的样本中，缺失了全部租出草场的牧户。中小牧户是草场租入的主体，仅是从租入草场的视角进行的分析，如果从租出草场的视角进行分析，中小牧户很可能也是草场租出的主体，但这有待进一步的研究。

模型回归结果还显示：草料费支出与牧户是否租入草场在 0.01 水平上显著正相关，说明草料费支出越大的牧户，租入草场的概率越高。统计显示，94 户租入草场的牧户，平均每户草料费支出为 4.56 万元，226 户未租入草场的牧户，平均每户草料费支出 2.46 万元。牧户的婚姻状况与牧户是否租入草场在 0.1 水平上显著负相关，牧户的婚姻状况越好，租入草场的概率越低。

（4）谁在雇工放牧？实证分析模型中，二元 Logit 回归的最大似然比通过 0.01 水平显著性检验，说明该模型整体显著。草场经营面积与牧户是否雇工放牧在 0.01 水平上显著正相关，说明草场经营面积越大的牧户，雇工放牧的概率越高。研究假设 3 得到检验。

在 320 户样本牧户中，有 97 户牧户存在雇工放牧行为，雇工放牧的比例为 30.3%。97 户雇工放牧的牧户的草场经营面积分布情况如表 4 - 6 所示。在 97 户租入草场的牧户中，草场经营面积主要集中在 500 标准 hm^2 之上，28% 的牧户的草场经营面积在 [500，750) 标准 hm^2 之间，37% 的牧户的草场经营面积在 [750，5000] 标准 hm^2 之间。随着草场经营面积的增加，雇工放牧的概率逐步增加，13% 的草场经营面积在 [0，250) 标准 hm^2 之间的牧户、24% 的草场经营面积在 [250，500) 标准 hm^2 之间的牧户、32% 的草场经营面积在 [500，750) 标准 hm^2 之间的牧户、55% 的草场经营面积在 [750，5000] 标准 hm^2 之间的牧户存在雇工放牧的行为。从上述分析中可以看出，无论是雇工放牧牧户数，还是雇工放牧的概率，大牧户都是雇工放牧的主体。

表 4 -6　　　　　97 户雇工放牧的牧户的草场经营面积分布情况

草场经营面积（标准 hm^2）	[0，250)	[250，500)	[500，750)	[750，5000]
户数（户）	55	118	82	65
雇工放牧牧户数（户）	7	28	26	36
雇工放牧的概率（%）	13	24	32	55

模型回归结果还显示：草料费支出与牧户是否雇工放牧在 0.01 水平上显著正相关，说明草料费支出越大的牧户越倾向于雇工放牧。草场经营面积和草料费支出共同决定了牧户的饲草饲料总量，进而按照草畜平衡的理论决定了牧户的牲畜养殖规模，牧户的牲畜养殖规模越大，需要投入的畜牧业劳动力越多，从而越倾向于雇工放牧。家庭劳动力数量与牧户是否雇工放牧在 0.01 水平上显著负相关，说明家庭劳动力数量越少的牧户越倾向于雇工放牧。草原畜牧业属于劳动密集型的农业生产形式，在一定的牲畜养殖规模下，需要投入不低于一定数量的畜牧业劳动力，当牧户的家庭劳动力不足时，牧户倾向于通过雇用劳动力来弥补自身劳动力不足的缺陷。受教育程度对牧户是否雇工放牧存在显著的正向影响，牧户的受教育程度越高越倾向于雇工放牧。牧户的婚姻状况对牧户是否雇工放牧存在显著的正向影响，牧户的婚姻状况越好越倾向于雇工放牧。

五、小　结

本章利用 2014 年内蒙古自治区阿拉善左旗、四子王旗和陈巴尔虎旗三个旗县的 320 户牧户样本数据，对家庭承包经营模式下草原超载过牧的内在机理进行了研究。研究结果表明：中小牧户是草原超载的主体，草场经营面积越小，载畜率越低。中小牧户是草场租入的主体，草场承包面积越小，租入草场的概率越高。大牧户是雇工放牧的主体，草场经营面积越大，雇工放牧的概率越高。

家庭承包经营模式下草原超载过牧的内在机理是：中小牧户，草场面积较小，草地是稀缺生产要素，为了生计需求而养殖不低于一定数量的牲畜，超载过度存在一定的必然性；大牧户，草场面积较大，劳动力是稀缺生产要素，受限于家庭劳动力的限制而养殖不高于一定数量的牲畜，不超载也存在一定的必然性。草场面积是影响牧户是否超载和超载程度的重要因素。突破草畜平衡在科学层面上的概念界定，草畜平衡的社会经济含义是适度规模经营，即"在家庭承包经营模式下，一个牧户家庭，需要拥有多少草场，才能按照草畜平衡的规定进行牲畜养殖，同时保障其生计需求"。

草场承包和围栏建设，通过明晰产权解决了集体公共草场因产权不清晰而导致的"公地悲剧"问题，但在家庭承包经营模式下，草原超载过牧依旧存在，有了新的表现和规律。草地面积是影响牧户是否超载和超载程度的重要因素，草场承包和围栏建设可能会带来草场的破碎化经营，但破碎化的程度需要综合考虑地区的草地资源禀赋和具体的草地分配政策，草地资源禀赋较差的地区更可能产生草场的破碎化经营。

本章具有以下政策含义：第一，在制定和完善一些致力于遏制超载过牧的政策措施（例如草原生态补偿、社区参与式管理等）时，应该瞄准草原超载的主体，重点关注草地资源禀赋较差的地区和牧户。第二，在草地资源禀赋适中的地区，应该鼓励和支持有条件的中小牧户进行草场流转，扩大草场经营规模，实现适度规模经营。第三，在草地资源禀赋较差的地区，草场承包和围栏建设很可能会带来草场的破碎化经营，应该反思围栏的必要性，尝试探索新的草地管理模式，例如，集体草场的社区参与式管理。

参 考 文 献

［1］李博. 中国北方草地退化及其防治对策［J］. 中国农业科学，1997 （6）：2 - 10.

［2］王关区. 草原退化的主要原因分析［J］. 经济研究参考，2007 （44）：40 - 48.

［3］张瑞荣，申向明. 牧区草地退化问题的实证分析［J］. 农业经济问题，2008（S1）：183 - 189.

［4］马有祥，农业部. 我国牧区草原过载过牧严重生态环境恶化［EB/OL］. 中国政府网，http：//www. gov. cn/jrzg/2011 - 07/11/content_1903875. htm.

［5］国务院. 关于促进牧区又好又快发展的若干意见［Z］. 中国政府网 （http：//www. gov. cn），2011 年6 月1 日.

［6］侯向阳. 中国草地生态环境建设战略研究［M］. 北京：中国农业出版社，2005.

［7］王云霞，曹建民. 内蒙古草原过度放牧的解决途径［J］. 生态经济，2007（7）：58 - 60.

[8] 杜富林. 内蒙古草原畜牧业超载过牧现状分析及对策——以西乌珠穆沁旗为例 [J]. 内蒙古农业大学学报（社会科学版），2008 (4)：82 - 83.

[9] 恩和. 内蒙古过度放牧发生原因及生态危机研究 [J]. 生态经济，2009 (6)：113 - 115.

[10] 曹晔，王钟建. 完善草地经营机制 促进草地资源合理利用 [J]. 自然资源学报，1995 (1)：79 - 84.

[11] 杨理. 完善草地资源管理制度探析 [J]. 内蒙古大学学报（哲学社会科学版），2008 (6)：33 - 36.

[12] 杨理，侯向阳. 对草畜平衡管理模式的反思 [J]. 中国农村经济，2005 (9)：62 - 66.

[13] 靳乐山，胡振通. 谁在超载？不同规模牧户的差异分析 [J]. 中国农村观察，2013 (2)：37 - 43.

[14] 胡振通，孔德帅，焦金寿，等. 草场流转的生态环境效率——基于内蒙古、甘肃两省份的实证研究 [J]. 农业经济问题，2014 (6)：90 - 97.

| 第五章 |
草畜平衡奖励标准的差别化和依据

结合内蒙古、甘肃两省（区）的实地调研，对草畜平衡奖励标准的差别化进行了系统的论述。研究结果显示：草畜平衡奖励标准所存在的问题不只是一个单纯的标准偏低的问题，也有标准差别化的问题。草畜平衡的实现包含了两种活动类型：一种是原本超载的地区和牧户通过减畜来实现草畜平衡；另一种是原本不超载的地区和牧户继续维持草畜平衡，避免出现超载的情形，两种活动类型需要区别对待，前者的补偿是必需的，在一定的政策设计下，后者的补偿不一定是必需的。无差别化的草畜平衡奖励标准产生了错误瞄准的问题，难以达到遏制超载的目的，草畜平衡奖励标准需要差别化，核心在于瞄准草原超载的主体，将超载程度纳入考虑因素。超载程度越高，需要适当提高草畜平衡奖励标准；草场承包面积越大，需要适当调低草畜平衡奖励标准；草畜平衡标准（与草地生产力成反比）不能单独纳入草畜平衡奖励标准的差别化考虑因素，与草场承包面积相结合才能综合反映牧户的草地资源禀赋；每羊单位的畜牧业纯收入越高，需要适当提高草畜平衡奖励标准。将超载程度纳入草畜平衡奖励标准的差别化考虑因素，并不是鼓励超载这种现象，而是为了超载主体能够实现有效减畜所做出的合理补偿。

一、背　　景

草原生态保护补助奖励机制的政策内容主要包括禁牧补助、草畜平衡奖励和牧民生产性补贴三个方面，本章将重点关注草畜平衡奖励。草原生态保护补助奖励机制的第一轮周期（2011~2015）结束，系统地评述"草畜平衡奖励"对于后续完善草原生态保护补助奖励机制具有重要的借鉴意义。

关于草畜平衡奖励的研究文献还很少。随着2011年草原生态保护补助奖励机制的实施，一些学者和政府部门通过调研发现，草畜平衡奖励标准偏低，政策实施前后，牧户的人均收入降低3000余元（文明等，2013），一些地区草畜平衡奖励资金远少于养畜收入，牧民并没有按照政策要求做到实际的减畜，超载过牧现象依然存在，继续减畜将导致牧民收入大大减少（陈永泉等，2013；刘爱军，2014）。韦惠兰等（2014）通过研究指出，现行的草原生态补偿政策未充分尊重牧民的核心利益，对其承担的损失和成本并未予以充分考虑，以致产生了激励不相容的问题。靳乐山和胡振通（2014）通过研究发现"现有的草畜平衡奖励标准未将超载程度纳入考虑因素，这会造成减畜和补偿的不对等关系，进而降低草原生态补偿的生态效果"，并且进一步指出"要定位草原超载的主体，合理阐述草畜平衡奖励的概念和科学制定草畜平衡奖励标准，将超载程度的差异纳入考虑因素"。关于草原超载的主体，一些学者通过研究发现，中小牧户是草原超载的主体，草场面积越小的牧户越有可能超载，而且超载的程度越高（胡振通等，2014；靳乐山、胡振通，2013；李金亚等，2014）。关于草原生态补偿的差异性，王学恭等（2012）以草原生态保护补助奖励机制为例，从禁牧补偿额度、草畜均衡补偿额度、生态补偿的均衡性等方面分析了草地生态补偿标准的空间尺度差异，研究指出当前草地生态补偿的标准空间差异明显，但并没有反映出不同空间尺度草地生态系统服务功能的分异。

现有研究很少对草畜平衡奖励进行专门的论述，少量文献对草原生态补偿标准的实施现状从差别化的视角进行了描述分析，但没有深入分析差别化的依据。草畜平衡奖励的实施现状如何，需不需要差别化，差别化的依据是什么，本章将结合内蒙古、甘肃两省（区）的实地调研①经验对这些问题进行系统的论述。

---

① 实地调研包括两次，一次是2013年8月15日~8月23日调研组一行四人对甘肃省天祝县5个乡镇11个村子共205户牧户的实地调研，另一次是2014年7月3日~8月6日调研组一行8人对内蒙古自治区阿拉善左旗、四子王旗、陈巴尔虎旗三个旗县的8个苏木镇的34个纯牧业嘎查的490户牧户的实地调研。本书以规范分析为主，虽有实证支撑，但仅为了论证需要引用了部分调研数据，故不单独详细介绍调研区域和样本说明。

二、草畜平衡奖励的实施现状

（一）面积和金额

根据 8 个主要草原牧区省（区）的《草原生态保护补助奖励机制实施方案》的介绍，各个省（区）相应的草原生态补偿的面积和金额如表 5－1 所示。在 8 个主要牧区省（区）中，草原补奖总面积 37.82 亿亩，其中禁牧 11.97 亿亩，草畜平衡 25.85 亿亩，草畜平衡面积占到了 68.34%，仅包括禁牧补助和草畜平衡奖励的草原补奖金额 110.61 亿元／年，占到了草原补奖总金额的 81.3%，其中禁牧补助 71.85 亿元／年，草畜平衡奖励 38.77 亿元／年，草畜平衡奖励金额占到了 35.05%。内蒙古自治区的草畜平衡面积为 5.77 亿亩，草畜平衡奖励金额为 8.66 亿元／年，甘肃省的草畜平衡面积为 1.41 亿亩，草畜平衡奖励金额为 2.12 亿元／年。

表 5－1　　　　8 个主要草原牧区省（区）草原生态补偿面积与金额

省/自治区	草原补奖总面积（亿亩）	禁牧（亿亩）	草畜平衡（亿亩）	草原补奖金额（亿元／年）	禁牧补助（亿元／年）	草畜平衡奖励（亿元／年）
内蒙古	10.20	4.43	5.77	35.24	26.58	8.66
甘肃	2.41	1.00	1.41	8.12	6.00	2.12
宁夏	0.36	0.36	0.00	2.13	2.13	0.00
新疆	6.90	1.52	5.39	17.17	9.09	8.08
西藏	10.36	1.29	9.07	21.37	7.76	13.61
青海	4.74	2.45	2.29	18.14	14.70	3.44
四川	2.12	0.70	1.42	6.33	4.20	2.13
云南	0.73	0.23	0.50	2.13	1.38	0.75
总计	37.82	11.97	25.85	110.61	71.85	38.77
占比（%）	—	31.66	68.34	—	64.95	35.05

注：1）草原补奖总金额中，只核算了禁牧补助和草畜平衡奖励，未核算人工种草补助、畜牧良种补贴、牧户生产资料补贴；2）禁牧补助金额和草畜平衡奖励金额在省级层面的资金分配，参照草原生态补偿的国家标准，即禁牧补助 6 元／亩，草畜平衡奖励 1.5 元／亩；3）新疆自治区的草原补奖总面积，不包括新疆生产建设兵团的 0.3 亿亩草原。

资料来源：8 个主要草原牧区省（区）的《草原生态保护补助奖励机制实施方案》和部分省（区）的《草原生态保护补助奖励资金管理实施细则》。

（二）标准的差别化

草畜平衡奖励的国家标准为 1.5 元/亩，各省（区）可参照国家标准，科学合理地确定适合本省（区）实际情况的具体标准。根据各个省（区）的《草原生态保护补助奖励机制实施方案》，在八大主要草原牧区省（区）中，宁夏全区禁牧，除内蒙古、甘肃两省（区）之外，其余五个省（区）均未实行差别化的草畜平衡奖励标准，采取了与国家标准一致的草畜平衡奖励标准。下面分别介绍甘肃和内蒙古两省（区）草畜平衡奖励标准的差别化和依据。

1. 甘肃省的草畜平衡奖励标准

甘肃省的草畜平衡奖励标准划分了三个区域的标准，分别是青藏高原区 2.18 元/亩、西部荒漠区 1 元/亩、黄土高原区 1.5 元/亩。根据《甘肃省关于合理调整草原补奖政策禁牧补助和草畜平衡奖励标准的汇报》（2011 年内部文件），甘肃省差别化的草原生态补偿标准，综合考虑了三大区域天然草原的面积分布、生态价值、生态贡献、生产能力、载畜能力、收入构成、政策效应与和谐稳定等因素。

青藏高原区的特点如下：1）生态功能极为重要，生态贡献大，是长江、黄河的重要水源涵养和补给区；2）天然草原主要类型为高寒灌丛草甸，草原生产能力和载畜能力高；3）户均占有的草场承包面积小，平均每户 646 亩；4）农牧民对草原畜牧业依赖度高；5）牲畜超载严重，减畜任务重。实行草畜平衡后，对农牧民收入和生产生活造成很大影响，于是适当提高草畜平衡奖励标准，为 2.18 元/亩。

西部荒漠区的特点如下：1）生态作用突出，地处疏勒河、黑河、石羊河流域的下游，是阻挡风沙、保护河西绿洲的重要生态屏障；2）天然草原主要类型为温性荒漠草原和温性草原化荒漠，草原生产能力和载畜能力低；3）户均占有的草场承包面积大，平均每户 1.5 万 ~2.2 万亩；4）农牧民对草原畜牧业的依赖度高；5）牲畜超载数量小，减畜任务较小。实行草畜平衡后，对农牧民的收入和生产生活影响不大，但该区域户均占有的草场承包面积大，于是适当调低草畜平衡奖励标准，为 1 元/亩。

黄土高原区的特点如下：1）生态作用显著，天然草原分布零散，禁牧工作开展较早，禁牧封育工作彻底，在水土保持方面发挥着重要作用；2）天然草原主要类型为温性草原，草原生产能力和载畜能力适中；3）户均占有的草场承包面积较小；4）农牧民对草原畜牧业依赖度很低；5）草畜平衡面积小，减畜任务小，且具备丰富的饲草资源和农作物秸秆资源，具备舍饲化养殖的条件。实行草畜平衡后，对农牧民的收入和生产生活影响很小，该区域户均占有的草场承包面积较小，于是草畜平衡奖励标准不做调整，为 1.5 元/亩。

从上述论述中可以看出，甘肃省差别化的草畜平衡奖励标准，首要的考虑因素是超载程度和减畜任务，其次的考虑因素是农牧民的草地资源禀赋（草地类型和户均占有草场承包面积）和畜牧业依赖度。超载程度越高，减畜任务越重，需要适当提高草畜平衡奖励标准。户均占有草场承包面积越大，需要适当调低草畜平衡奖励标准。畜牧业依赖度越高，需要适当提高草畜平衡奖励标准。

2. 内蒙古自治区的草畜平衡奖励标准

根据《内蒙古草原生态保护补助奖励机制实施方案》，内蒙古自治区在制定省内差别化草原生态补偿标准时，提出了"标准亩"的概念，自治区按照标准亩系数分配各盟市的草原生态补偿资金。"标准亩"是根据内蒙古自治区天然草原的平均载畜能力，测算出平均饲养 1 羊单位所需要的草地面积为 1 个标准亩，其系数为 1，大于这个载畜能力的草原，其标准亩系数就大于 1，反之则小于 1。利用标准亩系数，将草原实际面积换算为标准亩面积，再按照禁牧补助 6 元/标准亩，草畜平衡奖励 1.5 元/标准亩给予补助奖励，或者利用标准亩系数，将禁牧补助 6 元/标准亩、草畜平衡奖励 1.5 元/标准亩换算成该地区的禁牧补助标准和草畜平衡奖励标准，在按照草原实际面积进行补助奖励。例如，陈巴尔虎旗的标准亩系数为 1.59，那么陈巴尔虎旗的禁牧补助为 9.54 元/亩，草畜平衡奖励为 2.385 元/亩。四子王旗的标准亩系数为 0.85，那么四子王旗的禁牧补助为 5.1 元/亩，草畜平衡奖励为 1.275 元/亩。

从"标准亩"和"标准亩系数"的概念界定中可以看出，内蒙古自治区差别化的草畜平衡奖励标准，考虑的核心因素是草地生产力，草地生产力越高，草场的载畜能力越高，标准亩系数越大，所在地区的牧户享受的草畜平衡奖励标准也越高。

三、草畜平衡奖励的内涵辨析

（一）超载过牧的特点

研究显示，草原超载过牧在地区之间和地区内部都存在显著的差异性。

不同地区之间超载程度存在显著的差异。实地调研发现[①]：内蒙古自治区东部的陈巴尔虎旗，天然草原主要类型为温性草甸草原，草地生产力和载畜能力较强，2010年陈巴尔虎旗整体不超载，143户样本调研牧户，户均草场承包面积为6028亩，户均草场经营面积为6631亩（实施禁牧前），2010年户均养殖规模为410羊单位，平均载畜率为16.2亩/羊单位，高于该地区平均草畜平衡标准12.5亩/羊单位。内蒙古自治区中部的四子王旗，天然草原主要类型为温性草原化荒漠和温性荒漠化草原，草地生产力和载畜能力中等偏下，2010年四子王旗平均超载程度约为30%，104户草畜平衡区样本调研牧户，户均草场承包面积为5059亩，户均草场经营面积为7146亩，2010年户均养殖规模为312羊单位，平均载畜率为22.9亩/羊单位，低于该地区平均草畜平衡标准30亩/羊单位。甘肃省天祝县，天然草原主要类型包括温性草原、山地草甸、灌丛草甸、疏林草甸、高寒草甸五类，草地生产力和载畜能力高，户均草场承包面积为476亩，该地区舍饲化养殖程度较高，具体的草畜平衡标准难以确定，根据《天祝县草原生态保护补助奖励机制实施方案》介绍，2010年天祝县平均超载率为50%。草地类型和户均草场承包面积，综合体现了所在地区牧户的草地资源禀赋，是决定所在地区牧户的平均超载程度的重要因素，草地资源禀赋越好，所在地区牧户的平均超载程度越低，甚至不超载。

同一地区不同牧户之间超载程度存在显著的差异。对于草原超载的牧户异质性，一些学者通过系统的实证研究发现，中小牧户是草原超载的主体，草场面积越小的牧户越有可能超载，而且超载的程度越高（胡振通等，2014；

[①]　统计信息和数据来源于各个旗县的《草原生态保护补助奖励机制实施方案》、机构访谈和实地调研。

靳乐山、胡振通，2013；李金亚等，2014）。中小牧户，草场面积较小，为了保障生计而养殖不低于一定数量的牲畜，超载过度存在一定的必然性，这正是中小牧户是草原超载主体的根本原因所在。在家庭经营模式下，草原畜牧业属于劳动力密集型的农业生产方式，大牧户草场面积较大，但受限于家庭劳动力的限制而养殖不超过一定数量的牲畜，不超载也存在一定的必然性。在同一地区，草地类型相似，牧户的草场承包面积即体现了该牧户的草地资源禀赋，是决定地区内部不同牧户之间超载程度差异的重要因素，草地资源禀赋越好，牧户的承载程度越低。

综上所述，无论是不同地区之间，还是同一地区内部不同牧户之间，包含草地类型和户均草场承包面积的草地资源禀赋是决定超载程度的重要因素，草地资源禀赋越好，超载程度越低。

（二）草畜平衡奖励的内涵辨析

基于超载过牧的特点，进一步地辨析草畜平衡奖励的内涵，草畜平衡奖励对应的活动类型是什么，草畜平衡的实现路径是什么，草畜平衡奖励标准是否需要差别化。

1. 活动类型

生态补偿需要针对特定的活动类型来进行补偿。在生态补偿实践中，活动类型通常包括两种：一种是基于既定的事实，促进土地利用方式的转变而增加生态系统服务的供给，例如，退耕还林；另一种是基于破坏的风险，避免土地利用方式的转变而减少生态系统服务的供给，例如，保护森林（Engel et al，2008）。前一种活动类型，生态补偿是必需的，并且生态补偿标准要大于机会成本。后一种活动类型，是否进行生态补偿，需要参照实际发生的可能性，同样生态补偿标准要大于机会成本。在草原生态补偿中，草畜平衡的实现其实同时包含了这两种活动类型：一种是基于既定的事实，原本超载的地区和牧户通过减畜来实现草畜平衡；另一种是基于破坏的风险，原本不超载的地区和牧户继续维持草畜平衡，避免出现超载的情形。对于这两种活动类型，草原生态补偿需要区别对待。原本超载的地区和牧户通过减畜来实现草畜平衡，草原生态补偿是必需的，草原生态补偿标准要大于减畜的机会成本。原本不超载的地区和牧户继续维持草畜平衡，在多大程度上会出现超载的情形，笔者认为其可能性不大，因为超载存在客观规律，中小牧户迫于生计而超载过牧存在一定的必然性，大牧户受限于畜牧业劳动力而不超载也存在一定的必然性。因而，对不超载的地区和牧户继续维持草畜平衡的行为，在一定的政策设计下，草原生态补偿不一定是必需的。草畜平衡的两种活动类型，草原生态补偿需要区别对待，但事实上我们只有一个无差别化的草畜平衡奖励标准，混淆了这两种活动类型，会产生错误瞄准的问题，进而会影响政策目标的实现。

2. 实现路径

草畜平衡奖励的政策目标是遏制超载，对牧民减少牲畜的行为进行补偿和奖励，以激励牧民减畜，实现草原可持续发展。草畜平衡的实现，需要分两个步骤进行，一是定位草原超载的主体，即哪些地区超载严重，哪些牧户超载严重，二是通过一些经济激励措施促进草原超载主体的有效减畜。

3. 是否需要差别化

无差别化的草畜平衡奖励标准会影响政策目标的实现，难以实现草原超载主体的有效减畜。如表 5 - 2 所示，将地区/牧户分为三种类型，分别是不超载、轻度超载和严重超载，政策实施前后，不超载地区/牧户的减畜成本为0，轻度超载的地区/牧户的减畜成本较小，重度超载的地区/牧户的减畜成本较大，面对同样的草畜平衡奖励标准 1.5 元/亩，不超载地区/牧户收入增加，对政策的预期态度为支持，轻度超载的地区/牧户收入增加、降低或不变，对政策的预期态度为中立，严重超载的地区/牧户收入降低，对政策的预期态度为不支持。事实上，严重超载的地区/牧户是草原超载的主体，但是他们在政策实施前后收入变化为负，减畜的实现存在阻碍。

表 5 - 2　　　　　无差别化的草畜平衡奖励标准的收入分配格局

地区/牧户类型	政策实施前的状态	政策实施后的要求	减畜成本（元/亩）	草畜平衡奖励标准（元/亩）	收入变化	预期态度
不超载	不超载	不超载	0	1.5	增加	支持
轻度超载	轻度超载	不超载	较小	1.5	增加、降低或不变	中立
严重超载	严重超载	不超载	较大	1.5	降低	不支持

草畜平衡奖励的目的是遏制超载，无差别化的草畜平衡奖励标准，混淆了两种活动类型，产生了错误瞄准的问题，难以达到遏制超载的目的。草畜平衡奖励标准需要差别化，核心在于瞄准草原超载的主体，将超载程度纳入考虑因素。

四、草畜平衡奖励标准的差别化和依据

草畜平衡的实现是牧民从超载到不超载的转变，是一个减畜的过程，与牧户的超载程度显著相关。草畜平衡奖励标准需要差别化，核心在于瞄准草原超载的主体，将超载程度纳入考虑因素。从草原生态补偿的自愿性出发，草畜平衡奖励标准应该大于牧户减畜的机会成本，才能促使牧户自觉自愿地通过减畜来达到草畜平衡的要求。草畜平衡的机会成本就是牧民减畜带来的收入损失。

以下分析既适用于不同地区之间，也适用于同一地区内部不同牧户之间，以同一地区内部不同牧户之间为例。假设该地区的草畜平衡标准为 n 亩/羊单位，某牧户的草场承包面积[①]为 m，超载率为 x，合意的草畜平衡奖励标准为 s，每羊单位的畜牧业纯收入为 t，那么基于减畜的草畜平衡奖励标准的测算公式为：

$$s = t \times x \div n \qquad (5-1)$$

由于包含草地类型和户均草场承包面积的草地资源禀赋是决定超载程度的重要因素，草地资源禀赋越好，超载程度越低，那么：

$$x = f\left(\frac{m}{n}\right), \ 且 \frac{\partial x}{\partial \frac{m}{n}} < 0 \qquad (5-2)$$

由公式（5-1）和公式（5-2）可以看出，影响合意的草畜平衡奖励标准的因素有四个，分别是超载程度（x）、草场承包面积（m）、草畜平衡标准（n）、每羊单位的畜牧业纯收入（t），下面分别从这四个因素分析阐述草畜

---

① 理论上应该是草场经营面积，草场经营面积包括草场承包面积和草场流转面积，为简化分析，本书中暂不考虑草场流转的情形。

平衡奖励的差别化。

（一）超载程度

超载程度是指超载的牲畜占合理载畜量的比值，它在不同地区之间和同一地区不同牧户之间存在显著的差异。从公式（5-1）可以看出，合意的草畜平衡奖励标准与超载程度成正相关，超载程度越高，需要减畜的比例越高，减畜带来的收入损失越大，合意的草畜平衡奖励标准就越高，否则牧户在政策实施前后将表现为收入损失。因此，将超载程度纳入草畜平衡奖励标准的差别化考虑因素的含义是"超载程度越高，需要适当提高草畜平衡奖励标准"。

将超载程度纳入草畜平衡奖励标准的差别化考虑因素需要考虑两个层面，一是地区之间超载程度的差异，二是地区内部不同牧户之间超载程度的差异。通常第一个层面更容易实现，第二个层面则需要更进一步地进行一些差别化的制度设计。结合现有的实际情况来看，全国除内蒙古、甘肃两省（区）之外，均未在省内实行差别化的草畜平衡奖励，甘肃省在划分不同区域的草畜平衡奖励标准时充分考虑了地区之间超载程度的差异，内蒙古自治区在划分不同盟市的草畜平衡奖励标准时没有考虑地区之间超载程度的差异，而在地区内部，没有一个省区就地区内部不同牧户之间超载程度的差异进行差别化设计。因此，在进一步的政策调整中，草畜平衡奖励的差别化的合理路径是，首先考虑地区之间超载程度的差异，在地区之间就超载程度的差异制定差别化的草畜平衡奖励标准，然后再考虑地区内部不同牧户之间超载程度的差异，在地区内部进行草畜平衡奖励标准差别化的制度创新。在具体运用中，超载程度的认定，尤其是在地区之间，公平起见，需要选定一个基期，例如，草原生态保护补助奖励政策实施之前即 2010 年。

（二）草场承包面积

仅从公式（5-1）中，并不能看出草场承包面积与合意的草畜平衡奖励标准之间的关系，但是从公式（5-2）中可以看出，草场承包面积将通过影响牧户的超载程度进而影响合意的草畜平衡奖励标准。草场承包面积越大，牧户的超载程度越低，需要减畜的比例越低，减畜带来的收入损失越小，合意的草畜平衡奖励标准就越低。因此，将草场承包面积纳入草畜平衡奖励标准的差别化考虑因素的含义是"草场承包面积越大，需要适当调低草畜平衡奖励标准"。

从草场承包关系上可以得出同样的结论，草场的所有权归国家或集体所有，牧户享有的是承包经营权，因为初始分配政策的差异和随着牧户家庭的人口变动，集体内部不同牧户之间草场承包面积存在显著的差异性。分配草场存在时间限制，在特定的一段时期内原则上不会再重新分配草场，但集体内部成员享有公平的承包经营权，从公平的角度出发，草场承包面积越大的牧户，需要适当调低草畜平衡奖励标准。

结合现有的实际情况来看，全国仅有甘肃省在划分不同区域的草畜平衡奖励标准时，考虑了地区之间草场承包面积的差异。因此，在进一步的政策调整中，要充分关注到地区之间草场承包面积的差异和地区内部不同牧户之间草场承包面积的差异，因为这两种差异是造成地区之间和地区内部不同牧户之间超载程度差异的重要原因。

（三）草畜平衡标准

根据《草畜平衡管理办法》（2005）的规定，草畜平衡是指为了保持草原生态系统良性循环，在一定时间内，草原使用者或者承包经营者通过草原和其他途径获取的可利用饲草饲料总量与其饲养的牲畜所需的饲草饲料总量保持动态平衡。草畜平衡标准是指多少亩草地养1个羊单位而不导致草原退化，实际上反映的是草地生产力，草地生产力越高，草畜平衡标准越低。

从公式（5-1）中可以看出，合意的草畜平衡奖励标准与草畜平衡标准呈负相关关系，即草地生产力越高，草畜平衡标准越低，合意的草畜平衡奖励标准就越高。这样的分析结果似乎正好印证了内蒙古自治区"将草地生产力作为草畜平衡奖励标准差别化的主要考虑因素"的合理性。但通过进一步的分析显示，不能单独将草畜平衡标准（与草地生产力成反比）纳入草畜平衡奖励标准的差别化考虑因素。从公式（5-2）可以看出，草畜平衡标准与超载程度之间没有必然的联系，草畜平衡标准与草场承包面积相结合才能综合反映牧户的草地资源禀赋，进而影响牧户的超载程度。对比内蒙古自治区陈巴尔虎旗和甘肃省天祝县，陈巴尔虎旗和天祝县的草地生产力都比较高，但是陈巴尔虎旗 2010 年整体不超载，天祝县 2010 年平均超载程度为 50%，其根本原因在于陈巴尔虎旗户均草场承包面积为 6028 亩，显著高于天祝县的户均草场承包面积 476 亩。因此，并不能单独将草畜平衡标准（与草地生产力成反比）纳入草畜平衡奖励标准的差别化考虑因素。

（四）每羊单位的畜牧业纯收入

每羊单位的畜牧业纯收入，等于牧户的畜牧业纯收入除以牧户的牲畜养殖规模，而牧户的畜牧业纯收入等于畜牧业总收入减去畜牧业经营性支出。从公式（5-1）可以看出，合意的草畜平衡奖励标准与每羊单位的畜牧业纯收入呈正相关，每羊单位的畜牧业纯收入越高，合意的草畜平衡奖励标准就越高。因此，将每羊单位的畜牧业纯收入纳入草畜平衡奖励标准的差别化考虑因素的含义是"每羊单位的畜牧业纯收入越高，需要适当提高草畜平衡奖励标准"。

每羊单位的畜牧业纯收入的差异主要体现在地区之间，因为地区之间在地理位置、气候条件、牲畜养殖结构、畜产品价格等方面会有较大差异，而在同一地区内部不同牧户之间这些因素都差异较小。通过实地调研显示，每羊单位的畜牧业纯收入在不同地区之间存在差异，如表 5-3 所示，2013 年阿拉善左旗、四子王旗、陈巴尔虎旗的每羊单位的畜牧业纯收入分别为 348 元、215 元、136 元。造成每羊单位的畜牧业纯收入的地区差异的原因，不是本章的论述重点，限于篇幅，不再具体论述差异的原因。

由于价格指数的增长和畜产品价格的变化会影响每羊单位的畜牧业纯收入，因而，草畜平衡奖励标准在一定时期之后需要做出梯度增长和动态调整。

表5-3　　　　　　　　"每羊单位的畜牧业纯收入"的核算

旗县	样本数（户）	草场经营面积（亩）	牲畜养殖规模（羊单位）	畜牧业总收入（元）	畜牧业经营性支出（元）	畜牧业纯收入（元）	每羊单位的畜牧业纯收入（元）
阿拉善左旗	83	12808	288	144374	44076	100298	348
四子王旗	104	7146	343	160587	86718	73869	215
陈巴尔虎旗	139	4649	499	140240	72221	68019	136

注：①数据来源于2014年7月在内蒙古自治区的实地调研，核算的是牧户2013年的畜牧业投入产出情况；②草场经营面积＝草场承包面积－草场禁牧面积＋草场流转面积，牲畜养殖规模采用牧业年度统计口径（6月底）；③样本牧户仅包含了草畜平衡区的牧户，未包含全禁牧区的牧户；④限于篇幅，不详细罗列牧户的畜牧业总收入的构成和畜牧业经营性支出的构成。

综合前面的分析，草畜平衡奖励标准的差别化与各个差别化考虑因素的关系如表5-4所示，具体关系是：（1）超载程度越高，需要适当提高草畜平衡奖励标准；（2）草场承包面积越大，需要适当调低草畜平衡奖励标准；（3）草畜平衡标准（与草地生产力成反比）不能单独纳入草畜平衡奖励标准的差别化考虑因素，与草场承包面积相结合才能综合反映牧户的草地资源禀赋；（4）每羊单位的畜牧业纯收入越高，需要适当提高草畜平衡奖励标准。在地区之间草畜平衡奖励标准的差别化主要考虑承载程度、草场承包面积和每羊单位的畜牧业纯收入，在地区内部不同牧户之间草畜平衡奖励的差别化主要考虑超载程度和草场承包面积。

表5-4　　　　　　　　草畜平衡奖励标准的差别化

差别化考虑因素	地区之间差别化		地区内部差别化	
	是否考虑	相关关系	是否考虑	相关关系
超载程度	是	正	是	正
草场承包面积	是	负	是	负
草地生产力	否		否	
每羊单位的畜牧业纯收入	是	正	否	

五、小　结

从本章中可以得出以下结论：草畜平衡奖励标准所存在的问题不只是一个单纯的标准偏低的问题，也有标准差别化的问题。草畜平衡的实现包含了两种活动类型：一种是原本超载的地区和牧户通过减畜来实现草畜平衡；另一种是原本不超载的地区和牧户继续维持草畜平衡，避免出现超载的情形，两种活动类型需要区别对待，前者的补偿是必需的，后者的补偿不一定是必需的。无差别化的草畜平衡奖励标准产生了错误瞄准的问题，难以达到遏制超载的目的，草畜平衡奖励标准需要差别化，核心在于瞄准草原超载的主体，将超载程度纳入考虑因素。超载程度越高，需要适当提高草畜平衡奖励标准；草场承包面积越大，需要适当调低草畜平衡奖励标准；草畜平衡标准（与草地生产力成反比）不能单独纳入草畜平衡奖励标准的差别化考虑因素，与草场承包面积相结合才能综合反映牧户的草地资源禀赋；每羊单位的畜牧业纯收入越高，需要适当提高草畜平衡奖励标准。

将超载程度纳入草畜平衡奖励标准的差别化考虑因素，并不是鼓励超载这种现象，而是为了超载主体能够实现有效减畜所做出的合理补偿。一些基层政府官员反映，"当前的草畜平衡奖励，不应该叫作草畜平衡奖励，而是应该叫作草畜平衡处罚"，其含义就是指超载严重的地区和牧户在政策实施前后表现为收入损失，这并不是真正意义上的草原生态补偿。

本章结论具有以下政策含义：第一，为了达到遏制超载的目的，在草原生态保护补助奖励机制的第二轮（2016～2020），草畜平衡奖励标准需要差别化，核心在于瞄准草原超载的主体，将超载程度纳入考虑因素。第二，草畜平衡奖励标准差别化需要综合考虑超载程度、草场承包面积、草地生产力和每羊单位的畜牧业纯收入等因素。

参 考 文 献

［1］文明，图雅，额尔敦乌日图，等. 内蒙古部分地区草原生态保护补

助奖励机制实施情况的调查研究［J］. 内蒙古农业大学学报（社会科学版），2013（1）：16-19.

［2］刘爱军. 内蒙古草原生态保护补助奖励效应及其问题解析［J］. 草原与草业，2014（2）：4-8.

［3］陈永泉，刘永利，阿穆拉. 内蒙古草原生态保护补助奖励机制典型牧户调查报告［J］. 内蒙古草业，2013（1）：15-18.

［4］惠兰，宗鑫. 草原生态补偿政策下政府与牧民之间的激励不相容问题——以甘肃玛曲县为例［J］. 农村经济，2014（11）：102-106.

［5］靳乐山，胡振通. 草原生态补偿政策与牧民的可能选择［J］. 改革，2014（11）.

［6］靳乐山，胡振通. 谁在超载？不同规模牧户的差异分析［J］. 中国农村观察，2013（2）.

［7］胡振通，孔德帅，焦金寿，等. 草场流转的生态环境效率——基于内蒙古、甘肃两省份的实证研究［J］. 农业经济问题，2014（6）：90-97.

［8］李金亚，薛建良，尚旭东，等. 草畜平衡补偿政策的受偿主体差异性探析——不同规模牧户草畜平衡差异的理论分析和实证检验［J］. 中国人口·资源与环境，2014（11）：89-95.

［9］王学恭，白洁，赵世明. 草地生态补偿标准的空间尺度效应研究——以草原生态保护补助奖励机制为例［J］. 资源开发与市场，2012（12）：1093-1095.

［10］Engel S, Pagiola S, Wunder S. Designing payments for environmental services in theory and practice：An overview of the issues［J］. Ecological Economics，2008，65（4）：663-674.

| 第六章 |
减畜和补偿的对等关系

  中国草原生态补偿是通过补助和奖励的政策手段，来达到减畜和草畜平衡的政策目标，最终使牧民收入不减少的条件下草原退化得到减缓。本章首先从理论上提出一个分析草原生态补偿减畜与补偿对等关系的框架，然后以内蒙古四子王旗查干补力格苏木为例，对草原生态补偿减畜与补偿的对等关系进行了实证分析。实证分析结果表明：因为超载情况存在空间异质性和牧户差异性，实际的超载率较统计的超载率被低估了。补偿在区域总量上是不足够的，维持区域总量补偿足够的草畜平衡奖励标准应为 1.9 元/亩。减畜和补偿存在严重的不对等关系，47.9 的资金给了那些不需要减畜的牧户，减畜比例 0；5.5% 的资金给了那些需要减畜也愿意减畜的牧户，减畜比例 1.2%；46.6% 的资金给了那些需要减畜但只愿意部分减畜的牧户，减畜比例 98.8%。预期能够实现的减畜比例仅为 8.3%，由于牧户超载程度存在显著的差异，预期能够实现的减畜比例对草畜平衡奖励标准和每羊单位损失均不敏感。为了达到草原生态保护的目的，保障减畜的有效达成，应该将超载程度纳入草畜平衡奖励的政策设计中。中小牧户是草原超载的主体，"将超载程度纳入草畜平衡奖励的政策设计"的真正含义是"将草畜平衡奖励向中小牧户做出适当倾斜"。超越草畜平衡奖励，减少中小牧户的数量，扩大牧户的草场经营规模，促进牧区牧户的适度规模经营才是实现草原可持续发展的出路所在。

一、背 景

草原生态保护补助奖励机制是目前中国最重要的草原生态补偿机制，是中国继森林生态效益补偿机制建立之后的第二个基于生态要素的生态补偿机制。国家草原生态保护的政策目标主要是遏制超载，具体的政策措施是禁牧和草畜平衡，国家限制超载的政策目标是希望通过实施草原生态补偿，达到草原生态保护和促进牧民增收相结合。

生态补偿，国际上通常称之为"环境服务付费"（简称 PES），PES 机制设计中非常重要的一个方面就是瞄准，瞄准是指如何在 PES 项目申请者之间进行选择以使得项目的财务效率最大，通常包括价值瞄准方法、成本瞄准方法或者价值成本瞄准方法（Engel et al，2008）。PES 机制设计中，如果缺乏瞄准，通常会导致效率损失（Wünscher et al，2008）。美国的 CRP 项目和 EQIP 项目采用了价值成本瞄准方法选择项目的参与者，提高了项目的环境成本效率（即每单位支付所获取的环境服务）（Claassen et al，2008）。

在草原生态保护补助奖励机制中，比较特殊的一点是，国家希望通过减畜来达到草原生态保护的目的，从而减畜可以作为替代价值增量的一个指标，同时减畜又代表着牧民的收入损失，从而减畜又可以作为衡量成本的一个指标，价值和成本存在一致性。从而根据瞄准的要求，应该是谁减畜谁获得补偿的逻辑，即补偿应该是基于减畜的过程。

减畜是当前草原生态补偿政策（禁牧政策和草畜平衡政策）的核心所在，而减畜是一个从超载的状态到不超载的状态的转变过程。减畜能否顺利地实现，关键在于牧民的选择，减畜会对牧民的生计造成影响，牧民考虑的是减畜带来的收入损失和补偿之间的对等关系。当补偿不足以抵消减畜带来的损失时，牧民不愿意减畜，当补偿足够抵消减畜带来的损失时，牧民可能愿意减畜。在草原生态保护补助奖励机制实施中，草原生态补偿是基于减畜的过程还是基于不超载的状态，两者在什么条件下是等价的？这是一个非常重要却在实践中容易被忽视的问题。两者等价的唯一条件就是所有地区所有牧户超载程度相同，只有这样才会使得所有牧户同比例减少牲畜，同比例获得补偿，而使得草原生态补偿实现了减畜和补偿的对等关系。但是，事实上，现实的情况是不同地区、同一地区内不同牧户之间超载程度存在显著的差异，而这种差异的存在会造成减畜和补偿的不对等，进而阻碍减畜的实现。

减畜和补偿的对等关系是决定禁牧和草畜平衡政策能够顺利实现的关键。因此，从超载程度的差异性上去分析减畜和补偿的对等关系将具有非常重要的现实意义。本章首先从理论上提出一个分析草原生态补偿减畜与补偿对等关系的框架，然后以内蒙古四子王旗查干补力格苏木为例，对草原生态补偿减畜与补偿的对等关系进行了实证分析，当在一定区域内实行了一个统一的草畜平衡奖励标准之后，同一区域内不同地区之间或者同一地区内不同牧户之间的超载程度的差异如何影响减畜的实现。

二、理 论 分 析

（一）基于减畜的草原生态补偿标准测算公式

对于某一地区的某一牧户而言，假定该地区的草畜平衡标准为 n 亩/羊单位，该牧户的超载率为 x，合意的（desired）禁牧补助标准为 s_1 元/亩，合意的草畜平衡奖励标准为 s_2 元/亩，减畜带来的损失为 m 元/羊单位。

（1）合意的禁牧补助标准：

$$ns_1 = m(1 + x) \qquad (6-1)$$
$$s_1 = m(1 + x) \div n \qquad (6-2)$$

从公式（6-2）可以看出，合意的禁牧补助标准应与减畜带来的每羊单位损失成正比，与草畜平衡标准成反比，与超载程度成正比。

（2）合意的草畜平衡奖励标准：

$$ns_2 = m \times x \qquad (6-3)$$
$$s_2 = m \times x \div n \qquad (6-4)$$

从公式（6-4）可以看出，合意的草畜平衡奖励标准应与减畜带来的每羊单位损失成正比，与超载程度成正比，与草畜平衡标准成反比。

由公式（6-2）和公式（6-4）可以看出，合意的禁牧补助标准等于合意的草畜平衡奖励标准加上一个每羊单位损失与草畜平衡标准的比值。由于后一项与超载程度无关，所以要研究减畜和补偿的对等关系，只要研究草畜平衡奖励标准与超载程度的关系即可。

（二）统计的超载率和真实的超载率

x 代表超载率，在一定区域内满足一个特定的概率分布函数 F(x)，f(x) 代表 x 的概率密度函数，f(x) 的实际含义是超载率为 x 的草场面积占总草场面积的百分比，x 的期望为 μ，方差为 δ^2。

统计的超载率为：$\int_{-\infty}^{+\infty} xf(x)\,dx$；

真实的超载率为：当 $x \in (-\infty, 0)$ 时，超载率为 $\int_{-\infty}^{0} xf(x)\,dx$；

当 $x \in (0, +\infty)$ 时，超载率为 $\int_{0}^{+\infty} xf(x)\,dx$；

因为 $\int_{-\infty}^{+\infty} xf(x)\,dx = \int_{-\infty}^{0} xf(x)\,dx + \int_{0}^{+\infty} xf(x)\,dx$，而 $\int_{-\infty}^{0} xf(x)\,dx \leqslant 0$，所以：

$$\int_{0}^{+\infty} xf(x)\,dx \geqslant \int_{-\infty}^{+\infty} xf(x)\,dx \qquad (6-5)$$

等号成立的条件是 $\int_{-\infty}^{0} xf(x)\,dx = 0$，即没有牧户不超载。

当存在牧户不超载的情况，该公式（6-5）的含义是，统计的超载率比真实的超载率要低，超载情况存在低估，其原因在于我们将不超载的牧户与超载的牧户放到了一块统计，但事实上，不能因为有些牧户不超载，就可以用不超载牧户的多余指标去替换超载牧户的不足指标。

（三）实际的补偿与合意的补偿

为了更好地分析超载率的变化对合意的草畜平衡奖励标准的影响，这里进行两个简化的假定。一是假定一定区域内草畜平衡标准是相同的（即草地生产力相同）；二是假定一定区域内每羊单位的损失也是相同的。基于这两个假定，结合公式可以看出，为了保证牧民的收入不降低，合意的草畜平衡奖励标准应与超载率成正比。

理论上，我们可以算出每个牧民从减畜的收入损失角度出发的草畜平衡奖励标准，实际上，我们只能在一定区域内去平衡，实行一个区域内统一的草畜平衡奖励标准。但是这种做法会带来比较严重的问题，即存在减畜和补偿的不对等关系。

实际的草畜平衡奖励标准：k，k 在一定区域内为一常数；

合意的草畜平衡奖励标准：g(x)，当 x < 0 时，g(x) = 0，当 x > 0 时，g(x) = m × x ÷ n；

令 h(x) = k - g(x)，即净补偿，实际的草畜平衡奖励标准减去合理的草畜平衡奖励标准。当 x < 0 时，h(x) = k，当 x > 0 时，h(x) = k - m × x ÷ n。

图 6 - 1 显示了实际的补偿和合意的补偿与超载率的关系，图 6 - 2 显示了净补偿与超载率的关系。

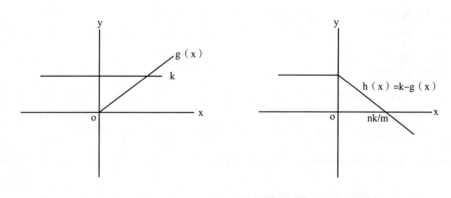

图 6 - 1　实际的补偿与合意的补偿　　　　图 6 - 2　净补偿

（四）总量的补偿与结构的补偿

总量的补偿，含义就是检验补偿在区域总量上是否足够。

当 h(x) = 0，即 g(x) = k 时，x* = nk/m，x* 的含义为当实际的草畜平衡奖励标准等于合意的草畜平衡奖励标准时所对应的超载率。

当 $x^* = nk/m > \int_{-\infty}^{+\infty} xf(x)dx$ 时，补偿在总量上是足够的；

当 $x^* = nk/m < \int_{-\infty}^{+\infty} xf(x)dx$ 时，补偿在总量上是不足够的。

结构的补偿，含义就是检验补偿在牧户层面上是否足够，多少比例的草场是足够的，多少比例的草场是不足够的，以及在多大程度上是不足够的。

根据图 6 – 2，将 x 分为三个区域，分别是（ –∞，0），（0，nk/m），（nk/m，+∞）。再进一步地去分析三个区域超载情况、减畜情况、补偿资金比例、减畜比例，具体情况如表 6 – 1 所示。

表 6 – 1　　　　　　　　结构的补偿（减畜与补偿的对等关系）

x	（ –∞，0）	（0，nk/m）	（nk/m，+∞）
超载情况	不超载	超载	超载
减畜情况	不需要减畜	愿意全部减畜	愿意部分减畜
补偿资金比例	$\int_{-\infty}^{0} f(x)dx$	$\int_{0}^{nk/m} f(x)dx$	$\int_{nk/m}^{+\infty} f(x)dx$
减畜比例 （参照真实的超载）	0	$\dfrac{\int_{0}^{nk/m} xf(x)dx}{\int_{0}^{+\infty} xf(x)dx}$	$\dfrac{\int_{nk/m}^{+\infty} xf(x)dx}{\int_{0}^{+\infty} xf(x)dx}$
减畜比例 （参照统计的超载）	0[①]	$\dfrac{\int_{0}^{nk/m} xf(x)dx}{\int_{-\infty}^{+\infty} xf(x)dx}$	$\dfrac{\int_{nk/m}^{+\infty} xf(x)dx}{\int_{-\infty}^{+\infty} xf(x)dx}$

（五）预期能够实现的减畜比例

根据表 6 – 1 可知，假定牧民具有自主选择的权利，现有的草畜平衡奖励

[①] $\dfrac{\int_{0}^{nk/m} xf(x)dx}{\int_{-\infty}^{+\infty} xf(x)dx} < 0$，表现为会增加牲畜养殖，这与实际不符，实际上表现为不需要减畜，故比例为 0。

标准预期能够实现的减畜比例为 $\dfrac{\displaystyle\int_0^{nk/m} xf(x)\,dx}{\displaystyle\int_0^{+\infty} xf(x)\,dx}$，预期不能够实现的减畜比例

为 $\dfrac{\displaystyle\int_{nk/m}^{+\infty} xf(x)\,dx}{\displaystyle\int_0^{+\infty} xf(x)\,dx}$；如果允许牧户部分减畜，那么预期能够实现的减畜比例为

$$\frac{\displaystyle\int_0^{nk/m} xf(x)\,dx}{\displaystyle\int_0^{+\infty} xf(x)\,dx} + \frac{\displaystyle\int_{nk/m}^{+\infty} nk/mf(x)\,dx}{\displaystyle\int_0^{+\infty} xf(x)\,dx} \text{ 或者 } 1 - \frac{\displaystyle\int_{nk/m}^{+\infty} (x-nk/m)f(x)\,dx}{\displaystyle\int_0^{+\infty} xf(x)\,dx}。$$

预期能够实现的减畜比例 $\dfrac{\displaystyle\int_0^{nk/m} xf(x)\,dx}{\displaystyle\int_0^{+\infty} xf(x)\,dx} + \dfrac{\displaystyle\int_{nk/m}^{+\infty} nk/mf(x)\,dx}{\displaystyle\int_0^{+\infty} xf(x)\,dx}$ 与超载率的分

布有关，与实际的草畜平衡奖励标准成正比，与减畜带来的每羊单位损失成反比，与草畜平衡标准成反比。

三、数 据 来 源

　　调研组于 2012 年 5 月对内蒙古自治区乌兰察布市四子王旗查干补力格苏木 6 个纯牧业嘎查共 100 户牧户进行了实地调查。查干补力格苏木位于四子王旗中部，是一个以畜牧业为主体经济的纯牧业苏木，草地类型[①]以温性荒漠草原为主，草畜平衡标准为 30 亩/羊单位[②]。全苏木总面积 3186km²，下辖 8 个嘎查，包括饲草料基地嘎查 1 个、生态移民嘎查 1 个以及纯牧业嘎查 6 个。2011 年该苏木总户数为 1371 户，共计 3866 人，落实所有权的草场面积达 396.9 万亩，6 个纯牧业嘎查常住牧户为 771 户。

　　表 6-2 显示了受访样本的基本情况，表 6-3 显示了受访样本的草场经

---

① 草地类型分类参照全国草地分类系统（1987 年，北京会议确定）。

② 根据《四子王旗 2011 年草原生态保护补助奖励机制实施方案》（2011 年 6 月），草畜平衡标准为南部牧区 30 亩/羊单位，北部牧区 37 亩/羊单位，中部牧区 47 亩/羊单位。

营情况。样本户平均常住人口为4.03人，平均劳动力人口为2.34人。100户受访牧户，总经营草场面积81.80万亩，平均每户草场承包面积6099亩，平均每户草场经营面积8180亩，总养殖①33480羊单位，平均每户养羊334.8羊单位，平均每户载畜率为24.43亩/羊单位。

表6-2　　　　　　　　　　　四子王旗受访者基本情况

	性别		民族	
	男	女	蒙	汉
人数（人）	63	37	59	41
比例（%）	63	37	59	41
	年龄			
	15~25岁	26~35岁	36~45岁	46~55岁	55岁以上
人数（人）	0	17	44	21	18
比例（%）	0	17	44	21	18
	受教育程度			
	文盲	小学	初中	高中	高中以上
人数（人）	8	35	41	16	0
比例（%）	8	35	41	16	0

表6-3　　　　　　　　　　四子王旗受访者草场经营情况

	草场承包面积（亩）			
	[0, 4000)	[4000, 8000)	[8000, 12000)	[12000, 25000]
户数（户）	31	42	19	8
比例（%）	31	42	19	8
	草场经营面积（亩）			
	[0, 4000)	[4000, 8000)	[8000, 12000)	[12000, 25000]
户数（户）	14	35	35	16
比例（%）	14	35	35	16
	养羊数（羊单位）				
	[0, 100)	[100, 200)	[200, 300)	[300, 400)	[400, 500)	[500, 800]
户数（户）	2	4	27	36	17	14
比例（%）	2	4	27	36	17	14

---

① 在内蒙古四子王旗统计的是牧业年度牲畜统计数据（截至6月底）。

续表

	载畜率（亩/羊单位）					
	[0, 0.66)	[0.66, 1.33)	[1.33, 2)	[2, 2.66)	[2.66, 3.33)	[3.33, 5.34]
户数（户）	5	32	30	16	9	8
比例（%）	5	32	30	16	9	8

四、实证分析

本小节主要是对理论分析的一个实证应用，主要验证四点：1）统计的超载与真实的超载的差异可能会有多大；2）补偿在总量上是否足够；3）补偿在结构上是否合理，减畜和补偿存在多大程度的不对等；4）预期能够实现的减畜比例是多少。

已知每个牧户的草场经营面积和养羊规模，就可以计算出每个牧户的超载率、合意的草畜平衡奖励标准、合意的草畜平衡奖励额、实际的草畜平衡奖励额以及实际额与合意额的差额，并对 100 户牧户进行超载率排序，再分别计算累计草场面积、累计草场面积比例 $\int_0^x f(x)\,dx$、累计租入面积、累计租入面积比例、累计平均超载率 $\int_0^x xf(x)\,dx$、累计超载羊单位、累计超载占平均总超载，具体如表 6-4 所示。

（一）统计的超载率与真实的超载率

根据理论分析，统计的超载与真实的超载取决于超载率的概率分布。通过计算得知，超载率的期望为 22.8%，标准差为 69.8%。

统计的超载率：100 户牧户，总共草场面积 817994 亩，总养殖 33480 羊单位，超载 6214 羊单位，超载率为 22.8%。真实的超载率：在 817994 亩草场中，425987 亩草场存在超载，总养殖 23710 羊单位，超载 9510 羊单位，超载率为 67.0%；另外的 392007 亩草场不存在超载，总养殖 9770 羊单位，超载率为 -25.2%。

实际的超载情况因为存在一定比例的牧户不超载的情况而被低估了，实际的超载数量应为 9510 羊单位，而不是 6214 羊单位，这也说明实际的超载情况呈现出空间异质性和牧户差异性。

（二）总量的补偿

根据理论分析，总量的补偿就是检验补偿在区域总量上是否足够。

当 $x^* = nk/m > \int_{-\infty}^{+\infty} xf(x)dx$ 时，补偿在总量上是足够的；当 $x^* = nk/m < \int_{-\infty}^{+\infty} xf(x)dx$ 时，补偿在总量上是不足够的。

根据前面的分析，我们已经知道 $\int_{-\infty}^{+\infty} xf(x)dx = 22.8\%$，即区域内的平均超载率为 22.8%。

于是只要求出 $x^* = nk/m$ 的大小，即可检验补偿在区域总量上是否足够。

n：草畜平衡标准，四子王旗查干补力格苏木的草畜平衡标准为 30 亩/羊单位。

k：草畜平衡奖励标准，四子王旗一亩折合 0.85 标准亩，于是查干补力格苏木的草畜平衡奖励标准为 1.275 元/亩。

m：每羊单位损失，参照实际调研数据测算结果，以下数据均为 100 户牧户的平均值。在 100 户牧户中，平均每户经营的草场面积为 8180 亩，养羊数为 335 只。牧民的畜牧业总收入为 134134 元，其分布如下：出售羊羔 174 只，价格是 667 元/只；出售大羊 12 只，价格为 885 元/只；羊毛收入 3625 元；羊绒收入 3831 元。牧民的畜牧业经营性总支出为 50974 元，其分布如下：平均每户草料费支出 38300 元，防疫费支出 1800 元，草场租金支出 6593 元，拉水费用支出 2391 元，羊倌支出 1890 元。牧民的畜牧业纯收入为 83160 元，平均每只羊的纯收入为 248 元。因此每羊单位损失不妨设定为 250 元。

于是求得 $x^* = nk/m = 15.3\%$，即 $\int_{-\infty}^{+\infty} xf(x)dx = 22.8\%$，而对应超载率为 22.8% 的草畜平衡奖励标准为 1.9 元/亩。

根据前面的分析可以看出，在四子王旗查干补力格苏木，补偿在区域总量上是不足够的，维持区域总量补偿足够的草畜平衡奖励标准应为 1.9 元/亩。

表 6 - 4　统计信息

序号	草场面积 (亩)	养羊数 (只)	超载程度 (%)	合意的草畜平衡奖励标准 (元/亩)	合意补偿额 (元)	实际补偿额 (元)	差额 (元)	累计草场面积 (亩)	累计草场面积比例 (%) $\int_0^x f(x)\,dx$	租入: + 租出: - (亩)	累计租入 (亩)	累计租入比例 (%)	累计平均超载率 (%) $\int_0^x xf(x)\,dx$	累计超载 (羊单位)	累计超载占平均超载 (%)
10	5600	500	167.9	14.0	78333.3	7140.0	-71193.3	27127	3.3	4500	2500	0.3	251.7	2276	36.6
20	11000	800	118.2	9.8	108333.3	14025.0	-94308.3	86337	10.6	0	20800	2.5	168.9	4862	78.2
30	6800	400	76.5	6.4	43333.3	8670.0	-34663.3	133137	16.3	2000	31900	3.9	141.6	6282	101.1
35	9000	500	66.7	5.6	50000.0	11475.0	-38525.0	173937	21.3	0	41900	5.1	125.1	7252	116.7
40	4000	200	50.0	4.2	16666.7	5100.0	-11566.7	195437	23.9	0	41900	5.1	117.5	7655	123.2
45	8900	400	34.8	2.9	25833.3	11347.5	-14485.8	235337	28.8	4000	45900	5.6	104.6	8205	132.0
50	7000	300	28.6	2.4	16666.7	8925.0	-7741.7	279737	34.2	5000	61900	7.6	93.0	8675	139.6
55	5000	200	20.0	1.7	8333.3	6375.0	-1958.3	311987	38.1	0	72900	8.9	86.1	8950	144.0
60	5000	200	20.0	1.7	8333.3	6375.0	-1958.3	361987	44.3	2000	95900	11.7	76.9	9284	149.4
61	10000	400	20.0	1.7	16666.7	12750.0	-3916.7	371987	45.5	0	95900	11.7	75.4	9350	150.5
62	9000	350	16.7	1.4	12500.0	11475.0	-1025.0	380987	46.6	7000	102900	12.6	74.0	9400	151.3
63	8000	300	12.5	1.0	8333.3	10200.0	1866.7	388987	47.6	2000	104900	12.8	72.8	9434	151.8
67	11800	400	1.7	0.1	1666.7	15045.0	13378.3	425987	52.1	0	106200	13.0	67.0	9510	153.0
68	6000	200	0.0	0.0	0.0	7650.0	7650.0	431987	52.8	0	106200	13.0	66.0	9510	153.0
69	9000	300	0.0	0.0	0.0	11475.0	11475.0	440987	53.9	0	106200	13.0	64.7	9510	153.0
70	14000	450	-3.6	0.0	0.0	17850.0	17850.0	454987	55.6	0	106200	13.0	62.6	9494	152.8
75	6500	200	-7.7	0.0	0.0	8287.5	8287.5	513824	62.8	0	122200	14.9	54.8	9383	151.0
80	14100	400	-14.9	0.0	0.0	17977.5	17977.5	571224	69.8	10700	157900	19.3	48.1	9149	147.2
90	3700	80	-35.1	0.0	0.0	4717.5	4717.5	686144	83.9	1700	198600	24.3	35.8	8199	131.9
100	17450	220	-62.2	0.0	0.0	22248.8	22248.8	817994	100.0	0	208100	25.4	22.8	6214	100.0

注：序号一列是按照每个牧户超载程度递减排列，受篇幅限制，只罗列了部分数据。

资料来源：2012 年 5 月 15~28 日对内蒙古自治区乌兰察布市四子王旗苏木力格苏木 6 个纯牧业嘎查共 100 户牧户的实地调查。

（三）结构的补偿即减畜与补偿的对等关系

根据理论分析，结构的补偿，就是检验补偿在牧户层面上是否足够，多少比例的草场是足够的，多少比例的草场是不足够的，以及在多大程度上是不足够的。

根据前面的分析，我们知道草畜平衡标准 n 为 30 亩/羊单位；草畜平衡奖励标准 k 为 1.275 元/亩；每羊单位损失 m 为 250 元；$x^* = nk/m = 15.3\%$。

于是将 x 分为三个区域，分别是（$-\infty$, 0），（0, 15.3%），（15.3%, $+\infty$）。根据表 6-4 的数据汇总进一步地去分析三个区域超载情况、减畜情况、补偿资金比例、减畜比例，具体情况如表 6-5 所示。

表 6-5　　　　　　　　结构的补偿（减畜与补偿的对等关系）

x	（$-\infty$, 0）	（0, 15.3%）	（15.3%, $+\infty$）
超载情况	不超载	超载	超载
减畜情况	不需要减畜	愿意全部减畜	愿意部分减畜
补偿资金比例	$\int_{-\infty}^{0} f(x)\,dx = 47.9\%$	$\int_{0}^{15.3\%} f(x)\,dx = 5.5\%$	$\int_{15.3\%}^{+\infty} f(x)\,dx = 46.6\%$
减畜比例（参照真实的超载）	0	1.2%	98.8%
减畜比例（参照统计的超载）	0	1.8%	151.3%

由表 6-5 可知，47.9% 的资金给了那些不需要减畜的牧户，减畜比例为 0；5.5% 的资金给了那些需要减畜也愿意减畜的牧户，减畜比例 1.2%；46.6% 的资金给了那些需要减畜但只愿意部分减畜的牧户，减畜比例 98.8%。结合表 6-4 可知，实际上承担了 98.8% 减畜任务的牧户只得到了 34.0% 的资金，因为 12.6% 的资金给了那些外出打工而将草场出租的牧户。

由表 6-4 进一步分析减畜和补偿在多大程度上不对等。对于不超载的 33 户牧户而言，无论草畜平衡奖励标准是多少，他们都能获得 47.9% 的补偿资金，结合每户的草场面积，平均每户收入增加 15146 元；对于超载程度小于 15.3% 的 5 户牧户而言，结合每户的草场面积，平均每户收入增加 5975 元；对于超载程度大于 15.3% 的 62 户牧户而言，累计平均超载率为 74.0%，相应的合意的草畜平衡奖励标准为 6.17 元/亩，实际的草畜平衡奖励标准为 1.275 元/亩，只占到合意的草畜平衡奖励标准的 20.7%，结合每户的草场面积，62 户牧户平均每户收入降低 30070 元。

（四）预期能够实现的减畜比例

根据理论分析，预期能够实现的减畜比例为 $\dfrac{\int_0^{nk/m} xf(x)\,dx}{\int_0^{+\infty} xf(x)\,dx}$ +

$\dfrac{\int_{nk/m}^{+\infty} nk/mf(x)\,dx}{\int_0^{+\infty} xf(x)\,dx}$，与超载率的分布有关，与实际的草畜平衡奖励标准成正比，与减畜带来的每羊单位损失成反比，与草畜平衡标准成反比。

由表 6 - 5 的数据可以进一步计算得出预期能够实现的减畜比例为

$$\frac{\int_0^{15.3\%} xf(x)\,dx}{\int_0^{+\infty} xf(x)\,dx} + \frac{\int_{15.3\%}^{+\infty} 15.3\% f(x)\,dx}{\int_0^{+\infty} xf(x)\,dx} = 1.2\% + 15.3\% \times 46.6\% = 8.3\% 。$$

（五）敏感性分析

在影响预期能够实现的减畜比例的影响因素中：（1）对于一个特定的区域，其超载率的分布是一定的；（2）草畜平衡标准由于参照的是 5 年平均，所以也相对稳定；（3）实际的草畜平衡奖励标准通常由政府规定；（4）每羊单位损失受畜产品价格波动的影响。

接下来分别分析实际草畜平衡奖励标准 k 的变化和每羊单位损失 m 的变化对预期能够实现的减畜比例的影响，如表 6 - 6 所示。

表6-6   预期能够实现的减畜比例的敏感性分析

k（元/亩）	1	1.275	1.5	2	3	4
预期能够实现的减畜比例（%）	6.5	8.3	9.9	15.2	24.8	29.6
m（元/羊单位）	100	150	200	250	300	350
预期能够实现的减畜比例（%）	26.3	16.6	10.4	8.3	7.1	6.0

由表6-6可以看出，如果政府提高了草畜平衡奖励标准，预期能够实现的减畜比例会上升，但是上升的幅度比较缓慢。如果未来的畜产品价格上升，预期能够实现的减畜比例会下降，但是下降的幅度也比较缓慢。

预期能够实现的减畜比例对草畜平衡奖励标准和每羊单位损失均不敏感，其根本原因在于该区域超载率的标准差比较大，即分布较为分散。

五、讨   论

（一）超载的处理："处罚"还是"奖励"，"破坏者付费"还是"受益者付费"

超载从法理层面应该受到处罚，但是在操作层面却很难实施处罚。根据《草原法》和《草畜平衡管理办法》的具体规定，"草原承包经营者应当合理利用草原，保持草畜平衡"，"对违反有关草畜平衡制度规定的牧户应该予以纠正和处罚"，因此，牧户的超载行为从法理上应该受到处罚。但是根据实地调研情况来看，对牧户的超载行为实施处罚非常困难，其主要原因来源于两个方面。首先，是草畜平衡的牲畜数量监管模式执行困难，操作性差，对此很多学者进行了阐述（曹晔、王钟建，1995；李青丰，2011；杨理、侯向阳，2005）。草畜平衡是饲养牲畜所需的饲草饲料总量和提供的饲草饲料总量保持动态平衡，而饲草饲料的来源主要包括天然草原和买草买料两种，随着畜牧业的发展，买草买料已经成为草原畜牧业的重要组成部分。调研显示，100户牧户平均草料费支出为38300元，占到了畜牧业生产成本的46%。买草买料的行为在不同牧户之间存在很大的差异性和灵活性，这给草畜平衡的监管带来了很大的困难，亟须做出进一步的调整以符合草原畜牧业生产方式的新变化。其次，是草原牧区多为西部贫困和少数民族地区，并且中小牧户是草原超载的主体（靳东山、胡振通，2013），对中小牧户的超载行为实施处罚会加大牧区的贫富差距，影响牧区社会的和谐稳定。

既然处罚难以实施，那就实行奖励。草原生态保护的管理思路也从"破坏者付费"转变为"受益者付费"，这也是草原生态补偿的初衷和基本原则。

（二）草畜平衡奖励：是否需要考虑超载程度

未考虑超载程度的草畜平衡奖励，存在着政策目标和政策实施上的不一致。草畜平衡奖励的政策目标是遏制超载，但是草畜平衡奖励的政策效果却起不到遏制超载的目的，因为存在减畜和补偿的不对等关系，其根源在于不同地区之间、同一地区不同牧户之间超载程度存在显著的差异。关于这一点，前面已经从理论和实证上进行了分析。

考虑超载程度的草畜平衡奖励是否间接鼓励了超载这种现象，牧户是否会为了获得更多的草畜平衡奖励而加大超载的程度？这两种担忧是必要的，但是可以通过一定的方式来减弱这个影响。生态补偿的实践中有两个非常重要的组成部分，分别是基线调查和后评估，在政策实施前是什么状态，在政策实施后是什么状态，政策实施前后牧户是否按照政策规定做出了相应的改变。

草畜平衡奖励的基线调查就是定位草原超载的主体，哪些地区超载严重，哪些牧户超载严重，只有明确了草原的超载主体，才能进一步地制定有针对性的政策来实现超载主体的有效减畜。靳乐山和胡振通（2013）等通过研究发现中小牧户是草原超载过牧的主体，草场面积越小的牧户超载程度越严重，李金亚等（2014）通过研究进一步验证了"中小牧户是草原超载过牧的主体"这一发现。定位草原超载的主体，掌握牧户超载的一般规律，就能避免"牧户为了获得更多的草畜平衡奖励而加大超载的程度"这一现象的发生。

草畜平衡奖励的后评估就是考察牧户的减畜任务是否达成。如果严格持行后评估，要求所有的牧户都必须通过减畜达到草畜平衡的状态，那么考虑超载程度的草畜平衡奖励并不是鼓励了超载这种现象，而是为了超载主体能够实现有效减畜所做出的合理补偿。调研中，一些基层政府官员反映，"当前的草畜平衡奖励，不应该叫作草畜平衡奖励，而是应该叫作草畜平衡处罚"，其含义就是指超载严重的中小牧户在政策实施前后表现为收入损失，这并不是真正意义上的生态补偿。未将超载程度纳入草畜平衡奖励的政策设计中，带来了减畜和补偿的严重不对等，妨碍了减畜任务的达成，起不到遏制超载的目的，后评估的工作也很难施行。

（三）超载程度纳入草畜平衡奖励的两种可能尝试

要将超载程度纳入草畜平衡奖励的政策设计中，并不是要求按照每一个牧户的超载程度所对应的减畜量去实施草畜平衡奖励，因为那样做的政策执行成本会非常高。既然"中小牧户是草原超载的主体"，那么"将超载程度纳入草畜平衡奖励的政策设计"的真正含义是"将草畜平衡奖励向中小牧户做出适当倾斜"。这样做的好处在于，相比于不考虑超载程度的草畜平衡奖励，中小牧户作为超载的主体也是减畜的主体，获得了更多的补偿，能够让减畜更容易实现，而大牧户，草场面积较大，原本就不超载或者超载不严重，适当减少草畜平衡奖励，对他们的影响也不大。

如何将超载程度纳入草畜平衡奖励之中，这里给出一些理论上的简要探析，具体实施则需要因地制宜。下面给出两种尝试，分别是封顶保底政策和差别化奖励政策。这两种尝试的基础建立在"中小牧户是草原超载的主体"这一认识之上。因此，各个地区通过调查满足了这一认识，可以就以下两种尝试做进一步的探索。

首先，是封顶保底政策。在《内蒙古草原生态保护补助奖励机制实施方案》中，对封顶保底政策做出了一些规定，"为了避免农牧户补奖额度过高或过低，自治区实行封顶和保底措施。封顶的标准是，按照本盟市上年农牧民人均纯收入的2倍进行控制，保底的标准另行制定"。本章所指的封顶保底的具体含义与已有的政策规定不同，一是出发点不同，本章所指的封顶保底是为了通过"草畜平衡奖励适当向中小牧户倾斜"而促使中小牧户有效减畜，二是实施对象不同，本章所指的封顶保底主要是针对草畜平衡奖励，而已有的政策规定主要是针对禁牧补助。封顶保底，封顶的"顶"是多少，依据是什么，保底的"底"是多少，依据是什么，这些需要进行深入研究，"顶"太高、"底"太低都会缺乏实际意义。但从实施效果来看，"封顶"降低了大牧户所能获得的草畜平衡奖励金额，"保底"增加了中小牧户所能获得的草畜平衡奖励金额，能够起到"草畜平衡奖励适当向中小牧户倾斜"的目的。

其次，是差别化奖励政策。差别化奖励政策的含义是不同规模牧户享受不同的草畜平衡奖励标准，面积较小的牧户的草畜平衡奖励标准高于面积较大牧户的草畜平衡奖励标准。差别化奖励政策同样能够起到"草畜平衡奖励适当向中小牧户倾斜"的目的。在具体操作上，划分多少个草畜平衡奖励的梯度以及每个梯度具体的草畜平衡奖励标准，需要综合考虑这种差别化奖励政策所能带来的效率改进和执行成本。

（四）"超越"草畜平衡奖励

草原要实现可持续发展，需要草原的承包经营者在从事畜牧业生产中遵循草畜平衡的规定。草畜平衡从字面理解是"草"和"畜"的平衡，并且《草畜平衡管理办法》也是这么定义的。但是结合实际情况，长期的超载过度导致草原退化，牧户很难实现草畜平衡，其根本原因在于草畜平衡从来都不是简简单单的"草"和"畜"的平衡，而是"人""草""畜"的内在的、动态的平衡。一个牧户家庭，需要拥有多少的草场，才能按照草畜平衡的规定进行牲畜养殖，同时保障其生计需求。正因为没有考虑人的因素，草畜平衡才难以落实，超载过牧也趋于常态化。中小牧户，草场面积小，为了保障生计需求难免超载过牧。对于中小牧户超载严重的现象，无论是学者还是政府官员，抱有一份理解更抱有一份无奈。

中小牧户，存在着草原的生态目标和牧户的生计目标之间的不可协调性。未考虑超载程度的草畜平衡奖励，恶化了中小牧户的生计状况，即便是将超载程度纳入草畜平衡奖励之中，也不能从根本上解决这种内在的不协调性。减少中小牧户的数量，扩大牧户的草场经营规模，促进牧区牧户的适度规模经营才是实现草原可持续发展的出路所在。

六、小　结

本章从理论上提出了一个分析草原生态补偿减畜与补偿对等关系的框架，然后以内蒙古四子王旗查干补力格苏木为例，对草原生态补偿减畜与补偿的对等关系进行了实证分析。

实证分析结果表明：（1）因为超载情况存在空间异质性和牧户差异性，实际的超载率较统计的超载率被低估了；（2）补偿在区域总量上是不足够的，维持区域总量补偿足够的草畜平衡奖励标准应为1.9元/亩；（3）补偿在结构上很不合理，存在减畜和补偿的严重不对等，47.9%的资金给了那些不需要减畜的牧户，减畜比例为0；5.5%的资金给了那些需要减畜也愿意减畜的牧户，减畜比例为1.2%；46.6%的资金给了那些需要减畜但只愿意部分减畜的牧户，减畜比例为98.8%；（4）预期能够实现的减畜比例仅为8.3%，由于区域内超载率分布较为分散，从而预期能够实现的减畜比例对草畜平衡奖励标准和每羊单位损失均不敏感。

本章的分析结果可以解释一些现实中普遍反映的突出问题，即"在草原生态保护补助奖励机制实施以后，牧民和政府机构均普遍反映存在着减畜难度大、补偿标准低的问题"（陈永泉等，2013；雷有鹏，2013；孙长宏，2013；文明等，2013）。首先，减畜难度大和补偿标准低属于同一个问题，也就是减畜和补偿存在不对等的关系；其次，补偿标准低和减畜难度大不是绝对的，而是相对的，有些人减畜难度大，有些人减畜难度不大，有些人甚至不需要减畜；最后，同时也是最重要的一点，减畜和补偿不对等的根源在于不同牧户超载程度存在显著的差异。

超载程度的差异会通过减畜和补偿的不对等关系影响减畜的实现，未考虑超载程度的草畜平衡奖励存在政策目标和政策实施上的不一致。将超载程度纳入草畜平衡奖励的政策设计，需要做好基线调查和后评估，即定位草原超载的主体和考核减畜任务的达成。中小牧户是草原超载的主体，"将超载程度纳入草畜平衡奖励的政策设计"的真正含义是"将草畜平衡奖励向中小牧户做出适当倾斜"，封顶保底政策和差别化奖励政策可以达到这一效果。

中小牧户存在着草原的生态目标和牧户的生计目标之间的不可协调性，草畜平衡奖励不能从根本上解决这种内在的不协调性，减少中小牧户的数量，扩大牧户的草场经营规模，促进牧区牧户的适度规模经营才是实现草原可持续发展的出路所在。

本章结论具有以下政策含义：（1）超载程度的差异会通过减畜和补偿的不对等关系影响减畜的实现，因而需要将超载程度纳入草畜平衡奖励的政策设计中；（2）中小牧户是草原超载的主体，"将超载程度纳入草畜平衡奖励的政策设计"的真正含义是"将草畜平衡奖励向中小牧户做出适当倾斜"，可以采取封顶保底政策和差别化奖励政策；（3）草畜平衡奖励不能从根本上解决草原的生态目标和牧户的生计目标之间的内在不协调性，减少中小牧户的数量，扩大牧户的草场经营规模，促进牧区牧户的适度规模经营才是实现草原可持续发展的出路所在。

参 考 文 献

［1］曹晔，王钟建．完善草地经营机制　促进草地资源合理利用［J］．自然资源学报，1995（1）：79-84.

［2］杨理，侯向阳．对草畜平衡管理模式的反思［J］．中国农村经济，2005（9）：62-66.

［3］李青丰．草畜平衡管理系列研究（1）——现行草畜平衡管理制度刍议［J］．草业科学，2011（10）：1869-1872.

［4］靳乐山，胡振通．谁在超载？不同规模牧户的差异分析［J］．中国农村观察，2013（2）：37-43.

［5］李金亚，薛建良，尚旭东，等．草畜平衡补偿政策的受偿主体差异性探析——不同规模牧户草畜平衡差异的理论分析和实证检验［J］．中国人口·资源与环境，2014（11）：89-95.

［6］孙长宏．青海省实施草原生态保护补助奖励机制中存在的问题及探讨［J］．黑龙江畜牧兽医，2013（4）：32-33.

［7］文明，图雅，额尔敦乌日图，等．内蒙古部分地区草原生态保护补助奖励机制实施情况的调查研究［J］．内蒙古农业大学学报（社会科学版），

2013 (1): 16 – 19.

[8] 陈永泉, 刘永利, 阿穆拉. 内蒙古草原生态保护补助奖励机制典型牧户调查报告 [J]. 内蒙古草业, 2013 (1): 15 – 18.

[9] 雷有鹏. 海北州落实草原生态保护补助奖励机制现状及对策 [J]. 青海畜牧兽医杂志, 2013 (4): 41 – 42.

[10] Engel S, Pagiola S, Wunder S. Designing payments for environmental services in theory and practice: An overview of the issues [J]. Ecological Economics, 2008, 65 (4): 663 – 674.

[11] Wünscher T, Engel S, Wunder S. Spatial targeting of payments for environmental services: A tool for boosting conservation benefits [J]. Ecological Economics, 2008, 65 (4): 822 – 833.

[12] Claassen R, Cattaneo A, Johansson R. Cost-effective design of agri-environmental payment programs: U. S. experience in theory and practice [J]. Ecological Economics, 2008, 65 (4): 737 – 752.

第三部分

禁牧和禁牧补助

| 第七章 |
禁牧补助标准的估算

"禁牧补助"标准的估算，对于完善下一期草原生态保护补助奖励机制具有重要的意义。本章利用 2014 年内蒙古自治区阿拉善左旗、四子王旗、陈巴尔虎旗三个旗县 470 户牧户样本数据，运用受偿意愿、生产核算、草场流转三种估算方法对禁牧补助标准进行了估算。估算结果表明：阿拉善左旗、四子王旗、陈巴尔虎旗三个旗县禁牧补助标准的综合估算结果分别为 5.59 元/亩、6.82 元/亩、11.51 元/亩。三个旗县禁牧补助标准的综合估算结果都比实际禁牧补助标准要高，其中阿拉善左旗的综合估算结果比实际标准高 2.47 元/亩，是实际标准的 1.79 倍，四子王旗的综合估算结果比实际标准高 1.72 元/亩，是实际标准的 1.34 倍，陈巴尔虎旗的综合估算结果比实际标准高 1.97 元/亩，是实际标准的 1.21 倍。三个旗县禁牧补助标准的综合估算结果平均值为 7.97 元/亩，三个旗县实际禁牧补助标准的平均值为 5.92 元/亩（几乎等于国家标准 6 元/亩），综合估算结果的平均值比实际标准平均值高 2.05 元/亩，是实际标准平均值的 1.45 倍。为了保证禁牧政策的有效执行，在草原生态保护补助奖励机制的第二轮周期（2016～2020），禁牧补助标准应当提高，国家标准应由 6 元/亩提高到 8 元/亩。

一、背 景

草原生态保护补助奖励机制的政策内容主要包括禁牧补助、草畜平衡奖励和牧民生产性补贴三个方面，本章将重点关注禁牧补助标准的估算。禁牧补助标准的估算是指采取恰当的估算方法对禁牧补助标准进行估算，并将禁牧补助标准的估算结果和实际禁牧补助标准进行比较分析，从而解答以下问题，"实际的禁牧补助标准是不是低了，低多少，合理的禁牧补助标准应该是多少"。草原生态保护补助奖励机制的第一轮周期（2011～2015）即将结束，"禁牧补助"标准的估算，对于完善下一期草原生态保护补助奖励机制具有重要的借鉴意义。

禁牧是使草原从放牧到不放牧的转变，对于"禁牧和禁牧补助"通常存在三个方面的研究视角，一是禁牧补助标准的估算，二是禁牧补助标准的差别化和依据，三是禁牧政策实施中的具体问题。

禁牧补助标准的估算是指采取恰当的估算方法对禁牧补助标准进行估算，并将禁牧补助标准的估算结果和实际禁牧补助标准进行比较分析。关于禁牧补助标准的定量估算，杨光梅等（2006）根据意愿调查法估算锡林郭勒盟草原禁牧的平均受偿意愿为5.73元/亩，巩芳等（2011）以全国城镇居民人均可支配收入和农村居民人均纯收入为参照，估算内蒙古草原牧区禁牧牧民发展权受限的机会成本为35.4元/亩。关于禁牧补助标准的评价，很多文献指出禁牧区禁牧补助标准偏低，禁牧补助标准与放牧收益相差过大，很难满足牧民持续稳定增收的要求（陈永泉等，2013；海力且木·斯依提等，2012；刘婉婷、郤晋亮，2013；孙长宏，2013；文明等，2013）。

禁牧补助标准的差别化和依据，全国将近60亿亩草原，18种草地类型，不同地区生态区位优势、人口居住密度、草地类型、草场面积、超载程度等存在较大差异，禁牧补助标准的差别化实施现状如何，禁牧补助标准需不需要差别化，差别化的考虑因素有哪些。禁牧补助的国家标准为6元/亩，各个省（区）可参照国家标准，科学合理地制定适合本省（区）实际情况的具体标准。根据各个省（区）的《草原生态保护补助奖励机制实施方案》，在八大草原牧区省（区）中，甘肃、内蒙古、青海、新疆四省（区）制定了差别化的禁牧补助标准。甘肃省划分了三个区域的禁牧补助标准，分别是青藏高原区20元/亩、西部荒漠区2.2元/亩、黄土高原区2.95元/亩。内蒙古自治区和青海省，采用了"标准亩"①的概念，按照标准亩系数分配个盟市州的禁牧补助资金。新疆维吾尔自治区划分了两类禁牧补助标准，荒漠类草原5.5元/亩，水源涵养区和草原保护区50元/亩。

禁牧政策实施中的具体问题，除了禁牧补助标准之外，禁牧政策实施中通常会存在一些具体的问题，一些不可忽视的方面，这些问题会影响禁牧政策的有效执行。多名学者对宁夏回族自治区的禁牧进行了研究，研究指出禁牧后农牧户总收入经历了由降到升的过程（陈洁、苏永玲，2008），禁牧区违规放牧现象普遍存在，其主要发生在距离道路较远的区域（王磊等，2010），农牧户违规放牧行为具有博弈性、风险性的特征（陈勇等，2014），自上而下的禁牧政策在实施了多年之后正逐渐走向式微（柴浩放等，2009）。一些学者对新疆维吾尔自治区的禁牧进行了研究，资本水平、技术服务等配套政策水平是农牧民对禁牧行为响应的显著影响因素（马骅等，2006），由于牧民认识不足、人工饲草料地面积严重不足、饲草料不够、政府执行和监督力度不大、草原禁牧补助及相关的补贴标准低等原因，许多牧民无法满足生产和生活需要而重返游牧生活，已经逐渐开始恢复的草原生态环境受到威胁，禁牧政策无法达到预期效果（海力且木·斯依提等，2012）。多名学者对内蒙古自治区的禁牧进行了研究，"禁牧而不禁养"很难实现，牧民未来生产生活无依靠（文明等，2013），很多因素导致牧区牧民的生产生活成本在不断提高，现有的禁牧补助标准很难满足牧民持续稳定增收的要求（陈永泉等，2013），禁牧补助只能补偿草场的要素价值，通过配套政策措施帮助牧民转产再就业是禁牧政策得以实施的关键（靳乐山、胡振通，2014）。一些学者对青海省的禁牧进行了研究，禁牧区存在划分困难、连片禁牧难以实现、禁牧后续管理力度小等问题（孙长宏，2013），禁牧补助标准与放牧的收益相差过大，草原管护和监理的工作压力增大，只有牧民增收，禁牧才能禁得住，减畜才能真正减得下来（刘婉婷、郜晋亮，2013）。

现有文献对禁牧补助标准的研究多为定性描述，缺乏定量分析，禁牧补助标准应该怎么估算，实际的禁牧补助标准是不是低了，低多少，合理的禁

---

① "标准亩"是根据所在省（区）天然草原的平均载畜能力，测算出平均饲养1羊单位所需要的草地面积为1个标准亩，其系数为1，大于这个载畜能力的草原，其标准亩系数就大于1，反之则小于1。

牧补助标准应该是多少，本章将结合内蒙古自治区的实地调研数据对这些问题进行系统的研究。

二、估 算 方 法

（一）草原生态补偿标准

生态补偿是以保护生态环境，促进人与自然和谐发展为目的，根据生态系统服务价值、生态保护成本、发展机会成本，运用政府和市场手段，调节生态保护利益相关者之间利益关系的公共制度（李文华、刘某承，2010）。生态补偿，国际上通常称之为环境服务付费，是环境服务功能受益者对环境服务功能提供者的付费行为（Wunder，2005）。生态补偿标准的确定，是生态补偿机制设计中的核心问题和难点问题。通常情况下，生态补偿标准需要大于环境服务提供者的成本，小于环境服务受益者的价值（Engel et al，2008），本质就是接受补偿的意愿和支付补偿的意愿之间的协商平衡问题（王金南等，2006）。

理论上，草原生态补偿标准的确定有两个参照线：1）保护草原生态的机会成本；2）草原生态系统服务价值。保护草原生态的机会成本，是草原生态系统经营者为了保护草原生态所放弃的发展机会损失。禁牧是使草原从放牧到不放牧的转变，牧民因为不能放牧而承担了一定的机会成本。草原生态系统服务价值，是草原生态系统产生的生态系统服务对受益者的价值。草原生态补偿标准与以上两个参考线之间的关系是：保护草原生态的机会成本＜草原生态补偿标准＜草原生态系统服务价值。理论上，为了建立生态补偿机制，只有机会成本小于生态系统服务价值，存在福利改善的空间，才能进一步构建生态补偿机制，机会成本和生态系统服务价值构成生态补偿标准的合理区间。生态补偿标准如果小于机会成本，则牧民不愿意增加草原生态保护的投入和改变已有的土地利用方式。生态补偿标准如果大于生态系统服务价值，则国家不愿意支付这一生态补偿费用。只有当生态补偿标准介于二者之间时，生态系统服务的买方和卖方才有可能通过协商达成一致，构建生态补偿机制。

草原生态补偿标准的确定，首先需要达到机会成本这一最低水平，然后进一步到达介于机会成本和生态系统服务价值之间的合理水平。具体的草原生态补偿标准，有赖于双方的协商谈判，在机会成本和生态系统服务价值之间的某点达成协议。在当前经济发展阶段，机会成本是生态补偿标准制定的主要参考依据。就禁牧而言，禁牧补助标准应该大于禁牧的机会成本，才能促使牧户自觉自愿地通过减畜来达到禁牧的要求，否则就会出现继续放牧、偷牧、夜牧等行为。

（二）禁牧补助标准的估算方法

禁牧的机会成本是禁牧补助标准制定的主要参考依据。禁牧是草原从放牧到不放牧的转变，禁牧的机会成本就是禁牧前收入和禁牧后收入的差值，具体表现为减畜的收入损失。禁牧补助标准的估算，关键在于揭示禁牧的机会成本，下面分别运用受偿意愿、生产核算和草场流转三种估算方法来揭示禁牧的机会成本。

1. 受偿意愿

受偿意愿（willingness to accept，WTA），属于条件价值评估方法（contingent valuation method，CVM），是一种典型的陈述偏好的价值评估方法，在模拟市场条件下，直接调查和询问人们对某一环境效益恶化或保护措施所受影响的受偿意愿（陈琳等，2006）。禁牧补助标准的受偿意愿，就是直接询问牧民愿意接受的禁牧补助标准为多少。

该方法存在一定的弊端，调查对象真实地表达其受偿意愿存在一定的困难，通常存在高报的可能。为了减少高报的可能性，在调查中，每次询问受访者的受偿意愿，都会进行如下说明，"由于国家的补偿资金有限，如果您给出的禁牧补助标准过高，我们可能并不会选择您的草场进行禁牧"，从而牧民在说出其受偿意愿时会有所考虑，进而使得受偿意愿更贴近实际情况。

2. 生产核算

运用生产核算的估算方法估算禁牧的机会成本，就是核算减畜的收入损失，首先，估算该地区在禁牧前的实际养畜标准是多少，即多少亩养一羊单位，其次，核算该地区一羊单位的畜牧业纯收入是多少，最后，由一羊单位的畜牧业纯收入除以实际养畜标准，即可求得禁牧补助标准。

实际养畜标准和草畜平衡标准之间存在相似和区别。两者的相似在于，两者的含义都是指"多少亩养一羊单位"；两者的区别在于，草畜平衡标准是指草原承包经营者在保持草原可持续利用实现草畜平衡状态下的养畜标准，而实际的养畜标准单纯就是养畜标准，既可能是超载的，也可能是不超载的。实际养畜标准和草畜平衡标准之间的关系用公式可以表示为：实际养畜标准 = 草畜平衡标准/（1 + 超载程度）。

由上述分析可以得出，运用生产核算的估算方法估算禁牧补助标准，采用的计算公式为：

$$禁牧补助标准 = 一羊单位的畜牧业纯收入/实际养畜标准$$

$$= 一羊单位的畜牧业纯收入(1 + 超载程度)/草畜平衡标准$$

$$(7-1)$$

是否需要将超载程度纳入到禁牧补助标准制定中，是需要做进一步的规范分析的。超载行为在法理层面应该受到处罚，但是在操作层面却很难实施处罚。按照《草原法》和《草畜平衡管理办法》的具体规定，"草原承包经营者应当合理利用草原，保持草畜平衡"，牧户的超载行为在法理层面应该受到处罚。但是在操作层面，结合已有的文献和实地调研经验，对牧户的超载行为实施处罚非常困难，主要原因来源于两个方面。一是草畜平衡的牲畜数量监管模式执行困难、操作性差，对此很多学者进行了阐述（李青丰，2011；王钟、建曹晔，1995；杨理、侯向阳，2005）。草畜平衡是饲养牲畜所需的饲草饲料总量和提供的饲草饲料总量保持动态平衡，而饲草饲料的来源主要包括天然草原和买草买料两种，随着畜牧业的发展，买草买料已经成为草原畜牧业的重要组成部分，买草买料的行为在不同牧户之间存在很大的差异性和灵活性，这给草畜平衡的监管带来了很大的困难，亟须做出进一步的调整以符合草原畜牧业生产方式的新变化。二是草原牧区多为西部贫困和少数民族地区，而且中小牧户是草原超载的主体（靳乐山、胡振通，2013；李金亚等，2014），对中小牧户的超载行为实施处罚会加大牧区的贫富差距，影响牧区社会的和谐稳定。既然对牧户的超载行为实施处罚难以实现，那么就采取经济激励措施对牧户的减畜行为进行补偿，草原生态保护的管理思路也从"破坏者付费"转变为"受益者付费"，这也是草原生态补偿的初衷和基本原则。为了保证减畜任务的达成，需要将超载程度纳入到禁牧补助标准的制定中。

如何将超载程度纳入禁牧补助标准的制定中，需要平衡超载地区（牧户）与不超载地区（牧户）、严重超载地区（牧户）和轻度超载地区（牧户）。在禁牧政策实施前后，相比于不超载的地区（牧户），超载的地区（牧户）需要减畜的比例更高，禁牧政策对其生产生活影响更大。但是将超载程度完全纳入禁牧补助标准制定中，似乎对不超载的地区（牧户）不公平。不考虑超载程度和完全考虑超载程度属于两种极端，在本章中，采取折中的方式来处理超载程度，处理方式如下：当超载程度大于0时，即存在超载，在禁牧补助标准制定中，只考虑一半的超载程度；当超载程度小于0时，即不存在超载，在禁牧补助标准制定中，超载程度等于0。

调整后的禁牧补助标准的计算公式为：

禁牧补助标准 = 一羊单位的畜牧业纯收入／草畜平衡标准，当超载程度小于0

　　　　　　 = 一羊单位的畜牧业纯收入（1 + 超载程度／2）／草畜平衡标准，

　　当超载程度大于0

　　　　　　　　　　　　　　　　　　　　　　　　　　　　 (7－2)

该方法需要全面核算牧户在畜牧业生产中的投入产出情况，能够较为真实地反映禁牧草场的价格。运用生产核算的估算方法估算禁牧补助标准，关键在于求解一羊单位的畜牧业纯收入、禁牧区禁牧前的实际养畜标准、该地区的草畜平衡标准，而超载程度可以由实际养畜标准和草畜平衡标准换算所得。由于禁牧区禁牧实施一段时间之后，虽有很多牧民因为多种原因仍然留在牧区从事畜牧业，但是很难还原其禁牧前的畜牧业养殖情况，因此求解一羊单位的畜牧业纯收入，采用该地区草畜平衡区的牧户调查数据进行核算。禁牧区的实际养畜标准，采用回忆的方式，直接询问禁牧区牧户在2011年以前的牲畜养殖情况。该地区的草畜平衡标准参照当地政策文件中的说明。

3. 草场流转

禁牧某种程度上可以看作是将草场出租给了国家。对于一片草场来说，只有两个状态，一种状态是禁牧，另一种状态是草畜平衡。当草场处于草畜平衡的状态时，牧户将草场出租，可以获得的收益是草场租金和草畜平衡奖励；当草场处于禁牧的状态时，牧户可以获得的收益是禁牧补助。运用草场流转的估算方法，草场租金和草畜平衡奖励就是禁牧的机会成本。

运用草场流转的估算方法估算禁牧补助标准，采用的计算公式为：

$$禁牧补助标准 = 草场租金 + 草畜平衡奖励标准 \qquad (7-3)$$

该方法存在适用性，依赖当地是否存在较为完全的草场流转市场，通常存在低估的可能。通常禁牧区在禁牧之后，草场流转是不存在的，因而只能是参照该地区的草畜平衡区的草场流转情况。草场流转根据国家的政策规定，遵循"自愿、有偿、合法以及不改变草场用途"的原则，通常表现为集体（嘎查或村）内部流转、就近流转、亲戚朋友间流转。集体内部流转会使得集体外部的人想租草场而租不到草场，就近流转会使得有些牧户想租草场但因为距离近的牧户没人出租草场而租不到草场，亲戚朋友间流转使得非亲戚朋友想租草场而租不到草场，而且使得草场租金偏低。多种因素导致草场流转的发生率可能偏低和草场租金可能偏低，从而从草场流转角度核算的禁牧补助标准存在低估的可能。

4. 三种估算方法的比较

受偿意愿，属于意愿价格法，揭示的是禁牧的受偿意愿；生产核算，属于影子价格法，揭示的是禁牧的影子价格；草场流转，属于市场价格法，揭示的是禁牧的市场价格。三种估算方法的相同点在于，基本原理是一致的，都是通过揭示禁牧的机会成本来估算禁牧补助标准，这也体现了三种估算方法的科学性。三种估算方法的不同点在于，揭示禁牧的机会成本的价格形式不同，分别是意愿价格、影子价格、市场价格。意愿价格是一种主观的评价，意愿价格是一种最基本的价格形式，均衡价格的实现需要受益者的支付意愿和提供者的受偿意愿的相互作用，市场交换的发生，在协商的基础上分享支付意愿和受偿意愿之间的合作剩余。影子价格，按照联合国工业发展组织的解释，"影子价格是商品或生产要素可得性的任何变化所带来的福利增加"，实质上反映的是资源合理配置的资源价格，又称为经济价格、计算价格、隐含价格等。市场价格，属于交换价格，是市场供求相互作用下实现的均衡价格，在完全竞争市场下，市场价格等于影子价格，在不完全竞争市场下，市场价格对影子价格存在偏离。

5. 综合估算结果：三种估算方法的加权平均

为什么要采取三种估算方法来估算禁牧补助标准，至少有两个理由。一是三种估算方法在科学性、适用性和操作性等方面都能够达到估算禁牧补助标准的要求。从科学性上分析，三种估算方法都是通过揭示禁牧的机会成本来估算禁牧补助标准。从适用性上分析，受偿意愿，直接询问牧户的受偿意愿，由于不是真实的交易行为，可能在意愿表达上存在偏差，但是可以遵循条件价值评估方法的一系列准则来降低可能存在的偏差；生产核算，全面核算牧户在畜牧业生产中的投入产出情况，属于畜牧业生产最基本也是最重要的核算，能够较为真实地反映禁牧草场的价格；草场流转，依赖该地区是否存在较为完全的草场流转市场，当草场流转市场不完全时，估算的禁牧补助标准存在偏差，总体而言，当前牧区存在较为普遍的草场流转行为。从操作性上分析，三种估算方法都能够实现并达到估算禁牧补助标准的要求。二是运用三种估算方法来估算禁牧补助标准，能够比较有说服力且更全面地印证禁牧补助标准偏低的事实。对已有的禁牧补助标准的评价，很多文献指出禁牧区禁牧补助标准偏低，在实地调研中，很多牧民也认为禁牧区禁牧补助标准偏低，其理由通常来源于三个方面，或主观认为，或生产核算，或与草场租金比较，正好对应三种估算方法。

从解决现实问题的角度出发，我们迫切地需要知道具体的禁牧补助标准应该是多少，进而与实际禁牧补助标准进行比较分析，从而解答"实际的禁牧补助标准是低了还是高了，低多少或高多少，合意的禁牧补助标准应该是多少"。既然采取了三种估算方法来估算禁牧补助标准，那么势必会面临如何实现从三种估算方法的估算结果到综合估算结果的加权平均的问题，核心问题在于权重的设置。同一地区运用不同的估算方法，得出的禁牧补助标准会存在差异，当差异较小时，不同的权重设置对综合估算结果的影响较小，当差异较大时，不同的权重设置对综合估算结果的影响较大。权重设置的理由主要着眼于不同估算方法的估算结果从方法论上可能对真实值的偏差程度，偏差程度越大，权重越低，当偏差程度很大时，甚至可以将该估算方法的权重设置为 0，即不考虑该估算方法。受偿意愿，直接询问牧户的受偿意愿，由于不是真实的交易行为，可能在意愿表达上存在偏差。生产核算，全面核算牧户在畜牧业生产中的投入产出情况，能够比较真实地揭示禁牧草场的价格。草场流转，因为多种因素导致草场流转市场的不完全，估算结果可能存在一定偏差。从偏差程度上分析，在三种估算方法中，生产核算的估算结果的偏差程度相比最低，在权重设置上应该赋予相对更高的权重，受偿意愿和草场流转的估算结果都存在一定的偏差，在权重设置上应该赋予相对较低的权重。在本章中，将受偿意愿、生产核算、草场流转这三种估算方法的权重分别设置为 0.25、0.5、0.25。

三、研究区域和样本说明

（一）研究区域

为了突出研究的代表性，本章选取了内蒙古自治区东部的陈巴尔虎旗、中部的四子王旗、西部的阿拉善左旗作为研究区域，各个地区的基本信息如表 7-1 所示。

阿拉善左旗，阿拉善盟所辖旗县，主要草地类型为温性草原化荒漠和温性荒漠，禁牧区面积为 5849 万亩，草畜平衡区面积为 1447 万亩，按照人口补偿模式进行补偿，全旗的平均草畜平衡标准为 75 亩/羊单位，阿拉善左旗的标准亩系数为 0.52，相应的禁牧补助标准为 3.12 元/亩，实际禁牧补助标准[①]按照 13000 元/人进行发放。

四子王旗，乌兰察布市所辖旗县，主要草地类型为温性荒漠化草原和温性草原化荒漠，禁牧面积区为 1845 万亩，草畜平衡区面积为 1232 万亩，按照面积补偿模式进行补偿，禁牧区的平均草畜平衡标准为 47 亩/羊单位，草畜平衡区的平均草畜平衡标准为 30 亩/羊单位，四子王旗的标准亩系数为

---

① 阿拉善左旗，实际的禁牧补助标准的划分较为复杂，有两种禁牧规定，分别是完全禁牧和饲养规定数量牲畜（120 亩/羊单位，总数不能超过 100 羊单位），不同禁牧规定下的禁牧补助标准存在差异。1）<16 周岁：2000 元/人年；2）≥16 周岁，<60 周岁：完全禁牧，13000 元/人年；饲养规定数量牲畜，10000 元/人年；3）≥60 周岁：完全禁牧，10000 元/人年；饲养规定数量牲畜，8000 元/人年。本书为简化处理，只考虑完全禁牧的情况，且只考虑成年人的禁牧补助标准。

0.85，相应的禁牧补助标准为 5.1 元/亩。

陈巴尔虎旗，呼伦贝尔市所辖旗县，主要草地类型为温性典型草原和温性草甸草原，禁牧区面积为 507 万亩，草畜平衡区面积为 1626 万亩，按照面积补偿模式进行补偿，全旗的平均草畜平衡标准为 12.5 亩/羊单位，陈巴尔虎旗的标准亩系数为 1.59，相应的禁牧补助标准为 9.54 元/亩。

表 7 –1　　　　　　　　　　　　　　样本旗县基本信息

地区	阿拉善左旗	四子王旗	陈巴尔虎旗
主要草地类型	温性草原化荒漠、温性荒漠	温性荒漠化草原、温性草原化荒漠	温性典型草原、温性草甸草原
禁牧区面积	5849 万亩	1845 万亩	507 万亩
草畜平衡区面积	1447 万亩	1232 万亩	1626 万亩
补偿模式	人口补偿模式	面积补偿模式	面积补偿模式
草畜平衡标准	75 亩/羊单位	禁牧区：47 亩/羊单位 草畜平衡：30 亩/羊单位	12.5 亩/羊单位
标准亩系数	0.52 13000 元/人	0.85	1.59
禁牧补助标准	3.12 元/亩	5.1 元/亩	9.54 元/亩

资料来源：《阿拉善左旗草原生态保护补助奖励机制实施办法》《四子王旗 2011 年草原生态保护补助奖励机制实施方案》《陈巴尔虎旗 2011 年草原生态保护补助奖励机制实施方案》《阿拉善左旗草原补奖机制落实情况调研报告》《四子王旗草原生态保护补助奖励机制工作总结》《陈巴尔虎旗草原生态保护补助奖励机制工作总结》。

（二）样本说明

本章分析所用资料来自调研组一行 8 人于 2014 年 7 月 3 日～8 月 6 日对内蒙古自治区阿拉善左旗、四子王旗、陈巴尔虎旗三个旗县的 8 个苏木镇的 34 个纯牧业嘎查的实地调研。8 个苏木镇包括阿拉善左旗的三个苏木镇，分别是巴彦诺尔公苏木、吉兰泰镇、巴彦浩特镇，四子王旗的两个苏木，分别是查干补力格苏木、红格尔苏木，陈巴尔虎旗的三个苏木镇，分别是巴彦哈达苏木、呼和诺尔镇、东乌珠尔苏木。调查以问卷调查为主，采取调研员和牧户面对面交谈的方式。

　　此次调研共发放问卷 498 份，应研究需要筛选有效问卷 470 份，样本分布情况如表 7 - 2 所示。从旗县分布看，阿拉善左旗 163 份，四子王旗 164 份，陈巴尔虎旗 143 份。从牧户类型看，禁牧牧户 272 份，草畜平衡牧户 326 户，其中阿拉善左旗的 9 户牧户、陈巴尔虎旗的 119 户牧户既有禁牧草场又有草畜平衡草场。

表 7 - 2　　　　　　　　　　　　　样本分布情况　　　　　　　　　　　单位：户

地区	禁牧牧户	草畜平衡牧户	总计
阿拉善左旗	89	83	163
四子王旗	60	104	164
陈巴尔虎旗	123	139	143
总计	272	326	470

　　在 470 户样本牧户中，受访对象以户主优先，81% 为男性，304 户为蒙古族，166 户为非蒙古族（以汉族为主），平均年龄为 46 岁，以 36 ~ 55 岁的居多，受教育程度以小学、初中文化程度的居多。平均家庭人口数为 3.72 人，平均家庭劳动力数量 2.55 人，平均从事畜牧业劳动力数量 2.08 人，平均从事非农劳动 0.46 人。各个旗县受访牧户草场承包面积情况如下：阿拉善左旗平均每户的草场承包面积为 9902 亩，四子王旗平均每户的草场承包面积为 5921 亩，陈巴尔虎旗平均每户的草场承包面积为 6028 亩。

　　牧户的牲畜养殖规模统一折算成羊单位[①]，采用的牧业年度[②]统计数据。一只大羊折合 1 个羊单位，1 只羊羔折合 0.4 个羊单位，一头大牛折合 6 个羊单位，一头牛犊折合 3 个羊单位，一匹成年马折合 6 个羊单位，一匹小马折合 3 个羊单位，一峰骆驼折合 7 个羊单位。具体核算了每个牧户 2010 年和 2014 年的牲畜养殖情况。

---

　　① 根据《天然草地合理载畜量的计算》（中华人民共和国农业行业标准 NY/T635 - 2002），一个标准羊单位为一只体重 50 公斤、哺半岁以内羊羔的成年绵羊，日消耗干草 1.8 公斤，全年放牧以 365 天计算，全年消耗干草 657 公斤。

　　② 在畜牧业统计中，存在两种统计口径，一种是牧业年度统计，指每年的 6 月份，另一种是日历年度统计，指每年的 1 月份，本书采用的是牧业年度统计数据。

四、估算结果

本小节首先分别运用受偿意愿、生产核算、草场流转三种估算方法对三个旗县的禁牧补助标准进行估算，然后再将综合估算结果与实际的禁牧补助标准进行比较分析。

（一）受偿意愿

1. 禁牧补助标准的评价

禁牧补助标准的评价，就是直接询问牧民对于实际的禁牧补助标准的评价。如表7-3所示，在三个旗县共272户禁牧牧户中，绝大多数牧民认为禁牧补助标准低或太低，占到了牧户总数的68.9%，22.8%的牧户认为禁牧补助标准中等，仅有5.4%的牧户认为禁牧补助标准较高。从三个旗县的差异性上看，阿拉善左旗92.1%的禁牧牧民认为禁牧补助标准低或太低，四子王旗70.2%的禁牧牧民认为禁牧补助标准低或太低，陈巴尔虎旗52.0%的禁牧牧民认为禁牧补助标准低或太低。相比较而言，对禁牧补助标准的评价，阿拉善左旗要低于四子王旗，四子王旗要低于陈巴尔虎旗。

表7-3 禁牧区牧户对禁牧补助标准的评价

旗县	样本数	太低	低	中等	高	太高	不清楚
阿拉善左旗	89	38 42.7%	44 49.4%	5 5.6%	1 1.1%	0 0	1 1.1%
四子王旗	60	5 8.3%	37 61.7%	15 25.0%	3 5.0%	0 0	0 0
陈巴尔虎旗	123	3 2.4%	63 49.6%	43 33.9%	11 8.7%	0 0.0%	3 2.4%
总计	272	46 16.7%	144 52.2%	63 22.8%	15 5.4%	0 0	4 1.4%

2. 禁牧补助标准的平均受偿意愿

禁牧补助标准的受偿意愿，就是直接询问牧民愿意接受的禁牧补助标准为多少。三个旗县禁牧区牧户的禁牧补助标准的受偿意愿如表 7 - 4 所示。阿拉善左旗，按照人口补偿模式进行补偿，牧民的受偿意愿也都是以"元/人"为单位，在 89 户禁牧牧户中，81 户牧户给出了受偿意愿，最低为 7000 元/人，最高为 36000 元/人，平均受偿意愿为 18049 元/人。四子王旗，在 60 户禁牧牧户中，51 户牧户给出了受偿意愿，最低为 6 元/亩，最高为 20 元/亩，平均受偿意愿为 9.82 元/亩。陈巴尔虎旗，在 123 户禁牧牧户中，88 户牧户给出了受偿意愿，最低为 9.5 元/亩，最高为 20 元/亩，平均受偿意愿为 12.84 元/亩。

根据阿拉善左旗的实际禁牧补助标准，"13000 元/人"对应"3.12 元/亩"，为了便于比较分析，将阿拉善左旗的平均受偿意愿的计量单位由"元/人"折算成"元/亩"，折算后，阿拉善左旗的平均受偿意愿为 4.33 元/亩。

表 7 - 4   **禁牧区牧户的禁牧补助标准的受偿意愿**

旗县	评价数/样本数	最小值	最大值	平均受偿意愿	标准差
阿拉善左旗	81/89	7000 元/人	36000 元/人	18049 元/人	6701 元/人
四子王旗	51/60	6 元/亩	20 元/亩	9.82 元/亩	2.42 元/亩
陈巴尔虎旗	88/123	9.5 元/亩	20 元/亩	12.84 元/亩	3.34 元/亩

（二）生产核算

1. 一羊单位的畜牧业纯收入的核算

一羊单位的畜牧业纯收入的核算，采用 2014 年对三个旗县草畜平衡区牧户的实地调查数据进行核算，核算结果如表 7 - 5、表 7 - 6、表 7 - 7 所示。核算结果显示：阿拉善左旗，81 户草畜平衡区牧户，平均每户草场经营面积为 12808 亩，平均每户牲畜养殖规模为 288 羊单位，平均每户的畜牧业纯收入为 100298 元，一羊单位的畜牧业纯收入为 348 元；四子王旗，104 户草畜平衡区牧户，平均每户草场经营面积为 7146 亩，平均每户牲畜养殖规模为 343 羊单位，平均每户的畜牧业纯收入为 73869 元，一羊单位的畜牧业纯收入为 215 元；陈巴尔虎旗，139 户草畜平衡区牧户，平均每户草场经营面积为 4649 亩，平均每户牲畜养殖规模为 499 羊单位，平均每户的畜牧业纯收入为 68019 元，一羊单位的畜牧业纯收入为 136 元。

不同旗县之间一羊单位的畜牧业纯收入存在显著的差异性，造成这种差异性的原因是多样的，与地理位置、气候条件、牲畜结构、畜产品价格、经营性支出等因素相关，限于篇幅，进行简要分析。从牲畜结构上看，阿拉善左旗草畜平衡区主要的牲畜品种为白绒山羊，四子王旗草畜平衡区主要的牲畜品种为蒙古绵羊，部分嘎查引入新品种杜蒙羊（属于澳大利亚的杜泊羊和蒙古羊的杂交羊），陈巴尔虎旗草畜平衡区主要的牲畜品种为绵羊、肉牛、奶牛等（平均每户养羊 303 羊单位、养牛 152 羊单位）。一般情况下，养羊的收益要比养牛的收益高，养殖山羊的话，羊绒收入会是一个主要的畜牧业收入，养殖绵羊的话，羊毛收入不会是一个主要的畜牧业收入。2013 年羊绒价格较好，阿拉善左旗平均每户的羊绒收入为 50977 元，占到了畜牧业总收入的 35.3%，占到了畜牧业纯收入的 50.8%，这是阿拉善左旗一羊单位畜牧业纯收入显著高于其他两个旗县的主要原因。从地理位置和气候条件上看，阿拉善左旗位于内蒙古自治区西南部，四子王旗位于内蒙古自治区中部，陈巴尔虎旗位于内蒙古自治区东北部，陈巴尔虎旗的气候条件更为寒冷，每年的积雪期为 210 天，暖棚数量不够，陈巴尔虎旗每年牲畜因为寒冷冻死饿死的情况较为普遍，少则几十只羊，多则上百只羊，这是陈巴尔虎旗一羊单位的畜牧业纯收入低的一个原因之一。从经营性支出上看，四子王旗和陈巴尔虎旗经营性支出显著高于阿拉善左旗，四子王旗和陈巴尔虎旗都存在比较普遍的雇工放牧的行为，从而平均每户羊倌费用较高，四子王旗草料费支出显著高于其他两个旗县，陈巴尔虎旗因为需要打草而产生的短期雇工和机械燃油费显著高于其他两个旗县，这是陈巴尔虎旗和四子王旗一羊单位畜牧业纯收入显著低于阿拉善左旗的一个原因之一。

表 7-5   2013 年 "一羊单位的畜牧业纯收入" 的核算结果

旗县	样本数（户）	草场经营面积（亩）	牲畜养殖规模（羊单位）	畜牧业总收入（元）	畜牧业经营性支出（元）	畜牧业纯收入（元）	一羊单位的畜牧业总收入（元）	一羊单位的畜牧业经营性支出（元）	一羊单位的畜牧业纯收入（元）
阿拉善左旗	83	12808	288	144374	44076	100298	501	153	348
四子王旗	104	7146	343	160587	86718	73869	468	253	215
陈巴尔虎旗	139	4649	499	140240	72221	68019	281	145	136

注：草场经营面积 = 草场承包面积 - 草场禁牧面积 + 净草场流转面积。

表 7-6   2013 年畜牧业平均总收入的核算结果

旗县	样本数（户）	牲畜养殖规模（羊单位）	畜牧业总收入（元）	其中（元）													
				自食大羊	卖大羊	每只价格	卖羊羔	每只价格	卖羊绒	卖羊毛	卖肉牛	每头价格	卖奶制品	卖马	每匹价格	租金收入	卖草
阿拉善左旗	83	288	144374	15.47	73.9	802	42.6	501	79	50977	0.06	5300	0	0	6500	0	0
四子王旗	104	343	160587	12.33	40.4	893	152.0	710	1930	2207	0.13	9500	14	0	6500	274	0
陈巴尔虎旗	139	499	140240	9.23	17.9	707	72.0	545	759	455	7.70	5554	12072	1.4	6500	2239	14446

注：为了更真实地反映畜牧业总收入，将牧户每年的 "自食大羊" 列入核算范畴。

表7-7

2013 年畜牧业平均经营性支出的核算结果

旗县	样本数（户）	牲畜养殖规模（羊单位）	畜牧业经营性支出（元）	买草花费	买料花费	防疫费	草场租金	超载罚款	雇用羊倌	机械燃油费	购买种羊	短期雇工	其他
								其中（元）					
阿拉善左旗	83	288	44076	6817	21249	2296	1316	71	2084	8289	1677	0	277
四子王旗	104	343	86718	19907	33942	2560	5278	315	11417	9271	3177	0	852
陈巴尔虎旗	139	499	72221	3964	9414	2600	5865	0	16274	14299	3005	12282	4519

2. 实际养畜标准核算

实际养畜标准，采用回忆的方式，直接询问禁牧区牧户在 2010 年的牲畜养殖情况，核算结果如表 7 - 8 所示。核算结果显示：阿拉善左旗，89 户禁牧区牧户，平均每户草场承包面积为 8381 亩，2010 年平均每户牲畜养殖规模为 262 羊单位，实际养畜标准为 32.0 亩/羊单位；四子王旗，60 户禁牧区牧户，平均每户草场承包面积为 7415 亩，2010 年平均每户牲畜养殖规模为 253 羊单位，实际养畜标准为 29.3 亩/羊单位；陈巴尔虎旗，123 户禁牧区牧户，平均每户草场承包面积为 6102 亩，2010 年平均每户牲畜养殖规模为 412 羊单位，实际养畜标准为 14.8 亩/羊单位。

表 7 - 8　　　　　　　禁牧区牧户 2010 年实际养畜标准核算结果

旗县	样本数（户）	2010 年牲畜养殖规模（羊单位）	草场承包面积（亩）	实际养畜标准（亩/羊单位）
阿拉善左旗	89	262	8381	32.0
四子王旗	60	253	7415	29.3
陈巴尔虎旗	123	412	6102	14.8

3. 禁牧补助标准核算

运用生产核算的方法估算禁牧补助标准，采用的计算公式为：

禁牧补助标准 = 一羊单位的畜牧业纯收入/草畜平衡标准，当超载程度小于 0

　　　　　　= 一羊单位的畜牧业纯收入（1 + 超载程度/2）/草畜平衡标准，

　　　　　　当超载程度大于 0

在已经求得三个旗县禁牧区一羊单位的畜牧业纯收入、实际养畜标准、草畜平衡标准之后，生产核算方法下禁牧补助标准估算结果如表 7 - 9 所示。阿拉善左旗、四子王旗、陈巴尔虎旗，2010 年禁牧区的超载程度分别为 134.46%、60.36%、- 15.60%，禁牧补助标准的估算结果分别为 7.77 元/亩、5.97 元/亩、10.90 元/亩。

表 7 – 9　　　　　　生产核算方法下禁牧补助标准估算结果

旗县	一羊单位的畜牧业纯收入（元）	实际养畜标准（亩/羊单位）	草畜平衡标准（亩/羊单位）	超载程度（%）	禁牧补助标准（元/亩）
阿拉善左旗	348	32.0	75	134.46	7.77
四子王旗	215	29.3	47	60.36	5.97
陈巴尔虎旗	136	14.8	12.5	–15.60	10.90

（三）草场流转

运用草场流转的估算方法估算禁牧补助标准，采用的计算公式为：

禁牧补助标准 = 草场租金 + 草畜平衡奖励标准

草场租金参照三个旗县草畜平衡区 2014 年的草场流转情况。草畜平衡奖励的国家标准为 1.5 元/亩，阿拉善左旗、四子王旗、陈巴尔虎旗的草畜平衡奖励标准分别为 0.78 元/亩、1.275 元/亩、2.385 元/亩。根据已有文献和实地调查发现，现有的草畜平衡奖励标准的差别化未能充分考虑不同地区之间超载程度的差异性，存在一定的不合理性（胡振通等，2015；靳乐山、胡振通，2014），所以三个旗县对应的草畜平衡奖励标准统一参照国家标准 1.5 元/亩。

草场流转方法下禁牧补助标准估算结果如表 7 – 10 所示。阿拉善左旗，83 户草畜平衡区牧户，20 户牧户转入草场，转入比例为 24%，平均草场租金为 1.01 元/亩，禁牧补助标准的估算结果为 2.51 元/亩。四子王旗，104 户草畜平衡区牧户，51 户牧户转入草场，转入比例为 49%，平均草场租金为 4.01 元/亩，禁牧补助标准的估算结果为 5.51 元/亩。陈巴尔虎旗，139 户草畜平衡区牧户，23 户牧户转入草场，转入比例为 17%，平均草场租金为 9.91 元/亩，禁牧补助标准的估算结果为 11.41 元/亩。不同旗县转入比例差异大的原因是多样的，与草地资源禀赋、禁牧草场的分割、围栏建设情况、合作打草行为等相关，这里不再详细叙述。

表 7 – 10　　　　　　　　草场流转方法下禁牧补助标准估算结果

旗县	样本数 （户）	转入草场户数 （户）	转入比例 （%）	平均草场租金 （元/亩）	禁牧补助标准 （元/亩）
阿拉善左旗	83	20	24	1.01	2.51
四子王旗	104	51	49	4.01	5.51
陈巴尔虎旗	139	23	17	9.91	11.41

　　注：1）多数转出草场牧户已经外出打工或进城生活，草场流转中一般只能核算转入草场情况；
2）平均草场租金，按照面积比例加成平均。

（四）综合估算结果

　　前面的分析分别运用受偿意愿、生产核算、草场流转三种估算方对三个旗县的禁牧补助标准进行了估算，现在通过加权平均法来获得三个旗县的禁牧补助标准的综合估算结果，将受偿意愿、生产核算、草场流转三种估算方法的权重分别设置为 0.25、0.5、0.25，具体说明详见本章第三小节。禁牧补助标准的综合估算结果如表 7 – 11 所示，阿拉善左旗、四子王旗、陈巴尔虎旗禁牧补助标准的综合估算结果分别为 5.59 元/亩、6.82 元/亩、11.51 元/亩。

　　将三个旗县禁牧补助标准的综合估算结果和实际禁牧补助标准进行比较分析。三个旗县禁牧补助标准的综合估算结果都比实际禁牧补助标准要高，其中阿拉善左旗的综合估算结果比实际标准高 2.47 元/亩，是实际标准的 1.79 倍；四子王旗的综合估算结果比实际标准高 1.72 元/亩，是实际标准的 1.34 倍；陈巴尔虎旗的综合估算结果比实际标准高 1.97 元/亩，是实际标准的 1.21 倍。从平均值上看，三个旗县禁牧补助标准的综合估算结果的平均值为 7.97 元/亩，三个旗县实际禁牧补助标准的平均值为 5.92 元/亩（几乎等于国家标准 6 元/亩），综合估算结果的平均值比实际标准的平均值高 2.05 元/亩，是实际标准的平均值的 1.45 倍。

表 7 – 11   禁牧补助标准的综合估算结果与实际标准的比较分析

旗县	禁牧补助标准估算结果（元/亩）			禁牧补助标准的综合估算结果（元/亩）	实际禁牧补助标准（元/亩）	综合—实际（元/亩）	综合/实际（倍）
	受偿意愿	生产核算	草场流转				
阿拉善左旗	4.33	7.77	2.51	5.59	3.12	2.47	1.79
四子王旗	9.82	5.97	5.51	6.82	5.1	1.72	1.34
陈巴尔虎旗	12.84	10.90	11.41	11.51	9.54	1.97	1.21
平均值				7.97	5.92	2.05	1.45

注：受偿意愿、生产核算、草场流转这三种估算方法的权重分别为 0.25、0.5、0.25。

五、小　结

本章利用 2014 年内蒙古自治区阿拉善左旗、四子王旗、陈巴尔虎旗三个旗县 470 户牧户样本数据，运用受偿意愿、生产核算、草场流转三种估算方法对禁牧补助标准进行了估算。估算结果表明：阿拉善左旗、四子王旗、陈巴尔虎旗三个旗县禁牧补助标准的综合估算结果分别为 5.59 元/亩、6.82 元/亩、11.51 元/亩。三个旗县禁牧补助标准的综合估算结果都比实际禁牧补助标准要高，其中阿拉善左旗的综合估算结果比实际标准高 2.47 元/亩，是实际标准的 1.79 倍，四子王旗的综合估算结果比实际标准高 1.72 元/亩，是实际标准的 1.34 倍，陈巴尔虎旗的综合估算结果比实际标准高 1.97 元/亩，是实际标准的 1.21 倍。三个旗县禁牧补助标准的综合估算结果的平均值为 7.97 元/亩，三个旗县实际禁牧补助标准的平均值为 5.92 元/亩（几乎等于国家标准 6 元/亩），综合估算结果的平均值比实际标准的平均值高 2.05 元/亩，是实际标准的平均值的 1.45 倍。

禁牧补助标准的估算是指采取恰当的估算方法对禁牧补助标准进行估算，并将禁牧补助标准的估算结果和实际禁牧补助标准进行比较分析。它有两个重要的属性。一是估算方法的科学性。生态补偿是受益者的支付意愿和保护者的受偿意愿之间的协商均衡，保护者的机会成本是生态补偿标准制定的主要参考依据。禁牧的机会成本是禁牧补助标准制定的主要参考依据。受偿意愿、生产核算、草场流转三种估算方法，分别对应条件价值评估方法、影子价格法、市场价格法，以意愿价格、影子价格、市场价格的形式来揭示禁牧的机会成本，进而估算禁牧补助标准。其中生产核算中对超载程度的折中处理，综合估算结果中三种估算方法的权重赋值，在应用推广中，可以进行进一步地探讨和适当的调整。二是估算结果的指导性。禁牧补助的国家标准为6元/亩，禁牧补助标准的确存在偏低，约低2元/亩，合意的禁牧补助标准应该是8元/亩。从解决现实问题的角度出发，这很好地解答了"实际的禁牧补助标准是不是低了，低多少，合理的禁牧补助标准应该是多少"的问题。

在禁牧政策实施所面临的问题中，禁牧补助标准的估算是重要的核心问题，但绝不是唯一的问题，至少还有两大不可忽视的方面，一是禁牧补助标准的差别化和依据，二是禁牧政策实施中的具体问题。在政府主导的草原生态补偿政策中，按照禁牧补助的国家标准以及各个省（区）的禁牧面积来分配省级层面的禁牧补助资金，不同地区生态区位优势、人口居住密度、草地类型、草场面积、超载程度等存在较大差异，需要制定差别化的禁牧补助标准，并按照差别化的禁牧补助标准和禁牧面积来分配禁牧补助资金。禁牧政策实施中通常会存在一些具体的问题，这些问题将会影响禁牧政策的有效执行，例如，禁牧草场的选择、禁牧规定的差别化、禁牧监管成本的降低、"禁牧不禁养"的适用性、牧民转产和进城的可行性等。

本章结论具有以下政策含义：第一，为了保证禁牧政策的有效执行，在草原生态保护补助奖励机制的第二轮周期（2016～2020），禁牧补助标准应当提高，国家标准应由6元/亩提高到8元/亩。第二，在禁牧政策实施所面临的问题中，禁牧补助标准的估算是重要的核心问题，但不是唯一的问题，在提高禁牧补助标准之后，还需重点关注禁牧补助标准的差别化和依据、禁牧政策实施中的具体问题。

参 考 文 献

[1] 杨光梅，闵庆文，李文华，等. 基于 CVM 方法分析牧民对禁牧政策的受偿意愿——以锡林郭勒草原为例 [J]. 生态环境，2006 (4)：747 - 751.

[2] 巩芳，长青，王芳，等. 内蒙古草原生态补偿标准的实证研究 [J].

干旱区资源与环境，2011（12）：151－155.

［3］海力且木·斯依提，朱美玲，蒋志清. 草地禁牧政策实施中存在的问题与对策建议——以新疆为例［J］. 农业经济问题，2012（3）：105－109.

［4］刘婉婷，郜晋亮. 草美 羊肥 牧民富——从青海看草原生态保护补助奖励机制实施情况［J］. 农业技术与装备，2013（15）：4－5.

［5］孙长宏. 青海省实施草原生态保护补助奖励机制中存在的问题及探讨［J］. 黑龙江畜牧兽医，2013（4）：32－33.

［6］文明，图雅，额尔敦乌日图，等. 内蒙古部分地区草原生态保护补助奖励机制实施情况的调查研究［J］. 内蒙古农业大学学报（社会科学版），2013（1）：16－19.

［7］陈永泉，刘永利，阿穆拉. 内蒙古草原生态保护补助奖励机制典型牧户调查报告［J］. 内蒙古草业，2013（1）：15－18.

［8］陈洁，苏永玲. 禁牧对农牧交错带农户生产和生计的影响——对宁夏盐池县2乡4村80个农户的调查［J］. 农业经济问题，2008（6）：73－79.

［9］王磊，陶燕格，宋乃平，等. 禁牧政策影响下农户行为的经济学分析——以宁夏回族自治区盐池县为例［J］. 农村经济，2010（12）：42－45.

［10］陈勇，王涛，周立华，等. 禁牧政策下农户违规放牧行为研究——以宁夏盐池县为例［J］. 干旱区资源与环境，2014（10）：31－36.

［11］柴浩放，李青夏，傅荣，等. 禁牧政策僵局的演化及政策暗示：基于宁夏盐池农村观察［J］. 农业经济问题，2009（1）：93－98.

［12］马骅，吕永龙，邢颖，等. 农户对禁牧政策的行为响应及其影响因素研究——以新疆策勒县为例［J］. 干旱区地理，2006（6）：902－908.

［13］靳乐山，胡振通. 草原生态补偿政策与牧民的可能选择［J］. 改革，2014（11）：100－107.

［14］李文华，刘某承. 关于中国生态补偿机制建设的几点思考［J］. 资源科学，2010（5）：791－796.

［15］王金南，万军，张惠远. 关于我国生态补偿机制与政策的几点认识［J］. 环境保护，2006（19）：24－28.

［16］陈琳，欧阳志云，王效科，等. 条件价值评估法在非市场价值评估中的应用［J］. 生态学报，2006（2）：610－619.

[17] 曹晔，王钟建. 完善草地经营机制 促进草地资源合理利用 [J].
自然资源学报，1995 (1)：79 - 84.

[18] 杨理，侯向阳. 对草畜平衡管理模式的反思 [J]. 中国农村经济，
2005 (9)：62 - 66.

[19] 李青丰. 草畜平衡管理系列研究 (1) ——现行草畜平衡管理制度
刍议 [J]. 草业科学，2011 (10)：1869 - 1872.

[20] 靳乐山，胡振通. 谁在超载？不同规模牧户的差异分析 [J]. 中国
农村观察，2013 (2)：37 - 43.

[21] 李金亚，薛建良，尚旭东，等. 草畜平衡补偿政策的受偿主体差
异性探析——不同规模牧户草畜平衡差异的理论分析和实证检验 [J]. 中国
人口·资源与环境，2014 (11)：89 - 95.

[22] 胡振通，孔德帅，靳乐山. 草原生态补偿：草畜平衡奖励标准的
差别化和依据 [J]. 中国人口·资源与环境，2015 (10)：249 - 256.

[23] Wunder S. Payments for Environmental Services: Some nuts and bolts
[J]. Occasional Paper No. 42. CIFOR，Bogor. 2005.

[24] Engel S，Pagiola S，Wunder S. Designing payments for environmental
services in theory and practice: An overview of the issues [J]. Ecological Econom-
ics，2008，65 (4)：663 - 674.

| 第八章 |
禁牧补助标准的差别化和依据

研究禁牧补助标准的差别化和依据，对于完善下一期草原生态保护补助奖励机制具有重要的意义。本章基于内蒙古、甘肃两省（区）的实地调研，对禁牧补助标准的差别化进行了系统的研究，研究结果显示：全国将近60亿亩草原，18种草地类型，不同地区生态区位优势、人口居住密度、草地类型、草场面积、超载程度等存在较大差异，禁牧补助标准需要差别化，差别化考虑因素包括草地生产力、一羊单位的畜牧业纯收入、超载程度、草场承包面积、禁牧面积、畜牧业依赖度和生态重要性，其中，草地生产力是禁牧补助标准差别化的最重要考虑因素。草地生产力越高，需要适当提高禁牧补助标准；一羊单位的畜牧业纯收入越高，需要适当提高禁牧补助标准；超载程度越高，需要适当提高禁牧补助标准；草场承包面积越大，需要适当调低禁牧补助标准；禁牧补助金额需要"封顶保底"；畜牧业依赖度越高，需要适当提高禁牧补助标准；半农半牧区，畜牧业依赖度较低，需要适当调低禁牧补助标准；生态重要性越突出，需要适当提高禁牧补助标准，如水源涵养区和草地类自然保护区等生态重要的地区。

一、背　　景

草原生态保护补助奖励机制的第一轮周期（2011～2015）即将结束之际，系统地研究"禁牧和禁牧补助"对于完善下一期草原生态保护补助奖励机制具有重要的意义。禁牧是使草原从放牧到不放牧的转变，对于"禁牧和禁牧补助"通常存在三个方面的研究视角，一是禁牧补助标准的估算，二是禁牧补助标准的差别化和依据，三是禁牧政策实施中的具体问题，本章将重点关注禁牧补助标准的差别化和依据。

第一轮禁牧补助的国家标准为 6 元/亩，各个省（区）可参照国家标准，科学合理地制定适合本省（区）实际情况的具体标准。根据各个省（区）的《草原生态保护补助奖励机制实施方案》，在八大草原牧区省（区）中，甘肃、内蒙古、青海、新疆四省（区）制定了差别化的禁牧补助标准。甘肃省划分了三个区域的禁牧补助标准，分别是青藏高原区 20 元/亩、西部荒漠区 2.2 元/亩、黄土高原区 2.95 元/亩。内蒙古自治区和青海省，采用了"标准亩"[①] 的概念，按照标准亩系数分配各盟市州的禁牧补助资金。新疆自治区划分了两类禁牧补助标准，荒漠类草原 5.5 元/亩，水源涵养区和草原保护区 50 元/亩。

现有研究很少对禁牧补助进行专门的论述，更没有从差别化的视角去阐述。全国将近 60 亿亩草原，18 种草地类型，不同地区生态区位优势、人口居住密度、草地类型、草场面积、超载程度等存在较大差异，禁牧补助的实施现状如何，实现路径是什么，如何选择禁牧草场，禁牧补助标准需不需要差别化，差别化的依据是什么，本章将基于内蒙古、甘肃两省（区）的实地调研[②]对这些问题进行系统的分析。

二、禁牧补助的实施现状

（一）面积和金额

根据 8 个主要草原牧区省（区）的《草原生态保护补助奖励机制实施方

---

① "标准亩"是根据所在省（区）天然草原的平均载畜能力，测算出平均饲养 1 羊单位所需要的草地面积为 1 个标准亩，其系数为 1，大于这个载畜能力的草原，其标准亩系数就大于 1，反之则小于 1。

② 实地调研包括两次，一次是 2013 年 8 月 15 日~8 月 23 日调研组一行 4 人对甘肃省天祝县 5 个乡镇 11 个村子共 205 户牧户的实地调研，另一次是 2014 年 7 月 3 日~8 月 6 日调研组一行 8 人对内蒙古自治区阿拉善左旗、四子王旗、陈巴尔虎旗三个旗县的 8 个苏木镇的 34 个纯牧业嘎查的 490 户牧户的实地调研。本书以规范分析为主，虽有实证支撑，但仅为了论证需要引用了部分调研数据，故不单独详细介绍调研区域和样本说明。

案》的介绍，各个省区相应的草原生态补偿的面积和金额如表8－1所示。在8个主要牧区省（区）中，草原补奖总面积37.82亿亩，其中禁牧11.97亿亩，草畜平衡25.85亿亩，禁牧面积占到了31.66%，仅包括禁牧补助和草畜平衡奖励的草原补奖金额为110.61亿元/年，占到了草原补奖总金额的81.3%，其中禁牧补助71.85亿元/年，草畜平衡奖励38.77亿元/年，禁牧补助金额占到了64.95%。内蒙古自治区的禁牧面积为4.43亿亩，禁牧补助金额为26.58亿元/年；青海省的禁牧面积为2.45亿亩，禁牧补助金额为14.70亿元/年；新疆自治区的禁牧面积为1.52亿亩，禁牧补助金额为9.09亿元/年；甘肃省的禁牧面积为1亿亩，禁牧补助金额为6亿元/年。

表8－1　　　　　8个主要草原牧区省（区）草原生态补偿面积与金额

省/自治区	草原补奖总面积（亿亩）	禁牧（亿亩）	草畜平衡（亿亩）	草原补奖金额（亿元/年）	禁牧补助（亿元/年）	草畜平衡奖励（亿元/年）
内蒙古	10.20	4.43	5.77	35.24	26.58	8.66
甘肃	2.41	1.00	1.41	8.12	6.00	2.12
宁夏	0.36	0.36	0.00	2.13	2.13	0.00
新疆	6.90	1.52	5.39	17.17	9.09	8.08
西藏	10.36	1.29	9.07	21.37	7.76	13.61
青海	4.74	2.45	2.29	18.14	14.70	3.44
四川	2.12	0.70	1.42	6.33	4.20	2.13
云南	0.73	0.23	0.50	2.13	1.38	0.75
总计	37.82	11.97	25.85	110.61	71.85	38.77
占比（%）	—	31.66	68.34	—	64.95	35.05

注：1）草原补奖总金额中，只核算了禁牧补助和草畜平衡奖励，未核算人工种草补助、畜牧良种补贴、牧户生产资料补贴；2）禁牧补助金额和草畜平衡奖励金额在省级层面的资金分配，参照草原生态补偿的国家标准，即禁牧补助6元/亩，草畜平衡奖励1.5元/亩；3）新疆自治区的草原补奖总面积，不包括新疆生产建设兵团的0.3亿亩草原。

资料来源：8个主要草原牧区省（区）的《草原生态保护补助奖励机制实施方案》和部分省（区）的《草原生态保护补助奖励资金管理实施细则》。

（二）标准的差别化

第一轮禁牧补助的国家标准为6元/亩，各省（区）可参照国家标准，科学合理地确定适合本省（区）实际情况的具体标准。根据各个省（区）的《草原生态保护补助奖励机制实施方案》，在八大主要草原牧区省（区）中，除甘肃、内蒙古、青海、新疆四省（区）之外，其余四省（区）均未实行差别化的禁牧补助标准，采取了与国家标准一致的禁牧补助标准。下面分别介绍甘肃、内蒙古、青海、新疆四省（区）禁牧补助标准的差别化和依据。

1. 甘肃省的禁牧补助标准

甘肃省的禁牧补助标准划分了三个区域的标准，分别是青藏高原区20元/亩、西部荒漠区2.2元/亩、黄土高原区2.95元/亩。根据《甘肃省关于合理调整草原补奖政策禁牧补助和草畜平衡奖励标准的汇报》（2011年内部文件），甘肃省差别化的草原生态补偿标准，综合考虑了三大区域天然草原的面积分布、生态价值、生态贡献、生产能力、载畜能力、收入构成、政策效应与和谐稳定等因素。

青藏高原区的特点如下：（1）生态功能极为重要，生态贡献大，是长江、黄河的重要水源涵养和补给区；（2）天然草原主要类型为高寒灌丛草甸，草原生产能力和载畜能力高；（3）户均占有的草场承包面积小，平均每户646亩；（4）农牧民对草原畜牧业依赖度高；（5）牲畜超载严重，减畜任务重。实行禁牧后，对农牧民收入和生产生活造成很大影响，于是适当提高禁牧补助标准，为20元/亩。

西部荒漠区的特点如下：（1）生态作用突出，地处疏勒河、黑河、石羊河流域的下游，是阻挡风沙、保护河西绿洲的重要生态屏障；（2）天然草原主要类型为温性荒漠化草原和温性草原化荒漠，草原生产能力和载畜能力低；（3）户均占有的草场承包面积大，平均每户1.5万~2.2万亩；（4）农牧民对草原畜牧业的依赖度高；（5）牲畜超载数量小，减畜任务较小。实行禁牧后，对农牧民的收入和生产生活影响不大，于是适当调低禁牧补助标准，为2.2元/亩。

黄土高原区的特点如下：（1）生态作用显著，天然草原分布零散，禁牧工作开展较早，禁牧封育工作彻底，在水土保持方面发挥着重要作用；（2）天然草原主要类型为温性草原，草原生产能力和载畜能力适中；（3）户均占有的草场承包面积较小；（4）农牧民对草原畜牧业依赖度很低；（5）具备丰富的饲草资源和农作物秸秆资源，牲畜舍饲圈养基础好，可以就地解决草原禁牧后牲畜养殖的问题。实行禁牧后，对农牧民的收入和生产生活影响很小，于是适当调低禁牧补助标准，为 2.95 元/亩。

从上述论述中可以看出，甘肃省差别化的禁牧补助标准，核心的着眼点在于禁牧政策对农牧民的收入和生产生活的影响，影响越大，需要适当提高禁牧补助标准，具体考虑了草地类型、户均草场承包面积、超载程度、畜牧业依赖度等因素。草地类型对应的草地生产力越高，需要适当提高禁牧补助标准。户均草场承包面积越大，需要适当调低禁牧补助标准。超载程度越高，减畜任务越重，需要适当提高禁牧补助标准。畜牧业依赖度越高，需要适当提高禁牧补助标准。

2. 内蒙古自治区和青海省的禁牧补助标准

根据《内蒙古草原生态保护补助奖励机制实施方案》和《青海省草原生态保护补助奖励机制实施意见》，内蒙古自治区和青海省在制定省内差别化禁牧补助标准时，都采用了"标准亩"的概念（内蒙古自治区首先提出），按照标准亩系数分配各盟市州的禁牧补助资金。"标准亩"是根据所在省（区）天然草原的平均载畜能力，测算出平均饲养 1 羊单位所需要的草地面积为 1 个标准亩，其系数为 1，大于这个载畜能力的草原，其标准亩系数就大于 1，反之则小于 1。利用标准亩系数，将草原实际面积换算为标准亩面积，再按照禁牧补助 6 元/标准亩给予补助，或者利用标准亩系数，将禁牧补助 6 元/标准亩换算成该地区的禁牧补助标准，再按照草原实际面积进行补助。

在内蒙古自治区，以内蒙古自治区平均载畜能力为标准亩，按各个盟市的标准亩系数分配各个盟市的禁牧补助资金。例如，呼伦贝尔市陈巴尔虎旗的标准亩系数为 1.59，那么陈巴尔虎旗的禁牧补助标准为 9.54 元/亩；乌兰察布市四子王旗的标准亩系数为 0.85，那么四子王旗的禁牧补助标准为 5.1 元/亩。在青海省，以青海省平均载畜能力为标准亩，根据各州禁牧区草原面积和测定的标准亩系数，综合考虑各州人均畜牧业纯收入、牧民人口数量、禁牧草原面积及减畜减收四个因素，确定各州禁牧补助标准。青海省各州禁牧补助标准为：果洛、玉树州 5 元/亩，海南、海北州 10 元/亩，黄南州 14 元/亩，海西州 3 元/亩。

从"标准亩"和"标准亩系数"的概念界定中可以看出，内蒙古自治区和青海省在制定省内差别化的禁牧补助标准时，考虑的核心因素是草地类型。草地类型对应的草地生产力越高，草场的载畜能力越高，标准亩系数越大，所在地区的牧户享受的禁牧补助标准也越高。

3. 新疆自治区的禁牧补助标准

根据《新疆草原生态保护补助奖励机制实施方案》，新疆自治区（不包括新疆生产建设兵团）禁牧总面积为 1.515 亿亩，其中荒漠类草原禁牧 1.181 亿亩，退牧还草工程区禁牧 0.319 亿亩，水源涵养区和草原保护区禁牧 0.015 亿亩，划分了两类禁牧补助标准，荒漠类草原和退牧还草工程区禁牧 5.5 元/亩，水源涵养区和草原保护区禁牧 50 元/亩。

150 万亩重要水源涵养区和草地类自然保护区，主要包括天池、喀纳斯、赛里木湖、巴音布鲁克等 8 个重要草原风景区，多为高山草甸，牧草产量高，质量好，是新疆主要夏牧场，也是重要的水源地和风景区。为解决 150 万亩水源涵养区和草原保护区保护的资金问题，新疆自治区将禁牧补助标准下调为 5.5 元/亩（国家制定的禁牧补助标准为 6 元/亩），调剂出 7500 万元（0.5 元/亩×1.5 亿亩 = 7500 万元），并以 50 元/亩的禁牧补助标准对 150 万亩草场实施禁牧补助。

相比于甘肃、内蒙古、青海三个省（区），新疆自治区制定的差别化禁牧补助标准存在显著的不同之处，体现在明确将生态重要性纳入差别化禁牧补助标准的考虑因素。新疆自治区差别化的禁牧补助标准，主要考虑了两个因素，一是草地类型，二是生态重要性。草地类型对应的草地生产力越高，禁牧补助标准越高。生态重要性越突出，禁牧补助标准越高。

三、禁牧补助的内涵辨析

辨析禁牧补助的内涵，禁牧补助对应的活动类型是什么、禁牧的实现路径是什么，以及禁牧草场应该如何选择。

（一）活动类型

生态补偿需要针对特定的活动类型来进行补偿。在生态补偿实践中，最为普遍的活动类型是促进土地利用方式的改变来增加生态系统服务的供给，例如，退耕还林（Engel et al，2008）。在草原生态补偿中，禁牧补助对应的活动类型是禁牧，禁牧是使草原从放牧到不放牧的转变，属于土地利用方式的改变，通过禁牧封育来恢复或保持草原生态。

按照国家"对生态脆弱、生存环境恶劣、草场严重退化、不宜放牧以及位于大江大河水源涵养区的草原实行禁牧封育"的要求，禁牧草场存在两个重要的特征属性，分别是生态脆弱性和生态重要性。两者的出发点存在显著的差异，前者是恢复，后者是保持。对于生态特别脆弱的草场，草场严重退化，不宜放牧，通过禁牧封育来恢复草原生态。对于生态特别重要的草场，位于大江大河水源涵养区，即便草原生态环境较好，仍需要实行禁牧封育来保持草原生态。

（二）实现路径

禁牧的目的是通过禁牧封育来恢复或保持草原生态。禁牧是使草场从放牧到不放牧的转变，牧民因为不能放牧而承担了一定的机会成本，具体表现为减畜的收入损失。禁牧补助的政策目标是保障禁牧政策的有效落实，对牧民禁牧的收入损失进行补偿。

禁牧的实现，需要分两个步骤进行，一是禁牧草场的瞄准，即哪些草场需要禁牧，二是禁牧草场的补偿，即通过一些经济激励措施保障禁牧草场的严格执行，核心在于禁牧补助标准的确定。

（三）禁牧的瞄准

瞄准是指如何在项目申请者之间进行选择以使得项目的财务效率最大，最为有效的瞄准方法为价值成本瞄准方法（Engel et al，2008）。在生态补偿实践中，瞄准能够显著提升项目的生态效果，提高项目的环境成本效率（即单位支付所获得的环境服务）（Claassen et al，2008）。

1. 禁牧瞄准的必要性

全国牧区除禁牧区以外的草原都实行草畜平衡政策，而且根据草原生态保护补助奖励机制的具体规定，禁牧补助以 5 年为一个周期，禁牧期满后，根据草场生态功能恢复情况，继续实施禁牧或者转入草畜平衡管理，因此哪些草场需要禁牧，这是需要进行瞄准的。按照国家"将生态脆弱、生存环境恶劣、草场严重退化、不宜放牧以及位于大江大河水源涵养区的草原划为禁牧区"的要求，在禁牧草场的选择上，生态脆弱性和生态重要性是两个主要的考虑因素。

在草原生态补偿实践中，在禁牧草场的选择上，可能存在一些做法忽视或者违背了瞄准问题。例如，考虑到禁牧补助标准比草畜平衡奖励标准高 3 倍，出于公平的考虑，在地区之间就禁牧指标进行同比例分配，从而忽视了禁牧草场的两个特征属性，即生态脆弱性和生态重要性。又比如，单纯考虑牧户的禁牧自愿性，会使得一些应该禁牧的草场没有禁牧，不需要禁牧的草场进行了禁牧。这些都是在禁牧草场的选择上缺乏瞄准的表现。

2. 禁牧瞄准方法和应用

价值成本瞄准方法是最为有效的瞄准方法，通常包含四个步骤。一是收集信息，包括每个申请者的环境效益和机会成本；二是利用信息，计算每个申请者的效益成本比并进行排序；三是根据资金总额的限制对项目申请者的得分高低进行筛选；四是对项目申请者进行支付。在四个步骤中，最难的是收集信息。机会成本的收集，因为存在信息不对称，让项目参与者真实表达其机会成本存在困难，最为有效的方法是反向拍卖，又叫作竞争性投标。环境效益的收集，是通过构建环境效益价值指标，利用客观的信息数据（土地类型、地理位置等信息），得出环境效益价值得分。因为瞄准方法重在通过排序来筛选项目申请者，所以并不需要知道真实的环境效益价值，这在某种程度上增强了瞄准方法的可操作性。

瞄准方法应用于禁牧草场的选择上，关键是要量化生态脆弱性、生态重要性和禁牧的机会成本。一是收集信息，构建环境效益价值指标量化生态脆弱性和生态重要性，构建机会成本指标量化禁牧的机会成本。二是利用信息，构建价值成本比对不同地区不同牧户的草原进行排序。三是筛选信息，根据得分高低进行筛选。四是支付，瞄准机制重要在于筛选，而不在于具体的支付，具体的支付通常是依据机会成本。在具体应用中，需要考虑禁牧草场的集中连片，主要是因为交易成本的问题，在收集信息上，需要权衡瞄准方法带来的效率改进和交易成本的增加，集中连片有助于降低信息收集的交易成本，在后续监管上，集中连片也有助于降低监管成本。

四、差别化标准的估算

生态补偿标准是生态补偿机制设计中的核心组成部分。理论上，生态补偿标准要大于机会成本，小于生态系统服务价值。机会成本是保护者的最低受偿意愿，是生态补偿标准的最小值。生态系统服务价值是受益者的最高支付意愿，是生态补偿标准的最大值。禁牧补助的差别化和依据，本章先从机会成本的视角来分析阐述，然后从非机会成本的视角来分析阐述。

（一）机会成本的视角

禁牧是草原从放牧到不放牧的转变。从草原生态补偿的自愿性出发，禁牧补助标准应该大于牧户禁牧的机会成本，才能促使牧户自觉自愿地通过减畜来达到禁牧的要求，否则就会出现继续放牧、偷牧、夜牧等行为。禁牧的机会成本就是禁牧前收入与禁牧后收入的差值，具体表现为减畜带来的收入损失。

以下分析既适用于不同地区之间，也适用于同一地区内部不同牧户之间。以同一地区内部不同牧户之间为例，假设所在地区的草畜平衡标准为 n 亩/羊单位，某牧户的草场承包面积为 M，禁牧面积为 m，禁牧前的超载率为 x，一羊单位的畜牧业纯收入为 t，合意的禁牧补助标准为 s。当 m < M 时，该牧户属于部分禁牧，当 m = M 时，该牧户属于全部禁牧。

那么基于减畜的禁牧补助标准的测算公式为：

$$s = t \times (1 + x) \div n \qquad (8-1)$$

包含草地类型和户均草场承包面积的草地资源禀赋是决定超载程度的重要因素，草地资源禀赋越好，超载程度越低（胡振通等，2014；靳乐山、胡振通，2013；李金亚等，2014）。那么：

$$x = f\left(\frac{M}{n}\right), \ \text{且} \ \frac{\partial x}{\partial \frac{M}{n}} < 0 \qquad\qquad (8-2)$$

由公式（8-1）和公式（8-2）可以看出，影响合意的禁牧补助标准的因素有四个，分别是草畜平衡标准（n）、一羊单位的畜牧业纯收入（t）、超载程度（x）、草场承包面积（M）。下面分别从这四个因素分析阐述禁牧补助标准的差别化。

1. 草畜平衡标准

草畜平衡标准是指多少亩草地养一羊单位而不导致草原退化，实际上反映的是草地生产力，草地生产力越高，草畜平衡标准越低。从公式（8-1）可以看出，合意的禁牧补助标准与草畜平衡标准成负相关，草畜平衡标准越低，草地生产力越高，合意的禁牧补助标准越高。因此，将草畜平衡标准纳入禁牧补助标准的差别化考虑因素的含义是"草畜平衡标准越低，草地生产力越高，需要适当提高禁牧补助标准"。

结合现有的实际情况来看，甘肃、内蒙古、青海、新疆四个省（区）均将草地生产力作为禁牧补助标准差别化的考虑因素，尤其是内蒙古自治区和青海省，将草地生产力作为禁牧补助标准差别化的核心考虑因素。这说明，将草地生产力作为禁牧补助标准的差别化考虑因素，在理论层面和实践层面都存在合理性。

2. 一羊单位的畜牧业纯收入

一羊单位的畜牧业纯收入，等于牧户的畜牧业纯收入除以牧户的牲畜养殖规模，而牧户的畜牧业纯收入等于畜牧业总收入减去畜牧业经营性支出。从公式（8-1）可以看出，合意的禁牧补助标准与一羊单位的畜牧业纯收入成正相关，一羊单位的畜牧业纯收入越高，合意的禁牧补助标准就越高。因此，将一羊单位的畜牧业纯收入纳入禁牧补助标准的差别化考虑因素的含义是"一羊单位的畜牧业纯收入越高，需要适当提高禁牧补助标准"。

一羊单位的畜牧业纯收入的差异主要体现在地区之间，因为地区之间在地理位置、气候条件、牲畜养殖结构、畜产品价格等方面会有较大差异，而在同一地区内部不同牧户之间这些因素都差异较小。正确地认识一羊单位的畜牧业纯收入，不要将其认为是卖一只羊的销售收入，否则会使得合意的禁牧补助标准严重偏大。一些牧民认为，卖一只羊的价格为600元，比如该地区的草畜平衡标准为 40 亩/羊单位，那么合意的禁牧补助标准应为 15 元/亩。事实上，一羊单位的畜牧业纯收入在除去经营性支出之后，远低于畜牧业销售价格。通过实地调研测算显示，2013 年阿拉善左旗、四子王旗、陈巴尔虎旗的一羊单位畜牧业纯收入分别为 348 元、215 元、136 元。

3. 超载程度

超载程度是指超载的牲畜占合理载畜量的比值，它在不同地区之间和同一地区不同牧户之间存在显著的差异。从公式（8-1）可以看出，合意的禁牧标准与超载程度成正相关，超载程度越高，需要减畜的比例越高，减畜带来的收入损失越大，合意的禁牧补助标准就越高。因此，将超载程度纳入禁牧补助标准的差别化考虑因素的含义是"超载程度越高，需要适当提高禁牧补助标准"。

或许很多人会对将超载程度纳入禁牧补助标准的差别化考虑因素持怀疑的态度。这里所指的超载程度是 2011 年草原生态保护补助奖励政策实施前的超载程度。粗略估计，全国将近一半的禁牧草原属于 2011 年草原生态保护补助奖励政策实施后的新增禁牧。例如，2011 年内蒙古自治区禁牧总面积为 4.43 亿亩，2010 年禁牧面积为 3.04 亿亩，其中截至 2010 年退牧还草工程性禁牧累计为 0.93 亿亩，2011 年草原生态保护补助奖励政策实施后的新增禁牧为 1.39 亿亩，占到了禁牧总面积的 31.4%。甘肃省禁牧总面积为 1 亿亩，其中，退牧还草工程性禁牧面积 0.37 亿亩，仅占禁牧总面积的 37.0%，行政性禁牧面积 0.63 亿亩，63.0% 的禁牧面积为 2011 年草原生态保护补助奖励政策实施后的新增禁牧。合意的禁牧补助标准衡量的是禁牧前后的收入变化，面对高比例的新增禁牧，考虑超载程度也就在情理之中了。

结合现有的实际情况看，全国仅有甘肃省在制定差别化的禁牧补助标准时，考虑了不同地区之间超载程度的差异。

4. 草场承包面积

仅从公式（8-1）中，并不能看出草场承包面积与合意的禁牧补助标准之间的关系，但是从公式（8-2）中可以看出，草场承包面积将通过影响牧户的超载程度进而影响合意的禁牧补助标准。草场承包面积越大，牧户的超载程度越低，需要减畜的比例越低，减畜带来的收入损失越小，合意的禁牧补助标准就越低。因此，将草场承包面积纳入禁牧补助标准的差别化考虑因素的含义是"草场承包面积越大，需要适当调低禁牧补助标准"。

结合现有的实际情况看，全国仅有甘肃省在制定差别化的禁牧补助标准时，考虑了不同地区草场承包面积的差异。

(二) 非机会成本的视角

1. 禁牧面积

禁牧面积虽没有进入公式 (8 - 1) 和公式 (8 - 2)，但是禁牧面积会影响牧户所能获得的禁牧补助总额。当禁牧面积很大时，会使得禁牧补助金额过高，当禁牧面积很小时，会使得禁牧补助金额过低。在不同地区之间和同一地区内部不同牧户之间，草场面积原本就存在显著差异的情形下，不考虑禁牧面积，会进一步拉大牧区牧民的收入差距。因此，出于社会公平的考虑，在实践中会有"封顶保底"的做法，避免出现补助过高"垒大户"和补助过低影响牧民生产生活的情形。因此，将禁牧面积纳入禁牧补助标准的差别化考虑因素的含义是"封顶保底"。

结合现有的实际情况看，甘肃、内蒙古、青海、宁夏等省（区）均明确指出禁牧补助金额和草畜平衡奖励金额一起实行"封顶保底"的原则。一般情况下，"封顶保底"的标准由各盟市州政府根据实际研究确定，并报省草原补奖政策领导小组办公室审核同意后实施。内蒙古自治区明确指出，封顶标准为"按照本盟市上年农牧民人均纯收入的 2 倍进行控制"。宁夏自治区明确指出，封顶标准为"最大禁牧补助面积不超过 3000 亩"，即每户牧户的最大禁牧补助金额为 18000 元。

2. 畜牧业依赖度

畜牧业依赖度是指畜牧业收入占家庭总收入的比重。畜牧业依赖度的差别主要体现在纯牧区和半农半牧区，通常纯牧区的畜牧业依赖度相对较高，半农半牧区的畜牧业依赖度相对较低。当畜牧业依赖度较低时，存在两种作用可以缓解禁牧政策对农牧民生产生活的影响，一是"稀释"作用，二是收入平滑作用。"稀释"作用是指，禁牧政策对农牧户家庭总收入的影响程度会因为存在一个较低的畜牧业依赖度而降低。收入平滑作用是指，当禁牧政策对农牧户的畜牧业收入产生影响时，农牧户可以通过调节非畜牧业收入来降低家庭总收入的波动。因此，将畜牧业依赖度纳入禁牧补助标准的差别化考虑因素的含义是"畜牧业依赖度越高，需要适当提高禁牧补助标准"，更具体的含义是"半农半牧区，畜牧业依赖度较低，需要适当调低禁牧补助标准"。

结合现有的实际情况看，全国仅有甘肃省在制定差别化的禁牧补助标准时，考虑了不同地区畜牧业依赖度的差异。

3. 生态重要性

生态重要性是禁牧草场选择的两个特征属性之一。生态特别重要的草场通常是指重要水源涵养区和草地类自然保护区，对于这些草场，即便草原生态环境较好，仍需要实行禁牧封育来保持草原生态。生态特别重要的草场所提供的生态系统服务价值远高于普通草场，从受益者的支付意愿角度看，即便支付一个相对较高的禁牧补助标准，仍能够保证单位支付所获得的生态系统服务价值要高于普通草场。因此，将生态重要性纳入禁牧补助标准的差别化考虑因素的含义是"水源涵养区和草地类自然保护区等生态重要的地区，需要适当提高禁牧补助标准"。

结合现有的实际情况看，全国仅有新疆维吾尔自治区在制定差别化禁牧补助标准时，考虑了生态重要性的差异。甘肃省虽然提到了地区之间的生态区位优势的差异，但没有明确指出生态重要性和差别化禁牧补助标准之间的相关关系。

综合前面的分析，禁牧补助标准的差别化与各个差别化考虑因素的关系如表 8-2 所示，具体关系是：（1）草地生产力越高，需要适当提高禁牧补助标准；（2）一羊单位的畜牧业纯收入越高，需要适当提高禁牧补助标准；（3）超载程度越高，需要适当提高禁牧补助标准；（4）草场承包面积越大，需要适当调低禁牧补助标准；（5）禁牧补助金额需要"封顶保底"；（6）畜牧业依赖度越高，需要适当提高禁牧补助标准，半农半牧区，畜牧业依赖度较低，需要适当调低禁牧补助标准；（7）生态重要性越突出，需要适当提高禁牧补助标准，水源涵养区和草地类自然保护区等生态重要的地区，需要适当提高禁牧补助标准。在所有差别化考虑因素中，基于机会成本视角的草地生产力是禁牧补助标准差别化的最重要考虑因素。

表 8 - 2   禁牧补助标准的差别化

差别化考虑因素		是否考虑	相关关系
机会成本的视角	草地生产力	是	正
	一羊单位的畜牧业纯收入	是	正
	超载程度	是	正
	草场承包面积	是	负
非机会成本的视角	禁牧面积	是	封顶保底
	畜牧业依赖度	是	正
	生态重要性	是	正

五、小　　结

本章可以得出以下结论：禁牧补助标准需要差别化，差别化考虑因素包括草地生产力、一羊单位的畜牧业纯收入、超载程度、草场承包面积、禁牧面积、畜牧业依赖度和生态重要性，其中，草地生产力是禁牧补助标准差别化的最重要考虑因素。草地生产力越高，需要适当提高禁牧补助标准；一羊单位的畜牧业纯收入越高，需要适当提高禁牧补助标准；超载程度越高，需要适当提高禁牧补助标准；草场承包面积越大，需要适当调低禁牧补助标准；禁牧补助金额需要"封顶保底"；畜牧业依赖度越高，需要适当提高禁牧补助标准，半农半牧区，畜牧业依赖度较低，需要适当调低禁牧补助标准；生态重要性越突出，需要适当提高禁牧补助标准，水源涵养区和草地类自然保护区等生态重要的地区，需要适当提高禁牧补助标准。

本章结论具有以下政策含义：第一，为了保证禁牧政策的有效执行，在草原生态保护补助奖励机制的第二轮（2016～2020），禁牧补助标准需要差别化。第二，禁牧补助标准差别化需要综合考虑草地生产力、一羊单位的畜牧业纯收入、超载程度、草场承包面积、禁牧面积、畜牧业依赖度和生态重要性等因素。

参 考 文 献

[1] 靳乐山，胡振通. 谁在超载？不同规模牧户的差异分析 [J]. 中国

农村观察，2013 (2).

[2] 胡振通，孔德帅，焦金寿，等. 草场流转的生态环境效率——基于内蒙古、甘肃两省份的实证研究 [J]. 农业经济问题，2014 (6)：90 – 97.

[3] 李金亚，薛建良，尚旭东，等. 草畜平衡补偿政策的受偿主体差异性探析——不同规模牧户草畜平衡差异的理论分析和实证检验 [J]. 中国人口·资源与环境，2014 (11)：89 – 95.

[4] Engel S，Pagiola S，Wunder S. Designing payments for environmental services in theory and practice：An overview of the issues [J]. Ecological Economics，2008，65 (4)：663 – 674.

[5] Claassen R，Cattaneo A，Johansson R. Cost-effective design of agri-environmental payment programs：U. S. experience in theory and practice [J]. Ecological Economics，2008，65 (4)：737 – 752.

| 第九章 |
禁牧政策实施中的五个关键问题

　　系统地研究禁牧政策实施中的具体问题对于后续完善草原生态保护补助奖励机制具有重要的借鉴意义。本章结合内蒙古、甘肃两省（区）四个纯牧业旗县的实地调研，识别出禁牧政策实施中的五个关键问题，并进行了比较分析研究。研究结果显示：禁牧草场的选择，需要综合考虑草场的生态属性和牧户的自愿性。在全禁牧类型中，需要制定差别化的禁牧规定，差别化的禁牧规定增加了牧户的可选择性，产生了牧户之间的相互监督约束机制，可以达到更好的减畜效果。围栏建设使得禁牧草场边界清晰，集中连片降低禁牧草场的分散程度，都有助于降低禁牧的监管成本。"禁牧不禁养"存在适用性，"禁牧不禁养"的实现依赖于舍饲的可行性，在水资源并不丰富、不适宜开垦人工饲草地的牧区，并不具备舍饲化养殖的条件。牧区城镇化在短期内很难解决牧户转产和进城的问题，禁牧政策需要谨慎处理，需要放缓禁牧速度。

一、背　　景

　　禁牧是使草原从放牧到不放牧的转变，对于"禁牧和禁牧补助"通常存在三个方面的研究视角，一是禁牧补助标准的估算，二是禁牧补助标准的差别化和依据，三是禁牧政策实施中的具体问题，本章将重点关注禁牧政策实施中的具体问题。草原生态保护补助奖励机制的第一轮周期（2011～2015）

即将结束，如何选择禁牧草场，能否以及应该如何差别化禁牧规定，如何降低禁牧的监管成本，如何实现以及能否实现"禁牧不禁养"，牧区城镇化能否满足禁牧户的转产和进城，系统地研究禁牧政策实施中的具体问题对于完善下一期草原生态保护补助奖励机制具有重要的借鉴意义。

禁牧实施中的具体问题，除了禁牧补助标准之外，禁牧实施中通常会存在一些具体的问题，一些不可忽视的方面，这些问题会影响禁牧政策的有效执行。马骅等（2006）以新疆策勒县为例，研究显示资本水平、技术服务等配套政策水平是农牧民对禁牧行为响应的显著影响因素。多名学者对宁夏盐池县的禁牧进行了研究，研究指出禁牧后农牧户总收入经历了由降到升的过程（陈洁、苏永玲，2008），禁牧区违规放牧现象普遍存在，其主要发生在距离道路较远的区域（王磊等，2010），农牧户违规放牧行为具有博弈性、风险性的特征（陈勇等，2014），自上而下的禁牧政策在实施了多年之后正逐渐走向式微（柴浩放等，2009）。海力且木·斯依提等（2012）以新疆维吾尔自治区为例，通过研究指出，由于牧民认识不足、人工饲草料地面积严重不足、饲草料不够、政府执行和监督力度不大、草原禁牧补助及相关的补贴标准低等原因，许多牧民无法满足生产和生活需要而重返游牧生活，已经逐渐开始恢复的草原生态环境受到威胁，禁牧政策无法达到预期效果。文明等（2013）以内蒙古自治区为例，通过调研发现，禁牧区存在着禁牧补助标准偏低、"禁牧而不禁养"很难实现、牧民未来生产生活无依靠等问题。陈永泉等（2013）以内蒙古自治区为例，通过调研发现，禁牧补助标准偏低，很多因素导致牧区牧民的生产生活成本在不断提高，现有的禁牧补助标准很难满足牧民持续稳定增收的要求。刘婉婷等（2013）以青海省为例，通过调查指出，牧民普遍反映禁牧补助标准偏低，青海省草原监理站站长蔡佩云指出，"如果补助标准与放牧的收益相差过大，草原管护和监理的工作压力就会随之增加，只有牧民增收，禁牧才能禁得住，减畜才能真正减得下来"。孙长宏（2013）以青海省为例，研究认为禁牧区存在划分困难、连片禁牧难以实现、禁牧后续管理力度小、禁牧补助标准偏低等问题，指出要科学合理划定禁牧区域。靳乐山等（2014）以内蒙古自治区、甘肃省为例，通过研究指出"在禁牧地区，禁牧补助只能补偿草场的要素价值，通过配套政策措施帮助牧民转产再就业是禁牧政策得以实施的关键"。

二、研究区域说明

本章研究选取了甘肃省的天祝县、内蒙古自治区西部的阿拉善左旗、中部的四子王旗、东部的陈巴尔虎旗作为研究区域。本章研究分析所用资料来自两次实地调研,一次是调研组一行4人于2013年8月15～23日对甘肃省天祝县5个乡镇11个村庄的实地调研,另一次是调研组一行8人于2014年7月3日～8月6日对内蒙古自治区阿拉善左旗、四子王旗、陈巴尔虎旗三个旗县的8个苏木镇的34个纯牧业嘎查的实地调研。各个地区的基本信息如表9-1所示。

天祝藏族自治县,位于甘肃省中部,武威市南部,祁连山东端,属青藏高原区。主要草地类型为灌丛草甸、山地草甸、高寒草甸、温性草原等,禁牧区面积为160万亩,草畜平衡区面积为427万亩。禁牧补助标准为20元/亩,草畜平衡奖励标准为2.18元/亩。阿拉善左旗,阿拉善盟所辖旗县,位于内蒙古自治区的西部。主要草地类型为温性草原化荒漠和温性荒漠,禁牧区面积为5849万亩,草畜平衡区面积为1447万亩。禁牧补助标准为3.12元/亩,草畜平衡奖励标准为0.78元/亩,实际按照人口补偿模式进行补偿,实际禁牧补助标准[①]按照13000元/人进行发放,实际草畜平衡奖励标准[②]按4000元/人发放。四子王旗,乌兰察布市所辖旗县,位于内蒙古自治区的中部。主要草地类型为温性荒漠化草原和温性草原化荒漠,禁牧区面积为1845万亩,草畜平衡区面积为1232万亩。禁牧补助标准为5.1元/亩,草畜平衡奖励标准为1.275元/亩。陈巴尔虎旗,呼伦贝尔市所辖旗县,位于内蒙古自治区的东部。主要草地类型为温性典型草原和温性草甸草原,禁牧区面积为

---

① 阿拉善左旗,实际的禁牧补助标准的划分较为复杂,有两种禁牧规定,分别是完全禁牧和饲养规定数量牲畜(120亩/羊单位,总数不能超过100羊单位),不同禁牧规定下的禁牧补助标准存在差异。1)<16周岁:2000元/人年;2)≥16周岁,<60周岁:完全禁牧,13000元/人年;饲养规定数量牲畜,10000元/人年;3)≥60周岁:完全禁牧,10000元/人年;饲养规定数量牲畜,8000元/人年。

② 阿拉善左旗,实际的草畜平衡奖励标准为:<16周岁:2000元/人年;≥16周岁:4000元/人年。

507 万亩，草畜平衡区面积为 1626 万亩。禁牧补助标准为 9.54 元/亩，草畜平衡奖励标准为 2.385 元/亩。

表 9–1　　　　　　　　　　　　样本旗县基本信息

地区	天祝县	阿拉善左旗	四子王旗	陈巴尔虎旗
主要草地类型	灌丛草甸、山地草甸、高寒草甸、温性草原	温性草原化荒漠、温性荒漠	温性荒漠化草原、温性草原化荒漠	温性典型草原、温性草甸草原
禁牧区面积	160 万亩	5849 万亩	1845 万亩	507 万亩
草畜平衡区面积	427 万亩	1447 万亩	1232 万亩	1626 万亩
禁牧补助标准	20 元/亩	3.12 元/亩	5.1 元/亩	9.54 元/亩
草畜平衡奖励标准	2.18 元/亩	0.78 元/亩	1.275 元/亩	2.385 元/亩

资料来源：《阿拉善左旗草原生态保护补助奖励机制实施办法》《四子王旗 2011 年草原生态保护补助奖励机制实施方案》《陈巴尔虎旗 2011 年草原生态保护补助奖励机制实施方案》《天祝藏族自治县落实草原生态保护补助奖励政策实施方案》。

样本旗县禁牧草场基本情况如表 9–2 所示。从禁牧类型上看，阿拉善左旗和四子王旗属于全禁牧类型，天祝县和陈巴尔虎旗属于部分禁牧类型。从禁牧起始时间上看，四子王旗和陈巴尔虎旗都是 2011 年新增禁牧，天祝县属于 2011 年之前实施的退牧还草工程禁牧，阿拉善左旗既有 2011 年之前实施的退牧还草工程禁牧，也有 2011 年新增禁牧。从围栏建设上看，天祝县、阿拉善左旗、四子王旗的禁牧草场均有围栏建设，陈巴尔虎旗只有部分禁牧草场有围栏。从集中连片程度上看，天祝县是村集体集中禁牧，阿拉善左旗要求禁牧草场不低于 10 万亩，四子王旗是全苏木禁牧，陈巴尔虎旗是沙化地集中连片禁牧，剩余禁牧指标，牧户自愿分散禁牧。从禁牧规定上，禁牧的基本规定都是禁止放牧也不能打草，但阿拉善左旗存在差别化的禁牧规定，允许牧户选择禁止放牧或者饲养规定数量牲畜，当牧户选择饲养规定数量牲畜时，禁牧补助标准会适当降低，由 13000 元/人降低为 10000 元/人；陈巴尔虎旗在部分年份允许牧户在禁牧草场上打草进行利用。

表9-2 样本旗县禁牧草场基本情况

旗县	禁牧类型	禁牧起始时间	围栏建设	集中连片程度	禁牧规定
天祝县	部分禁牧	退牧还草工程	有围栏	村集体集中禁牧	禁止放牧也不能打草
阿拉善左旗	全禁牧	退牧还草工程、2011年新增	有围栏	不低于10万亩	禁止放牧或饲养规定数量牲畜
四子王旗	全禁牧	2011年新增	有围栏	全苏木禁牧	禁止放牧
陈巴尔虎旗	部分禁牧	2011年新增	部分有围栏	沙化地集中连片；剩余指标，自愿分散禁牧	禁止放牧，但秋季可能可以打草

注：1）部分禁牧是指牧户既有禁牧草场，也有草畜平衡草场，全禁牧是指牧户只有禁牧草场，没有草畜平衡草场；2）退牧还草工程禁牧，往往是在2011年之前开始实施的禁牧；3）阿拉善左旗的禁牧规定中，允许牧户选择完全禁牧或饲养规定数量牲畜，养殖要求为120亩/羊单位，总数不能超过100羊单位。

三、禁牧问题的比较分析

根据实地调研，本章对禁牧实施中的5个关键问题进行分析：①如何选择禁牧草场；②是否应该以及如何差别化禁牧规定；③如何降低禁牧的监管成本；④如何实现以及能否实现"禁牧不禁养"；⑤牧区城镇化能否满足禁牧户的转产和进城。

（一）禁牧草场的选择

全国牧区除禁牧区以外的草原都实行草畜平衡政策，因此哪些草场需要禁牧，这是需要进行选择的。禁牧草场的选择需要综合考虑草场的生态属性和牧户的自愿性。草场的生态属性是基于草原生态保护的视角。按照国家"将生态脆弱、生存环境恶劣、草场严重退化、不宜放牧以及位于大江大河水源涵养区的草原划为禁牧区"的要求，在禁牧草场的选择上，生态重要性和生态脆弱性是两个重要的考虑因素。牧户的自愿性是基于牧民生计改善的视角。禁牧使得草场实现从放牧到不放牧的转变，牧户需要承担减畜的收入损失，在多种因素影响下，牧户可能并不愿意接受禁牧政策，从而表现为继续放牧、偷牧、夜牧等行为。

在禁牧草场的选择上，需要综合考虑草场的生态属性和牧户的自愿性，单纯考虑其中一个因素或都不考虑都不利于禁牧政策的达成，具体分三种情形，如表9-3所示。当只考虑草场的生态属性，而不考虑牧户的自愿性时，牧民不愿意接受禁牧政策，禁牧政策的执行受到阻碍。通常情况下，按行政区禁牧倾向于是这种类型。当只考虑牧户的自愿性，而不考虑草场的生态属性时，一些从草场的生态属性上不需要禁牧的草场实行了禁牧，一方面降低了禁牧补助资金的财务效率，另一方面也带来了牧民对禁牧政策的怀疑。通常情况下，牧户自愿禁牧倾向于是这种类型。当不考虑草场的生态属性，也不考虑牧户的自愿性时，既存在牧民不愿意接受禁牧政策的问题，也存在从草原的生态属性上不需要禁牧的草场实行了禁牧的问题。通常情况下，指标平均分配型的禁牧倾向于是这种类型。

表9-3   选择禁牧草场的三种情形

情形	只考虑草场的生态属性	只考虑牧户的自愿性	都不考虑
存在的问题	缺乏牧户自愿性	不需要禁牧的草场实行了禁牧	缺乏牧户自愿性，不需要禁牧的草场实行了禁牧
典型情况	行政区禁牧	完全自愿禁牧	指标平均分配型禁牧
样本调研旗县	四子王旗	陈巴尔虎旗	—

结合样本调研旗县进行分析，四子王旗是行政区禁牧类型，属于只考虑草场的生态属性，而未考虑牧户的自愿性的情形，实行全苏木禁牧，从禁牧实施效果看，禁牧执行力较差，监管困难甚至是没法监管。陈巴尔虎旗是完全自愿禁牧类型，属于只考虑牧户的自愿性，而未考虑草场的生态属性的情形，从禁牧实施效果看，有些质量较好的草场进行了禁牧，如果牧户仍然利用禁牧草场，那么禁牧未有效执行，如果牧户未利用禁牧草场，那么禁牧得到有效执行，但存在草地资源浪费的情况。样本调研旗县中，未发现指标平均分配型的情形，如果某些地区存在这种情形，那么后续的问题会很多，核心问题在于禁牧草场无法确定四至边界，只有理论上的禁牧面积，而不知道禁牧草场在哪里，这种做法过于考虑公平的因素，而在一定程度上偏离了草

原生态补偿的政策出发点。

在禁牧草场的选择上，需要综合考虑草场的生态属性和牧户的自愿性。合理的路径选择是，先从草场的生态属性出发确定禁牧草场的大致区域，在大致区域内结合牧户的自愿性选择禁牧草场。在样本调研旗县中，阿拉善左旗、天祝县综合考虑了草场的生态属性和牧户的自愿性，禁牧政策执行较好，其中阿拉善左旗属于全禁牧类型，减畜任务达成情况较好，天祝县属于部分禁牧类型，禁牧草场很少存在违禁放牧的情形。

（二）禁牧规定的差别化

禁牧的具体规定，从严格意义上说，是禁止放牧，是使草原从放牧到不放牧的转变。禁止放牧过于严格，在牧民很难实现转产就业的情形下，牧民可能难以达到禁牧的要求，至少存在一定比例的牧民属于这种情况。在具体实施中，是否存在好的做法或规定，能够保证禁牧政策更加有效的实施？在全禁牧类型中，是否有必要实行差别化的禁牧规定，如何实行差别化的禁牧规定，以及差别化的禁牧规定是否能够保证禁牧政策更容易实施？下面通过阿拉善左旗和四子王旗两旗县的对比分析，来探究这些问题。

四子王旗禁牧的具体规定是禁止放牧，没有实行差别化的禁牧规定。阿拉善左旗禁牧实行了差别化的禁牧规定，有两种禁牧规定供牧民选择，一是禁止放牧，二是饲养规定数量牲畜（饲养标准不低于 120 亩/羊单位，养畜规模不超过 100 羊单位），不同禁牧规定下的禁牧补助标准存在差异，禁止放牧的禁牧补助标准为 13000 元/成年人，饲养规定数量牲畜的禁牧补助标准为 10000 元/成年人。两个旗县平均每户减畜任务达成情况如表 9－4 所示，阿拉善左旗禁牧户，平均每户减畜任务达成比例为 79%，四子王旗禁牧户，平均每户减畜任务达成比例仅为 12%，差别化的禁牧规定的确起到了更好的减畜效果。无差别化的禁牧规定，由于禁牧放牧过于严厉，禁牧政策很难实施，禁牧地区保持了普遍放牧的状态，远未达到禁牧政策的预期要求。差别化的禁牧规定增加了牧户的可选择性，达到了更好的减畜效果。

表 9-4 平均每户减畜任务达成情况的核算结果

地区类型	样本（户）	草场承包面积（亩）	2010年实际载畜量（羊单位）	2014年实际载畜量（羊单位）	2014年理论载畜量（羊单位）	理论减畜量（羊单位）	实际减畜量（羊单位）	减畜任务达成比例（%）
阿拉善左旗	89	8381	262	109	69	193	153	79
四子王旗	60	7415	253	223	0	253	30	12

　　差别化的禁牧规定至少存在以下三个方面的好处：一是充分考虑了牧户之间的差异性从而相对保证了牧户的自愿性，牧户之间的差异性，包括进城能力和进城意愿的差异性。牧户进城面临着能否再就业、生活成本增加和生活习惯能否适应等问题，有些牧民并不具备进城能力，而且有些牧民出于生活习惯和年龄的考虑，并不愿意进城，因此在实施禁牧政策之后，有些牧民继续留在牧区是较为普遍的现象。只要牧民继续留在草原牧区，那么牧民势必会饲养少量牲畜，至少是为了自食的需要，实地调研统计显示，平均每户每年需要自食大羊12只左右，如果让草原上的牧民买羊吃，听着都是极不合理和可笑的事情。通常情况下，具备进城能力和进城意愿的牧户会选择禁止放牧的规定，而不具备进城能力或不愿意进城的牧户，会选择饲养规定数量牲畜的规定。二是饲养规定数量牲畜并不会对草原生态产生破坏，因为饲养标准要比草畜平衡标准高很多，例如，阿拉善左旗全旗的平均草畜平衡标准为75亩/羊单位，而饲养规定数量牲畜的饲养标准为120亩/羊单位。刘爱军通过研究指出，虽然禁牧区不同程度的违禁放牧的现象非常普遍，但禁牧区饲养牲畜减少，放牧强度降低，维持在草原生态系统自我恢复的阈值之内，并未对草原植被构成威胁（刘爱军，2014）。三是产生了牧户之间的相互监督约束机制。这是不可忽视的一个方面，如果牧户的自愿性追求的是"绝对公平"，那么差别化禁牧规定下的差别化禁牧补助标准会通过追求"相对公平"而产生牧户之间的相互监督。无差别化的禁牧规定下，违禁放牧普遍存在，当所有人都违禁放牧，那么违禁放牧就成为一种追求"相对公平"的合理结果，法不责众，这正是违禁放牧普遍存在而地方监管部门又束手无策的重要原因。差别化的禁牧规定下，增加了牧户的可选择性，增加了政策的合理性，违反政策规定不是一种常态，当某些牧民违反政策规定，饲养了超过规定数量的牲畜，选择禁止放牧规定的牧户会反对，遵守饲养规定数量牲畜

的牧户会反对，那么违反政策规定的行为就会受到有效的抑制。通常这种牧户之间的内在监督约束机制，要比现有监督管理体系下的外在监督约束机制，成本更低，效果更佳。

如何进行差别化的禁牧规定，阿拉善左旗的做法值得借鉴。两种禁牧规定可供选择，一种是禁止放牧，另一种是饲养规定数量牲畜，饲养标准远高于当地草畜平衡标准，牲畜数量总额满足牧户自食需要且不超过某一数值。不同禁牧规定下的禁牧补助标准存在差异，禁止放牧的禁牧补助标准比饲养规定数量牲畜下的禁牧补助标准要高。

（三）禁牧监管成本的降低

实施禁牧政策之后，牧民是否遵守禁牧的具体规定，是需要进行监督管理的。现有的监督管理体系由省市县乡各级草原监理机构和村级草管员组成，部分地区聘用了大学生村官草管员。监管体系的构成、监管效率、监管成本，彼此关联且较为复杂，其中监管成本是决定监管效率的一个重要因素。本章主要关注围栏建设、集中连片对禁牧监管成本的影响。围栏建设使得禁牧草场边界清晰，集中连片降低禁牧草场的分散程度，都有助于降低禁牧的监管成本。

草场围栏建设的重要功能是划分草场边界，美国、加拿大、澳大利亚、新西兰等国家的草原畜牧业发展都普遍采用了围栏放牧的方式。我国的草场围栏建设与20世纪90年代左右开始实施的草场承包经营相伴而生，促进了牧区草场实现从集体公共草场到家庭承包草场的转变，畜牧业生产方式实现从游牧到定居的转变。本章不详细阐述围栏本身的优缺点、围栏对草原生态保护的影响等问题，主要关注围栏建设对禁牧监管成本的影响。围栏建设使得禁牧草场的边界清晰，从数字化的禁牧面积，到禁牧草场的四至边界，再到禁牧草场的围栏建设，禁牧草场才得以确立并实现有效的排他性，草场围栏建设将有效地降低禁牧监管成本。当禁牧草场不存在围栏时，牲畜采食牧草通常又存在流动性，放牧时牲畜进入禁牧草场，违反禁牧规定所需要承担的责任到底是牧户的还是牲畜的，监管部门又如何监管某牧户在某一时间是否将牲畜放牧到了禁牧草场。当禁牧草场存在围栏时，牲畜是不能进到禁牧草场中去的，除非牧户有意违反禁牧的政策规定，而这种违反通常需要破坏围栏，从而这种违反不总是那么容易实现的，由于违反禁牧政策规定的发生率降低了，所以禁牧监管成本也就相应降低了。结合样本调研旗县进行分析，在两个全禁牧类型的样本旗县中，即阿拉善左旗和四子王旗，禁牧草场基本都有围栏建设，不是说在禁牧之后才进行的围栏建设，而是说在禁牧政策实施之前，牧户草场本身就有围栏建设。在两个部分禁牧类型的样本旗县中，天祝县属于退牧还草工程禁牧，实行的是村集体集中禁牧，禁牧草场集中分布并有围栏建设。陈巴尔虎旗属于2011年新增禁牧，实行的自愿分散禁牧，通常每户牧民都有1000~2000亩的禁牧草场，这些禁牧草场往往是没有围栏划分的，一方面是有些嘎查的牧户草场因为一些原因原先就没有围栏，例如，部分嘎查在草场承包划分上出于公平的考虑采取了长条状的划分（长几十公里，而宽只有几十到几百米），另一方面是牧户本身没有动机在自己的承包草场上进行围栏建设来区分草畜平衡草场和禁牧草场。在部分禁牧类型中，分散的禁牧草场通常没有围栏建设，禁牧监管成本高，有必要做出一定的改进。

集中连片，降低禁牧草场的分散程度，可以有效降低禁牧监管成本。通常国际上的生态补偿项目都要求考虑项目实施的集中连片，进而降低项目实施前后的信息收集成本和监管成本。完全不考虑集中连片的情形是，只要牧户愿意禁牧就可以禁牧，但存在禁牧草场集中连片要求时，有些牧户希望禁牧而并不一定能够获得项目的许可，因为单一牧户的禁牧草场往往达不到集中连片的禁牧要求。当集中连片的草场规模很大时，甚至是将整个行政区都划为了禁牧草场，那时所存在的问题就不是集中连片所带来的监管成本降低的问题，而是类似于牧户自愿性的问题。因此，禁牧草场需要考虑适度的集中连片，过小会使得禁牧监管成本过高，过大会产生牧户自愿性等问题。结合样本调研旗县进行分析，天祝县采取的是村集体集中禁牧，考虑了集中连片，且符合适度的集中连片。阿拉善左旗要求禁牧草场最低不能少于10万亩，考虑了集中连片，且符合适度的集中连片。四子王旗要求全苏木禁牧，考虑了集中连片，但存在过度集中连片，产生了牧户自愿性的问题。陈巴尔虎旗，实行的是自愿的分散禁牧，未考虑集中连片，禁牧草场的监管存在很大困难。

（四）"禁牧不禁养"的适用性

"禁牧不禁养"是指草原畜牧业生产方式的转变，由天然放牧到舍饲、半舍饲的转变，通过配套饲草料基地建设和暖棚建设，来实现舍饲圈养。在超载过牧的背景下，草原生态补偿希望通过禁牧补助和草畜平衡奖励来起到遏制超载的效果，进而达到草原生态保护的目的。减畜是当前草原生态补偿政策的主要着眼点，减畜有两种方式，真正减少饲养量（直接减畜）和通过舍饲来减少放牧时间（舍饲减畜）。舍饲减畜在很大程度上缓和了政策的严厉，而将关注点投向牧民舍饲能力（暖棚建设、饲草料开发）的建设上。各个省区的草原生态保护补助奖励机制实施方案也指出，"禁牧不禁养"提倡保留部分牲畜进行舍饲化养殖。

"禁牧不禁养"存在适用性，"禁牧不禁养"的实现依赖于舍饲的可行性，当舍饲不可行时，"禁牧不禁养"可能只是政策设计上的一厢情愿。舍饲相对于放牧而言，不同地区由于自然条件、地理位置不同，舍饲化养殖的程度差异很大。《草原法》第三十五条指出"国家提倡在农区、半农半牧区和有条件的牧区实行牲畜圈养"，舍饲化养殖的确在不同地区存在适用性的问题，通常半农半牧区和水资源较为丰富、能够开垦人工饲草地的牧区适合舍饲化养殖。在水资源并不丰富、不适宜开垦人工饲草地的牧区，并不具备舍饲化养殖的条件，而单纯依靠购买饲草料来进行舍饲化养殖缺乏经济效益，牧民普遍不能接受舍饲化养殖。

结合样本调研旗县进行分析，甘肃省天祝县，人工饲草地面积数量较多，全县共有 26.53 万亩，水资源较为丰富，虽然是纯牧业县，但县内仍有不少半农半牧村和纯农村，适合进行舍饲化养殖。阿拉善左旗和四子王旗，水资源都较为匮乏，平均每户的人工饲草地面积在 10 亩左右，且多数饲草地因为干旱并未种植，不适合进行舍饲化养殖。陈巴尔虎旗，水资源相对丰富，牧户草场面积较大，草场质量好，草场资源不紧缺，整体未超载，并不存在需要通过种植人工饲草地的方式来增加牧草供给的问题。

（五）牧户转产和进城的可行性

实施禁牧政策之后，禁牧地区不能放牧，紧接着的问题就是禁牧户转产和进城的问题。牧户转产可能面临再就业困难的问题，牧户进城可能面临生活成本升高、生产方式不适应等问题。当牧户难以实现转产和难以实现进城时，牧户将普遍继续留在牧区，出于生计压力，禁牧政策将很难实现。

牧区城镇化和农区城镇化存在显著的差异性。农区城镇化的主要稀缺要素是土地资源，征地制度下的土地财政和城镇化带来的土地增值，是农区城镇化快速发展的重要动力。而在牧区，土地资源并不是稀缺要素，因城镇化所带来的土地增值空间不大，水资源和气候条件才是牧区城镇化的稀缺要素。由于水资源匮乏和气候条件较为恶劣，多数牧区并不具备大规模工业化、城镇化开发的条件，很难提供畜牧业以外的就业机会，从而很难成为人口的聚集地。当前的牧区城镇化是政府项目推动下的政府行为，如牧民定居工程、生态移民工程、教育的集中等，但是牧区城镇化的关键在于增加就业，事实上牧民的替代生计很难解决。牧区的城镇化将延续畜牧业生产、加工、销售为主体的经济形式。如果进一步考虑生活方式和生活成本，牧民进城的难度进一步增大。很多牧民习惯了牧区相对松散的畜牧业工作方式，并不一定习惯城里相对紧凑的工作方式。很多牧民习惯了喝酒吃肉，进城之后，需要自己购买牛羊肉也是一笔不小的开支。实地调研发现，不少牧民虽然进城了，但是收入来源仍然是依靠畜牧业，很少有非畜牧业的收入。陈巴尔虎旗存在普遍的雇工放牧行为，不少牧户居住在城里，但雇用牧工进行放牧（多数来自附近的农区）。

牧区城镇化很难解决牧户转产和进城的问题，至少在短期内很难解决，在当前禁牧地区不同程度违禁放牧普遍存在的情形下，禁牧政策需要谨慎处理，需要放缓禁牧速度。

四、小　结

基于对内蒙古和甘肃四个纯牧业旗县的实地调研和比较分析，识别出草原生态补偿中禁牧实施的五个关键问题，并形成如下研究结论。

第一，禁牧草场的选择：需要综合考虑草场的生态属性和牧户的自愿性。合理的路径选择是，先从草场的生态属性出发确定禁牧草场的大致区域，在大致区域内结合牧户的自愿性选择禁牧草场。行政区禁牧、完全自愿禁牧、指标平均分配型禁牧三种禁牧情形都未能综合考虑草场的生态属性和牧户的自愿性。

第二，禁牧规定的差别化：在全禁牧类型中，需要制定差别化的禁牧规定。差别化的禁牧规定增加了牧户的可选择性，可以达到更好的减畜效果。差别化禁牧规定通常可以制定两种禁牧规定供牧户选择，一种是禁止放牧，另一种是饲养规定数量牲畜，饲养标准远高于当地草畜平衡标准，牲畜数量总额满足牧户自食需要且不超过某一数值。差别化的禁牧规定充分考虑了牧户之间的差异性从而相对保证了牧户的自愿性。差别化禁牧规定中，饲养规定数量牲畜并不会对草原生态产生破坏。差别化禁牧规定通过追求牧户之间的"相对公平"而产生了牧户之间的相互监督约束机制，要比现有监督管理体系下的外在监督约束机制，成本更低，效果更佳。

第三，禁牧监管成本的降低：围栏建设使得禁牧草场边界清晰，集中连片降低禁牧草场的分散程度，都有助于降低禁牧的监管成本。在部分禁牧类型中，分散的禁牧草场通常没有围栏建设，禁牧监管成本高，有必要做出一定的改进。禁牧草场需要考虑适度的集中连片，过小会使得禁牧监管成本过高，过大会产生牧户自愿性等问题。

第四，"禁牧不禁养"的适用性："禁牧不禁养"的实现依赖于舍饲的可行性，当舍饲不可行时，"禁牧不禁养"可能只是政策设计上的一厢情愿。在水资源并不丰富、不适宜开垦人工饲草地的牧区，并不具备舍饲化养殖的条件，而单纯依靠购买饲草料来进行舍饲化养殖缺乏经济效益，牧民普遍不能接受舍饲化养殖。

第五，牧户转产和进城的可行性：牧区城镇化在短期内很难解决牧户转产和进城的问题，在当前禁牧地区不同程度违禁放牧普遍存在的情形下，禁牧政策需要谨慎处理，需要放缓禁牧速度。土地资源不是牧区城镇化的稀缺要素，因城镇化所带来的土地增值空间不大，水资源和气候条件才是牧区城镇化的稀缺要素。由于水资源匮乏和气候条件较为恶劣，多数牧区并不具备大规模工业化、城镇化开发的条件，很难提供畜牧业以外的就业机会，从而很难成为人口的聚集地。

参 考 文 献

[1] 马骅，吕永龙，邢颖，等. 农户对禁牧政策的行为响应及其影响因素研究——以新疆策勒县为例 [J]. 干旱区地理，2006 (6): 902-908.

[2] 陈洁，苏永玲. 禁牧对农牧交错带农户生产和生计的影响——对宁夏盐池县2乡4村80个农户的调查 [J]. 农业经济问题，2008 (6): 73-79.

[3] 王磊，陶燕格，宋乃平，等. 禁牧政策影响下农户行为的经济学分析——以宁夏回族自治区盐池县为例 [J]. 农村经济，2010 (12): 42-45.

[4] 陈勇，王涛，周立华，等. 禁牧政策下农户违规放牧行为研究——以宁夏盐池县为例 [J]. 干旱区资源与环境，2014 (10): 31-36.

[5] 柴浩放，李青夏，傅荣，等. 禁牧政策僵局的演化及政策暗示: 基于宁夏盐池农村观察 [J]. 农业经济问题，2009 (1): 93-98.

[6] 海力且木·斯依提，朱美玲，蒋志清. 草地禁牧政策实施中存在的问题与对策建议——以新疆为例 [J]. 农业经济问题，2012 (3): 105-109.

[7] 文明，图雅，额尔敦乌日图，等. 内蒙古部分地区草原生态保护补助奖励机制实施情况的调查研究 [J]. 内蒙古农业大学学报 (社会科学版)，2013 (1): 16-19.

[8] 陈永泉，刘永利，阿穆拉. 内蒙古草原生态保护补助奖励机制典型牧户调查报告 [J]. 内蒙古草业，2013 (1): 15-18.

[9] 刘婉婷，郜晋亮. 草美 羊肥 牧民富——从青海看草原生态保护补助奖励机制实施情况 [J]. 农业技术与装备，2013 (15): 4-5.

[10] 孙长宏. 青海省实施草原生态保护补助奖励机制中存在的问题及探讨 [J]. 黑龙江畜牧兽医，2013 (4): 32-33.

[11] 靳乐山，胡振通. 草原生态补偿政策与牧民的可能选择 [J]. 改革，2014 (11): 100-107.

[12] 刘爱军. 内蒙古草原生态保护补助奖励效应及其问题解析 [J]. 草原与草业，2014 (2): 4-8.

第四部分

草原生态补偿的监督管理

|第十章|
草原生态补偿的监督管理概述

监督管理是草原生态补偿机制的重要环节，是实现生态补偿条件性的保障。草原生态补偿政策项目的监督管理，依托现有的草原生态保护监督管理机制，同时，又结合草原生态补偿政策要求，增加了新的监督管理环节和要求。总的来说，监督管理是草原生态补偿政策的薄弱环节。

一、草原生态保护监管制度状况

牧区现有的监管体系是禁牧和草畜平衡框架下的数量监管体系，主要由省市县乡各级草原监理机构和草原管护员组成，其中各级草原监理机构是草原补奖政策落实情况的主要监管部门，草原管护员则是基层草原监理的重要补充力量。为了更好地监督草畜平衡和禁牧的实施情况，许多省份已经出台了省级的草畜平衡和禁牧监督管理规定（见表 10－1）。在省级的草畜平衡和禁牧监督管理规定中，要求各级草原主管部门要层层签订禁牧和草畜平衡责任书以明确责任，明确规定了各级草原主管部门、监理部门以及草原管护员的监管职责，要求建立基于牧民自我监管和相互监管的社会监督机制，从而形成了草原生态保护补助奖励机制的现有监管体系。

表 10 - 1　　　　　　　　　各省份草畜平衡和禁牧管理相关规定

省份	文件名称	颁布时间	颁布机构
内蒙古	内蒙古自治区禁牧和草畜平衡监督管理办法①	2011 年 6 月	内蒙古农牧厅
甘肃	甘肃省草畜平衡管理办法②、甘肃省草原禁牧办法③	2012 年 11 月、2013 年 1 月	甘肃省政府
青海	青海省天然草原禁牧及草畜平衡管理暂行办法	2015 年 5 月	青海省农牧厅
新疆	新疆维吾尔自治区草原禁牧和草畜平衡监督管理办法④	2012 年 2 月	新疆畜牧厅
四川	四川省牧区草原禁牧管理办法、四川省牧区草畜平衡管理办法⑤	2012 年 12 月	四川省政府
云南	云南省草畜平衡管理办法（试行）、云南省草原禁牧管理办法⑥	2011 年 1 月	云南省农业厅
宁夏	宁夏回族自治区禁牧封育条例⑦	2011 年 1 月	宁夏区人大

（一）禁牧和草畜平衡责任书制度

签订禁牧和草畜平衡责任书是强化禁牧和草畜平衡责任制的监督管理、层层落实草原补奖工作目标的基础性工作。目前我国牧区所主要采用的是由县、乡、村、牧户逐级签订责任书的方式来明确各主体责任。

在《内蒙古自治区禁牧和草畜平衡监督管理办法》中明确要求"由旗县级人民政府分别与苏木乡级人民政府和草原使用权单位签订草原生态保护补助奖励机制责任状；苏木乡级人民政府与嘎查（村）委员会签订草原生态保护补助奖励机制责任状。"并对集体所有和全民所有的草原做了相应规定："集体所有草原应当由苏木乡级人民政府组织嘎查（村）委员会，与草原承包经营者签订禁牧责任书或者草畜平衡责任书，并完成落实禁牧和草畜平衡

---

① http：//www. nmagri. gov. cn/ztbd/cystbhbzjl/215625. shtml.
② http：//www. gansu. gov. cn/art/2013/5/30/art_842_189468. html.
③ http：//www. gansu. gov. cn/art/2013/5/30/art_480_189540. html.
④ http：//www. xinjiang. cn/xxgk/fggz/dfxfggz/2012/202041. htm.
⑤ http：//www. sc. gov. cn/10462/10464/10465/10574/2012/12/14/10240148. shtml.
⑥ http：//www. ynagri. gov. cn/news12/20110129/766798. shtml.
⑦ http：//www. nx. xinhuanet. com/2015 - 03/20/c_1114703419. htm.

的具体工作。全民所有草原应当由旗县级人民政府组织草原使用权单位，与草原使用者签订禁牧责任书或者草畜平衡责任书，并完成落实禁牧和草畜平衡的具体工作。"并且"禁牧责任书或者草畜平衡责任书签订后应当到旗县级草原监督管理机构备案。在此基础上，内蒙古阿拉善左旗则进一步将监管任务向下落实，规定"各苏木镇人民政府负责本辖区内的草原补奖机制的落实工作。苏木镇政府主要负责人是第一责任人，由旗考核办将草原补奖机制落实工作列入年度考核目标，并由旗政府与各苏木镇签订责任状，层层落实工作目标责任制。"《甘肃省草畜平衡管理办法》中除了明确规定"县级人民政府应当将草畜平衡工作纳入目标管理责任制，县与乡、乡与村、村与户都应当签订草畜平衡管理责任书。"之外，还进一步明确了责任书的具体内容，即"责任书应当载明以下事项：（一）草原现状：包括草原四至界线、面积、类型、等级；（二）现有的牲畜种类和数量；（三）核定的草原载畜量和减畜量；（四）实现草畜平衡的主要措施；（五）实现草畜平衡的目标；（六）其他有关事项。"

（二）各级草原行政主管部门监管制度

在签订禁牧和草畜平衡责任书，明确了各级草原主管部门责任的基础上，"由省、市、县各级草原行政主管部门负责本行政区域内的禁牧和草畜平衡的监督管理工作，由省、市、县、乡各级草原监理机构强化草原执法监督，负责具体监督管理工作的开展实施，并由上级主管部门对所管辖区域的下级主管部门进行监督检查"是目前各省份草原补奖政策监督管理中的主要方式。这也体现在各省的禁牧和草畜平衡监督管理办法中：

《内蒙古自治区禁牧和草畜平衡监督管理办法》中规定"旗县级以上人民政府应当组织相关部门，对禁牧制度和草畜平衡制度的落实情况进行监督检查；旗县级以上人民政府草原行政主管部门及草原监督管理机构负责本行政区域内禁牧和草畜平衡的依法监督管理。"《新疆维吾尔自治区草原禁牧和草畜平衡监督管理办法》中规定"各地州草原行政主管部门及草原监督管理机构要不定期对所辖县（市）草原禁牧、草畜平衡落实情况进行检查、指导，自治区草原行政主管部门及草原监督管理机构每年年底对各地州所辖县

（市）草原禁牧、草畜平衡落实情况进行抽检，抽检情况将作为绩效考核及工作奖励资金分配的依据。"部分省份对于各级草原行政主管部门间的抽查比例进行了明确的规定，例如《云南省草畜平衡管理办法》中规定"各级草原行政主管部门应当每年组织对草畜平衡情况进行抽查。抽查数为省级抽查5%的县（市、区），州（市）抽查20%的县（市、区），县（市、区）抽查20%的乡（镇）。"《青海省天然草场禁牧和草畜平衡管理暂行办法》中规定"县级自查验收工作完成后，逐级申请州级抽查和省级验收。县级自查比例100%，州级抽查比例50%以上，省级验收比例不低于20%"。

（三）草原管护员制度

农业部2014年3月发布了《关于加强草原管护员队伍建设的意见》，指出"草原管护员是基层管护草原的重要力量，是草原监理队伍的有益补充。自2011年国家实施草原生态保护补助奖励机制政策（以下简称草原补奖政策）以来，草原管护员队伍建设取得了积极进展，在强化草原管护工作中发挥了重要作用。"截止到2014年，全国共聘用草原管护员8万余人，许多地区也制定了草原管护员管理办法以加强草原管护员的管理，促进草原管护员队伍的建设（见表10-2）。

草原管护员的主要职责基本包括以下几方面：（1）协助县、乡（镇）草原监理人员对村（牧）委会、合作社和牧户的载畜量和减畜数量进行核定，并按责任书确定的减畜计划对监管村（牧）委会、合作社和牧户的牲畜进行清点，监督减畜计划的落实。对不按计划核减超载牲畜的，及时报告乡政府及草原监理机构。（2）对监管责任区的监管村（牧）委会、合作社及牧户禁牧区和草畜平衡区放牧情况进行日常巡查、动态管理，发现违反禁牧令放牧和未按计划核减牲畜超载放牧的，要进行制止并及时报告乡（镇）人民政府和草原监理机构。（3）根据日常巡查情况建立巡护日志。（4）负责对监管责任区草原基础设施、鼠虫害发生、草原火情及采挖草原野生植物等情况进行监管。积极开展草原保护法规和政策的宣传，及时举报草原违法行为[1]。

---

[1] http://www.qh.gov.cn/zwgk/system/2012/09/18/000082017.shtml.

具体到各地区，草原管护员的聘用管理模式各有不同。例如《青海省草原生态管护员管理暂行办法》规定"草原生态管护员从留居在草原上的牧户中选择，优先从已实施禁牧和实现草畜平衡并加入生态畜牧业经济合作组织的牧民或村（牧）委会以及特困户和家庭无就业人员牧户的青壮年劳动力中聘用。"《内蒙古自治区嘎查（村）级草原管护员管理办法》规定的招聘录用程序包括：（1）由本人申请，经嘎查（村）委会推荐，由旗县级草原监督管理机构考核录用；（2）人员名单确定后，在本嘎查（村）委进行公示，公示期满无异议的，由旗县级草原监督管理机构与受聘者签订聘用合同，明确管护内容，聘用期为 1 年；（3）旗县级草原监督管理机构应当建立草原管护员档案，实行统一考核和管理。在此基础上，内蒙古阿拉善盟阿拉善左旗为了提高监管的效率，进行了一定的政策创新：选择面向社会公开招聘了一批身体健康、有责任心、为人公正、办事公道、诚实守信、具有农牧区户籍的大专以上学历毕业生，充实到管护员队伍中，与嘎查动物卫生防疫员、嘎查推荐的协管员，共同负责草原管护工作①。阿拉善左旗目前聘请有 30 个大学生管护员，全旗共 140 个嘎查，平均每人负责四到五个嘎查，每人每月工资3000 元，远高于内蒙古自治区所规定的每人每年 4000 元的基本标准。

表 10－2 各省份草原管护员管理办法制定情况

省份	文件名称	颁布日期	颁布机构
内蒙古	内蒙古自治区嘎查（村）级草原管护员管理办法②	2011 年 6 月	内蒙古农牧厅
甘肃	甘肃省草原管护员管理办法③	2014 年 7 月	甘肃省农牧厅、财政厅
青海	青海省草原生态管护员管理暂行办法④	2012 年 9 月	青海省农牧厅、财政厅、人社厅
西藏	西藏自治区天然草原监督员管理办法⑤	2014 年 7 月	西藏农牧厅

---

① 阿拉善左旗草原生态保护补助奖励机制实施办法.

② http：//www. nmagri. gov. cn/ztbd/cystbhbzjl/215626. shtml.

③ http：//www. glnm. gov. cn/jiejuefangan/gansushengcaoyuanguanhuyuan-manager-banfa_80c423a4. html.

④ http：//www. qh. gov. cn/zwgk/system/2012/09/18/000082017. shtml.

⑤ http：//epaper. chinatibetnews. com/xzrb/html/2014－07/28/content_557507. htm.

（四）社会监督制度

在现有的各级草原行政主管部门及草原管护员所组成的监管体系外，依托村规民约、社会舆论，建立的牧民自我监督、相互监督的机制对于提高草原补奖政策的监管效率是非常必要的。在《新疆维吾尔自治区草原禁牧和草畜平衡监督管理办法》中规定"县级以上草原行政主管部门应当建立草原禁牧和草畜平衡监督举报制度，设立举报电话和举报信箱，组织村民委员会将落实草原禁牧和草畜平衡规定纳入村规民约，建立自我监督与相互监督机制，发挥群众参与、社会舆论以及新闻媒体的监督作用。"《内蒙古自治区禁牧和草畜平衡监督管理办法》中明确要求"各级草原监督管理机构应当对禁牧和草畜平衡工作建立监督和举报制度，设举报电话和举报信箱，充分发挥群众监督、社会舆论以及新闻媒体的监督作用。""嘎查（村）委员会应当加强草原承包经营者自觉履行禁牧制度和草畜平衡制度的宣传教育，并将落实禁牧和草畜平衡内容纳入本嘎查（村）的村规民约。"如何进一步地提升社区居民自我监督管理的自觉性，将在禁牧和草畜平衡监管中发挥重要作用。

二、草原生态补偿绩效评价考核状况

草原生态保护补助奖励政策的绩效评价考核有利于推进草原补奖机制政策落实，加强草原生态保护补助奖励资金管理，建立健全激励和约束机制，提高资金使用效益。目前，我国草原补奖机制的绩效考核评价已经在国家、省、市、县等层面上全面展开，同时，在牧户层面上也展开了基于"条件性支付"的探索。

（一）国家层面的绩效评价考核

草原生态保护绩效评价奖励对于调动地方政府的积极性，促进草原生态状况不断改善，草原畜牧业发展方式加快转变和农牧民收入稳定具有重要意义。农业部、财政部已制定草原补奖政策实施情况绩效评价考核办法，以制度建设、基础工作和实施成效等三方面为主要评价内容，每年将对各地政策落实情况开展绩效评价考核。2014 年，中央财政以相关省区 2013 年草原生态保护补助奖励机制的实施情况的综合绩效评价结果为重要依据，统筹考虑草原面积、畜牧业发展情况等因素，拨付奖励资金 20 亿元，用于草原生态保护绩效评价奖励，支持开展加强草原生态保护、加快畜牧业发展方式转变和促进农牧民增收等方面的工作①。

（二）省级层面的绩效评价考核

农业部和财政部发布的《关于做好 2013 年草原生态保护补助奖励机制政策实施工作的通知》明确要求"各地也要按照农财两部要求加快制定完善绩效评价办法，细化评价措施，明确主体责任，开展绩效评价。"目前，我国许多省份已经出台了省级的草原补奖政策绩效考核评价办法（见表 10 - 3）。

表 10 - 3　　　　　各省份草原补奖政策绩效考核评价办法制定情况

省份	文件名	颁布日期	颁布机构
内蒙古	内蒙古草原生态保护补助奖励资金绩效评价办法②	2013 年	内蒙古农牧厅、财政厅
甘肃	甘肃省落实草原生态保护补助奖励政策绩效考核评价办法③	2013 年 4 月	甘肃省财政厅、农牧厅
黑龙江	黑龙江省草原生态保护补助奖励资金绩效评价办法④	2013 年 6 月	黑龙江财政厅、畜牧兽医局
云南	云南省草原生态保护补助奖励资金绩效评价办法实施细则	——	云南省财政厅、农业厅

① http：//nys. mof. gov. cn/zhengfuxinxi/bgtGongZuoDongTai_1_1_1_1_3/201411/t20141106_1156241. html.

② http：//www. wlcbcz. gov. cn/bencandy. php? fid - 348 - id - 2411 - page - 1. htm.

③ http：//www. lzcz. gov. cn/view. jsp? urltype = news. NewsContentUrl&wbtreeid = 1042&wbnewsid = 8095.

④ http：//www. hljxm. gov. cn/middle! view. action? siteid = 1&isdoc = y&docid = 160395.

续表

省份	文件名	颁布日期	颁布机构
新疆	新疆维吾尔自治区落实草原生态保护补助奖励机制绩效考核暂行办法①	2011 年	新疆畜牧厅、财政厅
四川	四川省草原生态保护补助奖励资金绩效考核评价暂行办法②	2013 年 7 月	四川省农业厅、财政厅
宁夏	宁夏草原生态保护补助奖励政策绩效考核验收办法③	2013 年	宁夏农牧厅、财政厅

从评价流程来看，以《甘肃省落实草原生态保护补助奖励政策绩效考核评价办法》为例，其中明确规定"省财政厅和省农牧厅每年制定对上年度落实工作开展绩效考核评价的工作方案，各市（州）财政和农牧部门按照绩效考核评价的有关要求，组织开展本区域内工作，并依照绩效考核评价结果，填报基础考核评价指标信息及相关资料，形成书面评价报告，连同各县（市、区）的绩效考核评价资料一起于 8 月底前报省财政厅和省农牧厅。在此基础上，由省财政厅和省农牧厅对各市（州）组织开展绩效考核评价，并对重点县（市、区）进行延伸考核评价。"

从评价内容来看，各省份的草原补奖政策绩效考核评价办法的主要评价内容同样是以制度建设、基础工作和实施成效为主，但是不同省份在此基础上进行了一定调整。以四川省为例，根据《四川省草原生态保护补助奖励资金绩效考核评价暂行办法》，其绩效考核评价指标除了三项基础指标，还增设了组织保障、违法违纪行为（减分指标）两项指标（见表 10-4）。根据四川省 2014 年开展的针对 2013 年草原生态补奖政策的绩效考核结果显示，阿坝州、甘孜州、凉山州 3 个州级及会东县、理塘县、九寨沟县等 23 个县为优秀等级，黑水县、木里县、壤塘县等 23 个县为良好等级，布拖县、新龙县等 2 个县为合格等级，绩效考评结果成为分配安排各州、县（市）绩效评价奖励资金和省级财政配套资金项目的重要因素。

---

① http：//www.xjxmt.gov.cn/newsContent.aspx? newsID = 2a3abaab - 6ae8 - 495f - b0e9 - f339ecd33714.

② http：//www.scagri.gov.cn/zwgk/bfbz/201307/t20130704_189939.html.

③ http：//www.moa.gov.cn/fwllm/qgxxlb/nx/201306/t20130613_3490891.htm.

表 10 - 4　　　四川省草原生态保护补助奖励机制政策绩效考评指标表

评价内容	评价指标	分值
制度建设（15 分）	资金管理制度建设情况	5
	实施方案编审制度落实情况	2
	配套政策、管理办法和制度制定及落实情况	5
	绩效考评制度落实情况	3
基础工作（27 分）	落实草原承包经营制度情况	5
	基本草原划定情况	5
	草原生态监测情况	3
	执法监督管理情况	4
	管理信息系统录入管理情况	3
	档案资料归集管理情况	2
	技术培训和宣传情况	2
	进度双月报制及工作动态信息报送制执行情况	3
实施成效（54 分）	禁牧任务落实情况	10
	草畜平衡任务落实情况	10
	牧草良种补贴落实情况	5
	牧民生产资料综合补贴落实情况	5
	畜牧品种改良补贴落实情况	4
	绩效评价奖励资金落实情况	4
	省级配套资金项目实施情况	6
	草原生态改善、牧业增效、牧民增收情况	10
组织保障（4 分）	组织领导和工作机制运转情况	1
	目标责任制落实情况	2
	监督检查情况	1
违规违纪行为（减分指标）	重大违规违纪	- 100
	一般违规违纪	- 20

（三）市、县层面的绩效评价考核

在省级的草原补奖政策绩效考核评价办法的基础上，许多市、县也纷纷结合当地情况进一步出台了地方的草原补奖政策绩效考核评价办法。以内蒙古乌兰察布市为例，根据《内蒙古草原生态保护补助奖励资金绩效评价办法》，结合当地现实状况，乌兰察布市财政局制定了《乌兰察布市草原生态保护补助奖励资金绩效评价办法》。其中规定"乌兰察布市财政局和农牧业局每年制定对当年工作开展绩效评价的工作方案，并于 12 月上旬下达绩效评价通知。旗县财政和农牧部门按照绩效评价通知要求，填报基础评价指标信息及相关信息，并于 12 月底前报市财政局、农牧业局，财政局和农牧业局组织开展绩效评价。"绩效评价的主要内容包括健全制度、基础工作、实施成效和违法违纪行为四项。2015 年 7 月，乌兰察布市根据绩效评价结果，下达 2014 年草原生态保护补助奖励绩效考评奖励资金 1233 万元，其中，工作经费补助资金 253 万元，后续产业扶持资金 980 万元，以进一步加强实施进度，确保草原生态保护补助奖励机制落实到实处①。

（四）牧户层面的"条件性支付"

除了在国家、省、市、县层面上的绩效考核以外，在牧户层面上通过机制设计突出补奖资金的"支付约束性"，保证资金使用效率和草原生态保护效果是各地试点的主要做法。2014 年青海省在全国范围内率先在刚察县沙柳河镇和泉吉乡展开全省草原生态保护补奖政策绩效管理试点，将草原生态保护补奖资金的 70% 以"一卡通"转入牧民账户，剩余 30% 用于绩效考核机制，对完成禁牧减畜义务牧户，核实后兑现补助资金；对违反禁牧减畜规定的进行相应扣减，并依法严惩。在上述两地试点的基础上，青海将在 2015 年在海北藏族自治州全面推进草原生态补奖资金与保护责任效果挂钩制度。并在海西、海南、黄南、果洛、玉树 5 州开展试点②。内蒙古阿拉善左旗的做法与青海相似，每年 7 月份将 70% 的补奖资金发放给牧民，剩余 30% 补奖资金 10 月底支付并带有约束性，即如果未达到政策规定要求视情况扣除奖金。这种牧户层面的政策设计在一定程度上有利于提高草原补奖政策的草原生态保护目标。

---

① http：//www. wulanchabu. gov. cn/information/wlcbzfw6213/msg1034231068592. html.

② http：//www. qh. xinhuanet. com/2015 – 01/17/c_1114027932. htm.

三、小　结

　　牧区现有的监管体系是禁牧和草畜平衡框架下的数量监管体系，主要由省市县乡各级草原监理机构和草原管护员组成，其中各级草原监理机构是草原补奖政策落实情况的主要监管部门，草原管护员则是基层草原监理的重要补充力量。为了更好地监督草畜平衡和禁牧的实施情况，许多省份已经出台了省级的草畜平衡和禁牧监督管理规定。在省级的草畜平衡和禁牧监督管理规定中，要求各级草原主管部门要层层签订禁牧和草畜平衡责任书以明确责任，明确规定了各级草原主管部门、监理部门以及草原管护员的监管职责，要求建立基于牧民自我监管和相互监管的社会监督机制，从而形成了草原生态补偿的现有监管体系。

　　草原生态保护绩效评价奖励对于调动地方政府的积极性，促进草原生态状况不断改善，草原畜牧业发展方式加快转变和农牧民收入稳定具有重要意义。在省级的草原补奖政策绩效考核评价办法的基础上，许多市、县也纷纷结合当地情况进一步出台了地方的草原补奖政策绩效考核评价办法。除了在国家、省、市、县层面上的绩效考核以外，在牧户层面上通过机制设计突出补奖资金的"支付约束性"，保证资金使用效率和草原生态保护效果是各地试点的主要做法。

| 第十一章 |
弱监管下的博弈分析

　　草原生态补偿的监管对于保证草原生态补偿支付的条件性、实现草原生态补偿的生态目标具有重要意义。本章通过在内蒙古自治区的实地调研，运用博弈论的研究方法系统地阐述草原生态补偿的监管问题，对弱监管的概念给出明确的界定，对弱监管的根源进行详细的讨论，对弱监管的影响做出全面的分析和预测。研究发现：弱监管会极大地限制草原生态补偿生态目标的实现，弱监管的根源在于草原生态补偿标准偏低、违约成本太低和实际监管概率偏低。为了改进草原生态补偿的监管，应该合理制定草原生态补偿标准、提高草原生态补偿的违约成本和完善已有的草原生态补偿监管体系。

一、背　　景

　　生态补偿，国际上通常称之为环境服务付费（简称 PES）。根据 Wunder（2005）对于环境服务付费的最初定义，环境服务付费其实包含了三个重要的属性，分别是自愿性（voluntary）、额外性（additionality）和条件性（conditionality），其中的条件性是指"只有提供了环境服务才付费"。就草原生态补偿而言，为了保证支付的条件性，必须满足的情况是禁牧地区真的实现了禁牧，草畜平衡地区真的通过减畜达到了草畜平衡，而这需要通过有效的监管和一定的约束机制来完成。深入研究草原生态补偿的监管以保证草原生态补偿支付的条件性对于实现草原生态补偿的政策目标具有重要意义。

随着 2011 年草原生态保护补助奖励机制的实施，一些学者和政府部门通过调研发现草原生态保护补助奖励机制在实施过程中存在着政策缺乏公平性、政策持续性不明朗（额尔敦乌日图等，2013）、禁牧后续管护力度小、草畜平衡核算困难（孙长宏，2013）、草畜平衡奖励未能考虑超载程度的差异（靳乐山等，2014）、补偿标准偏低、禁牧区牧民生产生活无依靠（文明等，2013）、草原管护员工资偏低（陈永泉等，2013）、违禁放牧和超载过牧现象普遍（刘爱军，2014）等问题。这些问题从多个层面阐述了草原生态补偿未能实现支付的条件性，存在着禁牧草场继续放牧，草畜平衡草场继续超载的现象。

关于草原生态补偿的监管问题，现有的研究多为问题的描述且缺乏系统性。本章试图通过笔者在内蒙古自治区的实地调研，运用博弈论的分析框架系统地阐述草原生态补偿的监管问题，对弱监管的概念给出明确的界定，对弱监管的根源进行详细的讨论，对弱监管的影响做出全面的分析和预测，从而就改进草原生态补偿的监管提出一些有针对性的政策建议。

二、研究区域和数据来源

为了突出研究的代表性，本章研究选取了内蒙古自治区东部的呼伦贝尔市、中部的乌兰察布市、西部的阿拉善盟作为研究区域，分别代表三种草原类型，温性草甸草原、温性荒漠化草原和温性草原化荒漠。分析所用资料来自调研组一行 8 人于 2014 年 7 月 3 日～8 月 6 日对内蒙古自治区阿拉善左旗、四子王旗、陈巴尔虎旗三个旗县的 8 个苏木的 34 个纯牧业嘎查共 490 户牧户的实地调研。调查以问卷调查为主，采取调研员和牧户面对面交谈的方式，并与每个嘎查的嘎查领导进行了村级访谈，同时调研组还与内蒙古草原监理局、阿拉善左旗畜牧局、四子王旗畜牧局、陈巴尔虎旗畜牧局进行了深入座谈。

此次调研共发放问卷 498 份，回收有效问卷 490 份，其中阿拉善左旗 174 份、四子王旗 169 份、陈巴尔虎旗 147 份，全禁牧 144 份、全部草畜平衡 210 份、部分禁牧部分草畜平衡 136 份。样本户中，平均每户草场承包面积为

7172 亩，平均家庭人口数为 3.69 人，平均家庭劳动力数量 2.53 人，平均从事畜牧业劳动力数量 2.06 人，平均从事非农劳动力 0.46 人。表 11 - 1 显示了受访牧户的基本情况。

表 11 - 1 受访者基本情况

	性别		民族	
	男	女	蒙	汉
人数（人）	397	93	309	181
比例（%）	81	19	63	37
	年龄				
	15 ~ 25	26 ~ 35	36 ~ 45	46 ~ 55	55 以上
人数（人）	8	62	177	164	79
比例（%）	2	13	36	33	16
	受教育程度				
	文盲	小学	初中	高中	高中以上
人数（人）	35	144	206	80	25
比例（%）	7	30	42	16	5

三、草原生态补偿的监督博弈分析

政府和牧民之间存在博弈，政府和牧民是博弈的两个局中人。政府的策略是监管和不监管，监管牧民是否遵守政策规定，是否达到了禁牧区不放牧，草畜平衡区不超载的要求。牧民的策略是减畜和不减畜，以减畜和不减畜来表示遵守政策规定和不遵守政策规定。政府在实际情况中有一整套的监管体系，牧民在实际情况中存在禁牧区放牧、禁牧区不放牧、草畜平衡区超载、草畜平衡区通过减畜达到草畜平衡四种类型。

假设牧民减畜的收入损失为 C1，牧民减畜获得草原生态补偿资金为 S，在政府监管的情形下，牧民不减畜而受到的罚款为 T，牧民不减畜而扣除草原生态补偿资金的比例为 P，P 是属于 0 ~ 1 之间的一个数，政府的监管成本为 C2，牧民不减畜政府监管带来的信誉提升为 M，牧民不减畜政府不监管带来的信誉损失为 N。政府—牧民博弈支付矩阵如表 11 - 2 所示。

表 11 - 2   政府—牧民博弈支付矩阵

牧户	政府	
	监管	不监管
减畜	$-C1+S$，$-C2$	$-C1+S$，0
不减畜	$(1-P)S-T$，$-C2+T+M$	S，$-N$

由支付矩阵可知，当 $C1 > PS + T$ 时，牧民存在占优策略，占优策略是不减畜。C1 是牧民减畜的收入损失，也就是遵守政策规定的成本，$PS + T$ 是牧民不减畜而被扣除的生态补偿资金和受到的罚款，也就是违反政策规定的成本。具体含义是，牧民的遵守成本大于违约成本时，牧民总是选择不遵守政策规定。当 $C2 > T + M + N$ 时，政府存在占优策略，占优策略是不监管。其具体含义是，政府的监管成本大于监管收益时，政府总是选择不监管。

因此，当 $C1 > PS + T$ 且 $C2 > T + M + N$ 时，存在纯策略的纳什均衡解（不减畜，不监管），在其余情况下，不存在纯策略的纳什均衡。

当 $C1 < PS + T$ 且 $C2 < T + M + N$ 时，不存在纯策略的纳什均衡，但存在混合策略的纳什均衡。设牧户减畜的概率是 x，不减畜的概率为 $(1-x)$，政府监管的概率是 y，不监管的概率是 $(1-y)$，$x \in [0, 1]$，$y \in [0, 1]$。

牧民的期望效用函数为：$U(x, 1-x) = x(-C1+S) + (1-x)[y(S-PS-T) + (1-y)S]$

$\partial U/\partial x = -C1 + S - [y(S-PS-T) + (1-y)S] = -C1 + y(PS+T)$，令 $\partial U/\partial x = 0$，得 $y^* = C1/(PS+T)$

当 $y > C1/(PS+T)$，$\partial U/\partial x > 0$，也就是说，当政府监管的概率大于一定值时，牧户的期望效用与减畜概率成正比，牧户倾向于减畜；相反，当 $y < C1/(PS+T)$ 时，$\partial U/\partial x < 0$，牧户倾向于不减畜；当 $y = C1/(PS+T)$，$\partial U/\partial x = 0$，牧户对是否减畜持无所谓态度。

对 $y^* = C1/(PS+T)$ 进行分析，y^* 的具体含义是为了保证牧民减畜能够有效达成所需要的最低有效监管概率。$\partial y^*/\partial C1 > 0$，政府的最低有效监管概率与牧户因为减畜带来的收入损失成正相关；$\partial y^*/\partial PS < 0$，政府的最低有效监管概率与牧民因为不减畜而扣除的生态补偿资金成负相关；$\partial y^*/\partial T < 0$，

政府的最低有效监管概率与牧户因为不减畜而受到的罚款成负相关。

政府的期望效用函数为：$V(y, 1 - y) = y[x(- C2) + (1 - x)(- C2 + T + M)] + (1 - y)(1 - x)(- N)$

$\partial V / \partial y = - C2 + (1 - x)(T + M + N)$，令 $\partial V / \partial y = 0$，$(1 - x)^* = C2/(T + M + N)$

当 $1 - x > C2/(T + M + N)$ 时，$\partial V / \partial y > 0$，也就是说，当牧户不减畜的概率大于一定值时，政府的期望效用与政府监管的概率成正比，政府倾向于监管；相反，$1 - x < C2/(T + M + N)$，$\partial V / \partial y < 0$，政府倾向于不监管；当 $1 - x = C2/(T + M + N)$ 时，$\partial V / \partial y = 0$，政府对是否监管持无所谓态度。

对 $(1 - x)^* = C2/(T + M + N)$ 进行分析，$(1 - x)^*$ 的具体含义是需要政府监管的最低不减畜概率。$\partial(1 - x)^*/\partial C2 > 0$，需要政府监管的最低不减畜概率与监管成本成正相关；$\partial(1 - x)^*/\partial(T + M + N) < 0$，需要政府监管的最低不减畜概率与监管收益成负相关。

从草原生态补偿的监督博弈分析中可以得出以下几点重要认识：（1）当牧民的遵守成本大于违约成本时，牧民总是选择不减畜；（2）当政府的监管成本大于监管收益时，政府总是选择不监管；（3）当牧民的遵守成本小于违约成本时，存在最低有效监管概率 $y^* = C1/(PS + T)$，当监管概率大于最低有效监管概率时，牧民倾向于减畜，最低有效监管概率与牧户因为减畜带来的收入损失成正相关，与牧户因为不减畜而扣除的生态补偿资金成负相关，与牧户因为减畜而受到的罚款成负相关；（4）当政府的监管成本小于监管收益时，存在需要政府监管的最低不减畜概率 $(1 - x)^* = C2/(T + M + N)$，当牧户的不减畜概率大于最低不减畜概率时，政府倾向于监管，最低不减畜概率与监管成本成正相关，与监管收益成负相关。

四、弱监管的提出、表现和根源

（一）弱监管的提出

监管概率是一个牧民违反政策规定而被监管者发现并施以一些处罚措施

的概率。监管概率又可以细分为两种，一种是实际监管概率 y，另一种是参照概率即最低有效监管概率 y^*。

最低有效监管概率 y^*，是使牧民愿意遵守政策规定的最低监管概率。当实际监管概率大于最低有效监管概率时，牧户倾向于遵守政策规定。根据草原生态补偿的监督博弈分析可知，最低有效监管概率 $y^* = C1/(PS + T)$，其中 C1 表示遵守政策规定的收入损失，PS 表示因违反政策规定而被扣除的生态补偿资金，T 表示因违反政策规定而受到的罚款。最低有效监管概率的公式 $y^* = C1/(PS + T)$ 是在牧民的遵守成本小于违约成本（C1 < PS + T）的前提下推导出来的，为了扩大最低有效监管概率的应用范围和便于后续的分析，本研究将牧民的遵守成本大于违约成本（C1 > PS + T）的情形也用最低有效监管概率表示。当牧民的遵守成本大于违约成本（C1 > PS + T）时，最低有效监管概率 y^* 大于1，而实际监管概率 y 的最大值为1，此时实际监管概率总是小于最低有效监管概率，牧民总是选择不遵守政策规定，与草原生态补偿的监督博弈的推导结果一致。

监管存在两种状态，一种是弱监管，一种是强监管，在弱监管下，大家普遍倾向于违反政策规定，而在强监管下，大家普遍倾向于遵守政策规定。草原生态补偿的监管同样存在弱监管和强监管之分。草原生态补偿的强监管，是指实际的监管概率大于最低有效监管概率，使得牧民普遍倾向于遵守政策规定，即禁牧区不放牧和草畜平衡区通过减畜实现草畜平衡。草原生态补偿的弱监管，是指实际的监管概率小于最低有效监管概率，使得牧民普遍倾向于不遵守政策规定，即禁牧区继续放牧和草畜平衡区继续超载。

（二）弱监管的表现

根据弱监管的以上定义，草原生态补偿弱监管的表现体现为禁牧区继续放牧和草畜平衡区继续超载。现根据实地调研数据分析弱监管的表现，如表11-3所示。

表 11 – 3　　　　　　　　　　　　　　减畜情况

旗县	类型	样本数（户）	2010 年平均草场经营面积（标准亩①）	2014 年平均草场经营面积（标准亩）	2010 年平均养殖量②（羊单位）	2014 年平均养殖量（羊单位）	2010 年载畜率（标准亩/羊单位）	2014 年载畜率（标准亩/羊单位）
阿拉善左旗	全禁牧	79	4269	4424	226	86	18.9	51.4
	非全禁牧	83	6464	6853	329	291	19.6	23.5
四子王旗	全禁牧	60	6439	6439	229	184	28.1	35.0
	全草畜平衡	106	5201	6085	264	273	19.7	22.3
陈巴尔虎旗	部分禁牧部分草畜平衡	145	9651	10179	310	373	31.1	27.3

注：（1）草场经营面积包括了承包面积和流转面积；（2）所有的草场经营面积统一根据标准亩系数折算成标准亩，阿拉善左旗、四子王旗、陈巴尔虎旗的标准亩系数分别是 0.52、0.85、1.59；（3）所有的牲畜养殖量统一采用日历年度统计口径（12 月底）；（4）少量牧户，草场经营面积为 0，未统计其中，故样本数小于总样本数 490；（5）所有数据均来自牧户调研。

　　需要肯定的是，草原生态补偿政策的实施，总体上遏制了超载过牧。从载畜率的变化可以看出，阿拉善左旗全禁牧区、阿拉善左旗非全禁牧区、四子王旗全禁牧区、四子王旗全草畜平衡区，超载程度都得到了降低，尤以阿拉善左旗的全禁牧区最为明显。比较特别的是，四子王旗的草畜平衡区虽然平均每户的养殖规模增加了，但是超载程度却降低了，原因在于牧户通过草场流转增加了草场经营面积。陈巴尔虎旗平均每户的养殖规模呈上涨的趋势，似乎表现为超载程度加深了，实则不然，原因在于陈巴尔虎旗在草原生态补奖政策实施之前总体不超载，尚有进一步扩大生产经营的潜力，补奖政策实施以后，生态补偿资金恰好解决了部分牧民的资金困难，从而总体上扩大了畜牧业的经营规模。

　　虽然草原生态补偿政策的实施起到了遏制超载的目的，但远没有达到禁牧区大幅降低牲畜养殖、草畜平衡区实现草畜平衡的目标要求，表现为部分

　　① "标准亩"由内蒙古自治区首先提出并应用，根据天然草原的平均载畜能力，测算出平均饲养 1 只羊单位所需要的草地面积为 1 个标准亩，其系数为 1。
　　② 养殖量折算：一只羊折合 1 个羊单位，一头牛折合 6 个羊单位，一匹马折合 6 个羊单位，一峰骆驼折合 7 个羊单位。

地区的禁牧区减畜幅度不大，远没有达到禁牧的要求，部分地区的草畜平衡区超载程度降低了但仍未达到草畜平衡标准的要求。弱监管在不同地区的表现和原因，这里不再详细叙述。

（三）弱监管的根源

弱监管，用公式可以表示为，实际的监管概率 $y < $ 最低有效监管概率 y^*。从公式可以看出，造成弱监管的根源有两个方面，一是来自于不等式的左边，即实际的监管概率太低，二是来自于不等式的右边，即最低有效监管概率过高。为了更清晰地界定弱监管的根源，本研究将对弱监管的根源进行分类讨论，如表 11-4 所示。

表 11-4　　　　　　　　　　弱监管的根源和改进

	情形1：C1 > S	情形2：PS + T < C1 < S	情形3：C1 < PS + T 且 C1 < S
最低有效监管概率 y^*	大于1	大于1	等于 C1/（PS + T）
强监管的可能性	0	0	y > C1/（PS + T）
弱监管的根源	草原生态补偿标准偏低，缺乏自愿性	草原生态补偿符合自愿性但违约成本太低	实际监管概率小于最低有效监管概率
弱监管的改进	合理制定草原生态补偿标准	提高草原生态补偿的违约成本	提高实际监管概率，降低最低有效监管概率

1. 情形1：C1 > S，草原生态补偿标准偏低，缺乏自愿性

当 C1 > S 时，草原生态补偿标准小于机会成本，牧民遵守政策规定实际上会带来收入损失，从自愿参与的角度来看，牧民并不愿意参与草原生态补偿。假定草原生态补偿的最大违约成本不超过其所能获得的所有草原生态补偿资金，即 S > PS + T，那么当 C1 > S 时，PS + T < C1，从而最低有效监管概率 y^* 大于1，而实际监管概率的最大值为1，从而实际监管概率总是小于最低有效监管概率。无论地方监管部门如何加强监管，牧民总是选择不遵守政策规定。在这种情形下，弱监管的根源在于草原生态补偿标准偏低，缺乏自愿性。

现结合实际调研情况进行分析。如表 11 – 5 所示，无论是禁牧补助标准还是草畜平衡奖励标准，从牧民的主观评价来看，绝大多数牧民认为草原生态补偿标准低或太低，其潜在的含义就是机会成本要大于草原生态补偿标准。

表 11 – 5　　　　　　　　草原生态补偿标准的主观评价　　　　　　　　单位：户

	样本数	太低	低	中等	高	很高
禁牧补助标准	336	54	185	82	15	0
草畜平衡奖励标准	393	73	218	91	11	0

注：部分地区的牧民的草场属于全禁牧或者全草畜平衡，从而只对其中的一个标准进行了评价，从而样本数均小于总样本数490。

从禁牧的机会成本来看，禁牧的机会成本在不同牧户之间存在差异性，这种差异性主要体现在以下两个方面。从年龄差异上分析，中年牧户，家庭开支大（尤其是子女教育），畜牧业劳动力相对充裕；老年牧户，家庭开支小，同时享受子女赡养、养老保险等保障，畜牧业劳动力不充裕，从而中年牧户相对更愿意继续放牧而不是禁牧。从是否能够实现再就业上分析，不能实现再就业的牧户的禁牧机会成本要高于实现再就业的牧户的禁牧机会成本，因为无法实现再就业，禁牧的机会成本不仅包含了草场的要素价值也包含了牧户劳动力的要素价值，从而不能实现再就业的牧户相对更愿意继续放牧而不是禁牧。

从草畜平衡的机会成本来看，草畜平衡的机会成本在不同牧户之间存在差异性，这种差异性主要体现在超载程度的差异上。草畜平衡的机会成本和超载程度成正相关，超载程度越高，牧户需要减畜的比例越高，草畜平衡的机会成本越高，从而超载程度越高的牧户越不愿意通过减畜来获得草畜平衡奖励。

2. 情形 2：$PS + T < C1 < S$，草原生态补偿符合自愿性但违约成本太低

当 $PS + T < C1 < S$ 时，草原生态补偿标准大于机会成本，牧民愿意参与草原生态补偿，但由于 $PS + T < C1$，违约成本小于机会成本，最低有效监管概率大于1，所以无论地方监管部门如何加强监管，牧民总是选择不遵守政策规定。在这种情形下，弱监管的根源在于违约成本太低。

首先来看 PS，即因违反政策规定而被扣除的生态补偿资金。根据调研发

现，在490户受访牧户中，302户牧户表示资金发放及时，188户牧户表示资金发放不及时，牧民产生资金发放不及时这种主观认识的原因主要在于，从2013年开始，所调研的旗县在生态补偿资金的发放方式上从原先的一次性发放转变为分批发放，即"每年7月底发放70%，每年10月底根据草畜平衡标准的核定量再发30%，不达标将扣除30%"。从资金发放方式的转变可以看出，随着草原生态保护补助奖励机制的不断实施，地方政府已经逐步认识到约束机制的重要性。在这里我们可以简单地认为因违反政策规定而被扣除的生态补偿资金为30%的生态补偿资金，即P＝30%。

其次来看T，即因违反政策规定而受到的罚款。根据调研发现，在490户受访牧户中，共有35户牧户存在超载罚款，平均每户超载罚款为1437元，而他们所获得的草原生态补偿资金为平均每户16554元，超载罚款约占草原生态补偿资金的9%。

综合以上两项，草原生态补偿的违约成本约为草原生态补偿资金的39%。需要进一步说明的是，39%是一个严重偏大的估计值，因为草原生态补偿资金属于专项惠农资金，即便采取了分批的资金发放方式，地方政府是否真的或者在多大程度上会因为牧户违反政策规定而扣除剩余的30%的资金是一个未知数，另外在490户牧户中，35户以外的很多牧户存在违反政策规定的情况而没有受到罚款。但是违约成本即便是等于草原生态补偿资金的39%，也是一个相对较低的违约成本，不妨假定牧民参与草原生态补偿正好满足自愿性（C1＝S），那么最低有效监管概率将高达2.56。

3. 情形3：C1＜PS＋T且C1＜S，实际监管概率小于最低有效监管概率

当C1＜PS＋T且C1＜S时，牧民参与草原生态补偿满足自愿性，违约成本大于机会成本，最低有效监管概率小于1，理论上可以通过加强监管使得实际监管概率大于最低有效监管概率。在这种情形下，弱监管的根源在于实际监管概率小于最低有效监管概率。

在情形1和情形2中，已经对最低有效监管概率涉及的机会成本、违约成本进行了阐述和分析，在情形3中，我们将关注实际监管概率，分析哪些因素导致了实际监管概率的偏低。

实际监管概率y由两个部分组成，一个部分是牧民被监管者监管到的概率y_1，另一部分是当牧民被监管者监管后，其违反政策规定被发现的概率

y_2，两个部分相乘即为实际监管概率 y。第一个部分 y_1，通常与监管的资金投入成正相关，与牧户的监管成本成负相关。如果简单地认为监管成本与距离成正相关的话，那么距离越远的牧户，监管成本越高，被监管者监管到的概率越低。第二个部分 y_2，通常跟已有的监管体系相联系，较难量化，但是真实存在。因为存在信息上的不对称和牧民的一些应对策略，即便是一个牧民违反了政策规定，也并不容易被发现，因为监管并不是时时刻刻都在进行的，而牧民也不是时时刻刻都处于违反政策的状态（例如，禁牧区的偷牧行为）或者牧民处于违反政策的状态但是因为一些限制因素而没法被发现（例如，草畜平衡区牧户将超载牲畜暂时放置到别的牧户）。

　　现有的监管体系是草畜平衡框架下的数量监管体系，由省市县乡各级草原监理机构和村级草管员组成，部分地区聘用了大学生村官担任草管员，监管的内容是禁牧地区不能放牧、草畜平衡地区不能超载。真正实施草原生态补偿监管的主体是村级草管员和大学生村官草管员。由村领导和村民代表兼任的村级草管员，理论上而言是监管成本相对较低的，因为存在信息优势和居住地优势，但实际上村级草管员是否会真实地去实施草原生态补偿的监管，容易因为委托代理关系外加人情因素而带来监管效率的降低。相反，大学生村官草管员属于专职的草管员，减弱了委托代理关系，避免了人情因素，但是却不存在信息优势和居住地优势，从而监管成本是相对较高的。总体来说，就草畜平衡框架下的数量监管体系而言，以村级草管员为主体，以大学生村官草管员为补充是相对合理的选择。

　　单就监管成本而言，牧区牧民草场面积大、居住分散，实施监管需要耗费大量的交通费用，这是一个不可回避的现实。490 户受访牧户的平均草场承包面积为 7172 亩，村级草管员的工资为 4000 元每年，很多村领导反映草管员的工资太低，连基本的交通费用都难以覆盖，从而对草原生态补偿的监管工作缺乏有效的激励。

　　还有很多其他因素也带来了监管上的困难。有些地区禁牧草场没有围栏，并且与牧民的草畜平衡草场相连，连牧民自己都不清楚哪些草场属于禁牧，更何谈禁牧草场不放牧的问题，就这种情形而言，禁牧面积只是一个跟禁牧补偿相联系的数字。有些牧户禁牧之后，遵守了政策规定，处理了所有牲畜并从事非畜牧业的工作，但是附近的牧民没有禁牧，将牲畜放养到该牧户的草场，到底是谁的责任。就草畜平衡的数量监管而言，牧民的牲畜养殖数量在一年当中会发生较大变动，真要去数牧民的养殖牲畜，也容易演变成猫鼠游戏。

4. 小结

通过前面三种情形的分析可以得出：（1）草原生态补偿弱监管的根源来自于三个重要方面，分别是草原生态补偿标准偏低、违约成本太低和实际监管概率偏低；（2）这三个方面不是简单的并列关系，而是一种存在优先序的递进关系，草原生态补偿标准偏低优先于违约成本太低，违约成本太低优先于实际监管概率偏低，当草原生态补偿标准偏低和违约成本太低时，最低有效监管概率均大于1，无论地方监管部门如何强化监管来提高实际监管概率都无法促使牧民遵守政策规定；（3）为了强化草原生态补偿的监管，需要依次从三个方面进行改进，分别是合理制定草原生态补偿标准、提高草原生态补偿的违约成本、提高实际监管概率。

五、草原生态补偿的动态博弈分析

弱监管不仅会影响牧民当前的行为选择，而且会影响牧民将来的行为选择。草原生态保护补助奖励机制以5年为一个补助周期，2011～2015年为第一个补助周期，第一个补助周期即将结束，第二个补助周期该怎么做，目前还是个未知数。本小节将通过草原生态补偿的不完全信息动态博弈来分析弱监管对牧民在第二个补助周期中的行为选择的影响。

牧民在草原生态补偿第二个补助周期中需要做出的选择主要包括两个方面：一是确定禁牧面积（多少草场实行禁牧和多少草场实行草畜平衡）；二是在确定禁牧面积之后是否按照政策规定进行减畜。下面以禁牧的机会成本大于禁牧补助标准（$C1 > S$）的牧户为研究对象，就是否禁牧为例来分析弱监管的影响。

政府和牧民是博弈的两个局中人，政府的策略是监管和不监管，牧民的策略是禁牧和不禁牧。政府有两种类型，分别是强监管和弱监管，牧户对政府的监管类型的信息是不完全的。当政府的类型是强监管的政府类型时，按照强监管的定义，牧民将普遍倾向于遵守政策规定，但是由于 C1 > S，禁牧的机会成本大于禁牧补助标准，选择禁牧意味着收入损失，均衡的结果是牧民选择不禁牧。当政府的类型是弱监管的政府类型时，按照弱监管的定义，牧民将普遍倾向于违反政策规定，即便是 C1 > S，禁牧的机会成本大于禁牧补助标准，选择禁牧而不遵守禁牧规定将带来收入增加，均衡的结果是牧民选择禁牧。

虽然牧户对政府的监管类型的信息是不完全的，但是可以通过观察行动来不断修正其对政府的监管类型的判断。现运用贝叶斯法则模拟牧户如何通过观察行动来修正对政府的监管类型的判断。

假定牧户认为政府的监管类型是强监管的先验概率为 P（政府强监管）= 3/4，弱监管的先验概率为 P（政府弱监管）= 1/4，当政府的监管类型是强监管时，一个牧户在禁牧之后违反政策规定而不受到惩罚的概率是 P（不处罚丨政府强监管且牧民违反）= 1/4，当政府的监管类型是弱监管时，一个牧户在禁牧之后违反政府规定而不受到惩罚的概率是 P（不处罚丨政府弱监管且牧民违反）= 3/4。当这个牧户观察到另一个牧户禁牧之后违反政策规定却没有受到惩罚时，这个牧户将修正对政府的监管类型的判断。

P（政府强监管丨牧民违反且不处罚）

$$= \frac{P（政府强监管）×P（不处罚丨政府强监管且牧民违反）}{P（政府强监管）×P（不处罚丨政府强监管且牧民违反）+P（政府弱监管）×P（不处罚丨政府弱监管且牧民违反）}$$

$$= \frac{3/4 × 1/4}{3/4 × 1/4 + 1/4 × 3/4} = 1/2$$

如公式所示，修正之后，牧户认为政府的监管类型是强监管的后验概率为 1/2，如果这个牧户观察到一个牧户在禁牧之后违反政策规定而不受到惩罚时，强监管的后验概率将进一步修正为 1/4。

通过以上分析可以看出，通过两次弱监管的观察，强监管的主观概率就得到了显著地下降，相应的弱监管的主观概率得到了显著地上升。随着弱监管的主观概率的不断上升，在草原生态补偿的第二个补助周期中，那些禁牧的机会成本大于禁牧补助标准的牧户将普遍选择禁牧，其目的不是为了真正地去实施禁牧，而是通过名义上的禁牧来获得更多的禁牧补助，因为禁牧补助要比草畜平衡奖励高三倍。弱监管产生了不公平（有人遵守规定，有人不遵守规定，但是获得了相同的补偿），不公平进一步带来了反向激励（原本愿意遵守规定的人也选择不遵守规定），这会极大地限制草原生态补偿的政策效果。这些认识在与众多牧民的交流中得到了进一步地验证，牧民一方面对别的牧户不遵守禁牧规定表达了严重的不满，同时也表达了一种在第二个补助周期中分配更多的禁牧指标的希望。

六、小　结

本章利用内蒙古自治区的实地调研数据，运用博弈论分析了草原生态补偿弱监管的表现、根源以及影响。从本章中可以得出以下结论：（1）根据草原生态补偿的监督博弈分析可知，实际的监管概率小于最低有效监管概率，使得牧民普遍倾向于不遵守政策规定，即禁牧区继续放牧和草畜平衡区继续超载，这种现象在本研究中被界定为"草原生态补偿的弱监管"；（2）草原生态补偿弱监管的根源来自于三个重要方面，分别是草原生态补偿标准偏低、违约成本太低和实际监管概率偏低，并且这三个方面不是简单的并列关系，而是一种存在优先序的递进关系，草原生态补偿标准偏低优先于违约成本太低，违约成本太低优先于实际监管概率偏低；（3）根据弱监管下的动态博弈分析可知，弱监管将影响牧民在草原生态补偿第二个补助周期中的行为选择，弱监管产生了不公平（有人遵守规定，有人不遵守规定，但是获得了相同的补偿），不公平进一步带来了反向激励（原本愿意遵守规定的人也选择不遵守规定），这会极大地限制草原生态补偿的政策效果。

正确地理解和认识草原生态补偿的弱监管，不要将弱监管片面地等同于地方监管部门的监管不力。草原生态补偿标准偏低、违约成本太低而产生的弱监管，属于草原生态补偿政策设计的问题，即便是实际监管概率偏低引发的弱监管，其背后的原因也是多样的。

研究结论具有以下政策含义：（1）合理制定草原生态补偿标准，确保牧民自愿参与草原生态补偿；（2）提高草原生态补偿的违约成本是降低弱监管的必要条件；（3）完善已有的草原生态补偿监管体系，提高实际监管概率。

参 考 文 献

[1] 国务院. 关于促进牧区又好又快发展的若干意见 [Z], 2011 – 06 – 01.

[2] 额尔敦乌日图, 花蕊. 草原生态保护补奖机制实施中存在的问题及对策 [J]. 内蒙古师范大学学报 (哲学社会科学版), 2013 (6): 147 – 152.

[3] 孙长宏. 青海省实施草原生态保护补助奖励机制中存在的问题及探讨 [J]. 黑龙江畜牧兽医, 2013 (4): 32 – 33.

[4] 靳乐山, 胡振通. 草原生态补偿政策与牧民的可能选择 [J]. 改革, 2014 (11): 100 – 107.

[5] 文明, 图雅, 额尔敦乌日图, 等. 内蒙古部分地区草原生态保护补助奖励机制实施情况的调查研究 [J]. 内蒙古农业大学学报 (社会科学版), 2013 (1): 16 – 19.

[6] 陈永泉, 刘永利, 阿穆拉. 内蒙古草原生态保护补助奖励机制典型牧户调查报告 [J]. 内蒙古草业, 2013 (1): 15 – 18.

[7] 刘爱军. 内蒙古草原生态保护补助奖励效应及其问题解析 [J]. 草原与草业, 2014 (2): 4 – 8.

[8] Wunder S. Payments for Environmental Services: Some Nuts and Bolts. Occasional Paper No. 42. CIFOR, Bogor. 2005.

第五部分

牧区适度规模经营

| 第十二章 |
谁是中小牧户？中小牧户的界定和产生

关注中小牧户，帮助中小牧户，是协调草原生态目标和牧民生计目标的关键。基于内蒙古自治区西部的阿拉善左旗、中部的四子王旗和东部的陈巴尔虎旗三个旗县的实地调研，界定中小牧户的概念，分析中小牧户产生的历史原因。本书将中小牧户界定为草场经营面积未能实现适度规模经营的牧户；并指出其产生的原因包括特定时期的人口增长、草地退化、嘎查的草地资源禀赋（草地类型、人均草场面积）、草场的初始分配政策和牧户家庭人口变动等。为促进草原可持续发展，在后续完善草原保护和牧民收入相关政策措施中需要充分考虑中小牧户产生的背后原因。

一、背 景

草原是我国面积最大的陆地生态系统，各类草原面积近 4 亿公顷，占到全国国土总面积的 40% 以上。草原既是畜牧业发展重要的生产资料，又承载着重要的生态功能。长期以来，受农畜产品绝对短缺时期优先发展生产的影响，强调草原的生产功能，忽视草原的生态功能，由此造成草原长期超载过牧和人畜草关系持续失衡，这是导致草原生态难以走出恶性循环的根本原因（国务院，2011）。2011 年国务院发布《关于促进牧区又好又快发展的若干意见》，明确草原牧区实行"生产生态有机结合、生态优先"的发展方针，指出草原以生态保护为首要目标。

如何实现保护草原生态和促进牧民增收相结合是促进草原牧区可持续发展的前提条件,是摆在众多专家学者面前的严峻命题。为了更好地实现草原生态保护,同时兼顾牧区牧民的生存发展,一些学者从牧户异质性的视角进行了研究,关注不同规模牧户的生计状况和对草原生态保护的影响。靳乐山等(2013)通过研究发现中小牧户是草原超载过牧的主体,并且指出"关注中小牧户,帮助中小牧户,是协调草原生态保护目标和牧民增收目标的关键"。李金亚等(2014)通过研究进一步验证了"中小牧户是草原超载过牧的主体"这一发现。深入研究谁是中小牧户,将为后续完善相关政策措施提供重要参考。

现有文献关于中小牧户的研究还非常少,中小牧户的概念该如何界定,中小牧户又是如何产生的,未有文献进行分析阐述。本章试图通过对内蒙古自治区阿拉善左旗、四子王旗、陈巴尔虎旗三个旗县的实地调研,界定中小牧户的概念,分析中小牧户产生的历史原因。

二、研究区域和数据来源

为了突出研究的代表性,本章研究选取了内蒙古自治区东部的呼伦贝尔市、中部的乌兰察布市、西部的阿拉善盟作为研究区域,分别代表三种草原类型,温性草甸草原、温性荒漠化草原和温性草原化荒漠。分析所用资料来自调研组一行8人于2014年7月3日~8月6日对内蒙古自治区阿拉善左旗、四子王旗、陈巴尔虎旗三个旗县的8个苏木的34个纯牧业嘎查共490户牧户的实地调研。调查以问卷调查为主,采取调研员和牧户面对面交谈的方式,并与每个嘎查的嘎查领导进行了村级访谈,同时调研组还与内蒙古草原监理局、阿拉善左旗畜牧局、四子王旗畜牧局、陈巴尔虎旗畜牧局进行了深入座谈。同时调研组还参阅了34个纯牧业嘎查的所有牧户在"草原生态保护补助奖励机制管理信息系统"中的录入信息。

此次调研共发放问卷498份,回收有效问卷490份,其中阿拉善左旗174份,四子王旗169份,陈巴尔虎旗147份。样本户中,平均每户草场承包面积为7172亩,平均家庭人数为3.69人,平均家庭劳动力数量2.53人,平均从事畜牧业劳动力数量 2.06 人，平均从事非农劳动力 0.46 人。受访牧户的基本情况如表 12 - 1 所示。

表 12 - 1　　　　　　　　　　受访者基本情况

	性别		民族	
	男	女	蒙	汉
人数（人）	397	93	309	181
比例（%）	81	19	63	37
	年龄				
	15～25	26～35	36～45	46～55	55 以上
人数（人）	8	62	177	164	79
比例（%）	2	13	36	33	16
	受教育程度				
	文盲	小学	初中	高中	高中以上
人数（人）	35	144	206	80	25
比例（%）	7	30	42	16	5

三、中小牧户的界定

中小牧户，按字面简单理解就是，草场经营面积较少的牧户或者牲畜养殖数量较少的牧户。但是这样的界定，未免不够科学和严谨，其本身也缺乏实际意义。笔者将从独特的视角对中小牧户进行界定。笔者认为与中小牧户的概念紧密联系的一个概念是牧区牧民在家庭经营模式下的适度规模经营。因此，本章首先对牧区的适度规模经营的概念进行阐述，然后给出中小牧户的概念界定。

适度规模经营是一个带有价值判断的概念，即基于什么目标下的适度规模经营，下面对牧区的适度规模经营给出的概念界定综合考虑了生态目标和生计目标。牧区的适度规模经营意在追求"人、草、畜"的平衡。牧民养殖多少牲畜，体现"人、畜"的平衡，意在实现牧民生存和发展的需求。在一定草场上养殖多少牲畜，体现"草、畜"的平衡，意在实现草原可持续发展的需求。牧民在一定的草场上养殖多少牲畜，综合体现了"人、草、畜"的平衡，可能面临着生计目标和生态目标之间的冲突。这种可能冲突体现在，为了生存和发展的需求，需要在一定的草场上养殖不低于一定数量的牲畜 Q_{min}，而为了草原可持续发展的需求，需要在一定的草场上养殖不高于一定数量的牲畜 Q_{max}。当 Q_{max} 小于 Q_{min} 时，存在冲突，当 Q_{max} 越是小于 Q_{min} 时，存在显著冲突。如果以草场经营面积来衡量的话，牧区牧民在家庭经营模式下的适度规模经营就是指能够实现"人、草、畜"的平衡并且满足 Q_{max} 大于等于 Q_{min} 的草场经营面积。牧区适度规模经营的通俗理解就是"在家庭承包经营模式下，一个牧户家庭，需要拥有多少草场，才能按照草畜平衡的规定进行牲畜养殖，同时保障其生计需求"。

假定牧民的草场经营面积为 S（公顷），牧民的牲畜养殖规模为 Q（羊单位），每羊单位的牲畜价格为 P（元/羊单位），每羊单位的畜牧业生产成本为 C（元/羊单位），牧民因为生存和发展所需要的收入需求为 I（元/年），草原可持续发展下草畜平衡标准为 K（公顷/羊单位），那么 $Q_{max} = S/K$，$Q_{min} = I/(P-C)$，当 $Q_{max} \geq Q_{min}$ 时，求得 $S \geq KI/(P-C)$，即适度规模经营下草场经营面积的最小值为 $S^* = KI/(P-C)$。从而牧区牧民的适度规模经营就是 $S \geq S^* = KI/(P-C)$。

正确地把握牧区的适度规模经营，关键在于求解 S^*，即适度规模经营下草场经营面积的最小值。由公式 $S^* = KI/(P-C)$ 可以看出，S^* 与 K 成正相关，与 I 成正相关，与 P 成负相关，与 C 成负相关。由此可以进一步给出两点定性认识：一是牧区的适度规模经营与草地生产力相关，因而牧区的适度规模经营在不同草地类型的地区存在差异，即不同地区的"度"是不一样的；二是牧区的适度规模经营受到牧民生存和发展需求的影响，也受到畜产品价格和养殖成本的影响，因而牧区的适度规模经营是动态变化的。关于牧区适度规模经营下草场经营面积的最小值的数值具体是多少，需要结合统计数据和调研数据进行实证分析，同时也是一项复杂的研究工作，这不是本章的研究重点，有待另文深入分析。

中小牧户的概念界定，本章选取草场经营面积作为度量指标，而不是牲畜养殖规模。那么中小牧户的概念不妨界定为草场经营面积未能实现适度规模经营的牧户，即 $S < S^* = KI/(P-C)$。这样的概念界定具有以下两个特点：一是通俗易懂且有实际意义，中小牧户的表现是未能实现适度规模经营，存

在生计目标和生态目标的冲突并且难以协调；二是科学严谨，能够进行定量处理，即 $S < S^* = KI/(P - C)$。由公式同样可以给出中小牧户的两点定性认识：一是中小牧户和草地生产力相关，因而中小牧户在不同草地类型的地区存在差异；二是中小牧户受到牧民生存和发展需求的影响，也受到畜产品价格和养殖成本的影响，因而中小牧户是动态变化的。

从上述概念界定可以看出，适度规模经营和中小牧户是一组相对的概念。如果一个牧户是中小牧户，那么该牧户就未能实现适度规模经营；如果一个牧户实现了适度规模经营，那么该牧户就不是中小牧户，从而研究中小牧户也就是在认识适度规模经营。

四、中小牧户的产生

按照中小牧户的界定，中小牧户是指草场经营面积未能实现适度规模经营的牧户。分析中小牧户产生的原因，即需要分析中小牧户的草场经营面积为什么会小于适度规模经营下的最小草场经营面积，究竟中小牧户是如何产生的。本章将从三个层面去解析，分别是牧区的人口增长和草地退化、旗县内不同嘎查之间草场的异质性、嘎查内部不同牧户之间草场的异质性。第一个层面，牧区的人口增长和草地退化，属于国家层面。第二个层面，旗县内不同嘎查之间草场的异质性，属于集体层面，指的是集体的草地资源禀赋。第三个层面，嘎查内部不同牧户之间草场的异质性，属于个人层面，体现为如何从集体的草地资源禀赋到牧户的草地资源禀赋。

（一）牧区的人口增长和草地退化

新中国成立后内蒙古牧区人口增长迅速，变动较大，大致可以分为以下几个阶段：1947～1957 年，人口增长主要以人口的自然增长为主，由 26.3 万人增加到 33.5 万人；1958～1986 年，人口增长主要以特殊历史时期、特殊原因（包括鼓励开垦草原进行耕种，发展国营农牧场，知青下乡等）导致的人口的机械变动为主，由 33.5 万人增加到 191.1 万人；1987～2000 年，根据为数不多的统计数据得出结论，牧区人口增长以人口的自然变动为主，由191.1万人增加到192.92万人（包红霞等，2009）。草原牧区人口的自然增长率并不高，草原牧区人口的增长主要来自于特定时间的机械增长，增长的人口主要以汉族为主。牧区人口的大量增加总体上降低了牧区牧民的草场资源禀赋（即人均草场面积），这是导致细分草场进而产生中小牧户的重要原因。

内蒙古草原沙化、退化形势非常严峻。根据2010年内蒙古草原资源调查，2010年内蒙古草原"三化"面积6.96亿亩，占内蒙古草原总面积的61.16%，其中重度"三化"面积0.8亿亩，中度"三化"面积2.69亿亩，轻度"三化"面积3.47亿亩（内蒙古自治区农牧厅，2014）。草原沙化、退化严重的直接影响在于草地生产力的下降和合理载畜能力的下降。20世纪50年代，内蒙古草原合理载畜能力为8700万个羊单位，到80年代降到5800万个羊单位，2002年降到了3500万个羊单位（田永明，2011）。根据《2013年内蒙古自治区草原监测报告》，2012年内蒙古天然草场的合理载畜能力为3600万羊单位。草地退化，导致草地生产力下降和合理载畜能力的下降，牧民需要更多的草地资源才能保障生计需求，这是阻碍草地恢复和产生中小牧户的重要原因。如果进一步地考虑市场化、现代化的影响，牧民的生产、生活成本在逐步上升，中小牧户的困境无疑是雪上加霜。

（二）旗县内不同嘎查之间草场的异质性

嘎查的草地类型和人均草地面积是嘎查的草地资源禀赋，是影响嘎查内中小牧户产生的重要因素，草地资源禀赋较差的嘎查更容易产生中小牧户。旗县内不同嘎查之间草场的异质性，主要体现在两个方面，一是不同旗县所在的区域的草地类型的差异，二是同一旗县内不同嘎查之间人均草场面积的差异。

1. 草地类型的差异

三个旗县的草地类型和草地生产力如表12-2所示。陈巴尔虎旗属于呼伦贝尔市，草地类型主要是温性草甸草原，四子王旗属于乌兰察布市，草地类型主要是温性荒漠化草原，阿拉善左旗属于阿拉善盟，草地类型主要是温性草原化荒漠。根据《2013 年内蒙古自治区草原监测报告》，呼伦贝尔市、乌兰察布市、阿拉善盟的平均草地生产力（以干草计算）分别为 132.91 公斤/亩、37.85 公斤/亩、15.72 公斤/亩，由此可以看出，不同的草地类型对应的草地生产力存在显著的差异，呼伦贝尔市最高，乌兰察布市次之，阿拉善盟最低。

表 12 – 2　　　　　　　　　　草地类型和草地生产力

地区	陈巴尔虎旗	四子王旗	阿拉善左旗
主要草地类型	温性草甸草原	温性荒漠草原	温性草原化荒漠
草地生产力（公斤干草/亩）	132.91	37.85	15.72

资料来源：《2013 年内蒙古自治区草原监测报告》。

2. 人均草场面积的差异

根据《草原生态保护补助奖励机制管理信息系统》中 2011 年录入的基础数据，测算三个旗县的 34 个样本嘎查的人均草场面积，如表 12 – 3 所示。

从旗县的层面上看，阿拉善左旗 12 个样本嘎查的人均草场面积的平均值为 2278 亩，四子王旗为 2091 亩，陈巴尔虎旗为 2908 亩。单就人均草场面积而言，不同旗县之间的差异并不显著，但是如果将三个区域的草地类型考虑其中，草场的差异就会非常显著，因为呼伦贝尔市的平均草地生产力是乌兰察布市的 3.5 倍，而乌兰察布市的平均草地生产力为阿拉善盟的 2.4 倍。

从同一旗县内不同嘎查的层面上看，同一旗县内，草地类型相似，可以就人均草场面积进行简单的比较。本章采用均差比来分析同一旗县内不同嘎查之间人均草场面积的异质性。在阿拉善左旗的 12 个样本嘎查中，查干敖包嘎查和都日勒吉嘎查都显著高于平均值，均差比分别为 0.72 和 0.48，特莫图嘎查、沙日不日都嘎查和悉尼呼都格嘎查显著低于平均值，均差比分别为 -0.73、-0.54 和 -0.49。在四子王旗的 10 个样本嘎查中，乌拉嘎查和卫井嘎查显著高于平均值，均差比分别为 1.12 和 0.49，艾勒格嘎查显著低于平均值，均差比为 -0.55。在陈巴尔虎旗的 12 个样本嘎查中，呼和道布嘎查和格根胡硕嘎查显著高于平均值，均差比分别为 0.54 和 0.45，完工嘎查和白音乌拉嘎查显著低于平均值，均差比分别为 -0.66 和 -0.5。从上述分析可以看出，在同一旗县内，不同嘎查之间人均草场面积的确存在着显著的差异。

表 12 – 3　　　内蒙古自治区三个旗县内不同嘎查间人均草场面积的异质性

阿拉善左旗			四子王旗			陈巴尔虎旗		
嘎查	人均草场面积（亩）	均差比	嘎查	人均草场面积（亩）	均差比	嘎查	人均草场面积（亩）	均差比
通格图	2843	0.25	卫井	3106	0.49	巴彦哈达	3328	0.14
都日勒吉	3367	0.48	艾勒格	940	− 0.55	乌兰础鲁	3257	0.12
伊和布鲁格	2632	0.16	江岸	2383	0.14	格根胡硕	4245	0.46
哈日木格太	1962	− 0.14	乌拉	4430	1.12	呼和道布	4473	0.54
查干敖包	4000	0.76	山滩	1847	− 0.12	安格尔图	3498	0.2
德日图	2519	0.11	格日乐图雅	1391	− 0.33	乌布日诺尔	1960	− 0.33
额然陶勒盖	1889	− 0.17	白音补力格	1613	− 0.23	白音布日德	3101	0.07
巴音洪格日	2231	− 0.02	白音乌拉	1314	− 0.37	完工	999	− 0.66
沙日布日都	1042	− 0.54	敖包图	2553	0.22	白音乌拉	1441	− 0.5
希尼呼都格	1172	− 0.49	巴音	1331	− 0.36	查干诺尔	1758	− 0.4
特莫图	619	− 0.73	—	—	—	海拉图	3779	0.3
通古勒格淖尔	3055	0.34	—	—	—	额尔敦乌拉	3061	0.05
平均值	2278		平均值	2091		平均值	2908	

　　资料来源：基础数据来源于草原生态保护补助奖励机制管理信息系统，表格中的数据由基础数据换算所得。

（三）嘎查内不同牧户之间草场的异质性

　　嘎查内部不同牧户之间草场的异质性，属于个人层面，体现为如何从集体的草地资源禀赋到牧户的草地资源禀赋。

　　本章构建了人均草场面积的基尼系数的指标来度量嘎查内不同牧户之间人均草场面积的异质性。基尼系数是由意大利经济学家基尼于 20 世纪初所提出的，用来判断收入分配不均等程度的指标。近年来，作为一种广义的分析方法逐渐应用到其他分配问题和均衡程度分析中（张长征，2006）。基尼系数取值范围为 0 ~ 1，其值越接近于 1 表示分配越不公平，越接近于 0 表示分配越公平。基尼系数的计算公式有多种，其中由张建华（2007）所提出的基尼系数计算公式较为简洁直观，且适合于本研究数据的离散型分布。具体计算方法为：先将某个嘎查内每位牧民所承包的草场面积按升序排列，并从

1~n 编号，再根据公式（12-1）计算该嘎查的基尼系数。其中，n 为该样本嘎查牧民总数，W_i 表示第 1~第 i 位牧民所承包的草场面积总和占全嘎查草场面积总和的比例。

$$G = 1 - \frac{1}{n}(2\sum_{i=1}^{n-1} W_i + 1) \qquad (12-1)$$

根据《草原生态保护补助奖励机制管理信息系统》中 2011 年录入的基础数据，测算了三个旗县的 34 个样本嘎查中的每一个牧户的人均草场面积，运用 Stata 11.0 软件，计算出了各个嘎查人均草场面积的基尼系数，计算结果见表 12-4。

表 12-4　　　　　内蒙古自治区三个旗县 34 个嘎查内不同
牧户之间人均草场面积的异质性

阿拉善左旗		四子王旗		陈巴尔虎旗	
嘎查	基尼系数	嘎查	基尼系数	嘎查	基尼系数
通格图	0.33	卫井	0.42	巴彦哈达	0.57
都日勒吉	0.35	艾勒格	0.24	乌兰础鲁	0.51
伊和布鲁格	0.62	江岸	0.43	格根胡硕	0.59
哈日木格太	0.42	乌拉	0.40	呼和道布	0.43
查干敖包	0.33	山滩	0.40	安格尔图	0.41
德日图	0.21	格日乐图雅	0.40	乌布日诺尔	0.36
额然陶勒盖	0.22	白音补力格	0.36	白音布日德	0.34
巴音洪格日	0.25	白音乌拉	0.45	完工	0.40
沙日布日都	0.53	敖包图	0.38	白音乌拉	0.45
希尼呼都格	0.35	巴音	0.35	查干诺尔	0.41
特莫图	0.30			海拉图	0.49
通古勒格淖尔	0.10			额尔敦乌拉	0.52
平均值	0.33	平均值	0.38	平均值	0.46

资料来源：基础数据来源于草原生态保护补助奖励机制管理信息系统，表格中的数据由基础数据换算所得。

根据基尼系数的经济学含义，基尼系数越小表示分配越均等，基尼系数越大表示分配越不均等。由表 12-4 可知，34 个样本嘎查的人均草场面积均存在一定程度的不均等。从各个旗县的平均值来看，陈巴尔虎旗 12 个样本嘎查基尼系数的平均值最大，四子王旗次之，阿拉善左旗最小。从每个旗县内部各个嘎查之间的比较来看，不同嘎查之间的基尼系数也存在不同程度的差异。

根据我们的实地调研发现，造成嘎查内部不同牧户之间人均草场面积的异质性的原因主要有两个，一是初始分配政策，二是家庭人口变动。

1. 初始分配政策

20 世纪 80 年代初分牲畜，80 年代末开始分草场，不同地区的草场分配政策存在差异，并不是简单地按照人口平均分配草场，从而在草场的初始分配上带来了人均草场面积的异质性，这是中小牧户产生的一个重要因素。

陈巴尔虎旗采用了"人六畜四"的草场分配政策。"人六畜四"就是将草场总面积的 60% 按照人口平均分配，40% 按照牲畜数量进行分配。这种分配政策在草场初始分配上产生了较大的差异性，因为养殖规模较大的牧户比养殖规模较小的牧户分得了更多的草场。这也直接导致了陈巴尔虎旗的平均基尼系数比另外两个旗县都要高。对于这种分配政策的评价，很多牧民表示这种分配政策很不合理和很不公平，在 2011 年草原生态保护补助奖励机制实施以后，草原生态补偿资金和草场面积挂钩，这种分配政策背后的不合理性通过草原生态补偿资金的分配格局进一步凸显出来。

四子王旗采取了差别化的草场分配政策，倾向于保护原住民的利益，非原住民（主要指汉族）平均每人分配的草场要比原住民平均每人分配的草场低 1/3 ~ 1/2，部分嘎查属于国营牧场改制形成的牧业嘎查，在草场分配上采取了按职工分配草场的政策，职工家属不能参与草场分配。这种分配政策也带来了草场初始分配的差异性，但差异性要小于陈巴尔虎旗的草场分配政策。这种分配政策实质上保障了蒙古族牧民的利益，对于这种分配政策的评价，蒙古族牧民和汉族牧民因为立场不同而评价不同。蒙古族牧民认可这种分配政策，并且认为需要做出这种政策倾斜，因为他们是世世代代在草原上从事畜牧业的牧民。汉族牧民表示希望能够享受和蒙古族牧民一样的待遇，因为无论是草原开垦抑或是知青下乡，他们当初都是响应国家号召来支援草原开发和建设的。单就分配结果而言，在同一嘎查内，如果有汉族牧民，那么汉族牧民更倾向于是中小牧户。

阿拉善左旗总体上采取了按人口平均分配草场的政策，但在具体实施中，部分嘎查考虑居住密度等因素，在分配草场上并不是非常严格地按照人口平均分配。这种分配政策同样在草场初始分配上产生了一些差异性，但这种差异性的大小依照各个嘎查在草场分配上的灵活程度的不同而不同。因为灵活程度的不同，各个嘎查的基尼系数差异较大，最低的仅为0.10，最高的则有0.62。对于这种分配政策的评价，牧民没有给出太多的个人看法，因为阿拉善左旗在草原生态补偿中采用了按人口进行补偿的模式，所以牧民反而对家庭人口的认定表达了很多意见，到底谁能享受，谁不能享受。

2. 家庭人口变动

自20世纪80年代末分草场以来，经过20余年的发展变迁，虽然在这段时间牧区的总人口数量没有发生大的变动，但是不断的家庭人口变动和"分户成家"使得不同牧户的人均草场面积产生了差异，这是中小牧户不断产生的重要因素。以"分户成家"为例，尤其是一些子女较多的牧户，如果子女都在牧区从事畜牧业，那么"分户成家"将使得一个牧户的草场被分割为数块草场，伴随着后代的出生，草场细分的结果是人均草场面积的显著降低。当然也存在着一些因为家庭人口数量减少而使得人均草场面积增大的情形，同时也存在着出于牧户家庭内部的考虑和安排促使部分人暂时放弃畜牧业的情形。正是存在一个个牧户家庭各式各样的人口变化和选择，使得不同牧户之间人均草场面积产生了显著差异，进而促使中小牧户不断产生。

五、小　结

基于内蒙古自治区阿拉善左旗、四子王旗、陈巴尔虎旗三个旗县的实地调研，本章对中小牧户的概念进行了界定，对中小牧户产生的原因进行了分析。中小牧户是指草场经营面积未能实现适度规模经营的牧户。中小牧户产生的原因有：（1）特定时间的人口增长总体上降低了牧区牧民的人均草场面积；（2）草地退化导致草地生产力下降和合理载畜能力下降，牧民需要更多的草地资源才能保障生计需求；（3）嘎查的草地资源禀赋（草地类型、人均草场面积）决定了嘎查内牧民的草地资源禀赋；（4）草场的初始分配政策和牧户家庭人口变动带来了嘎查内部不同牧户之间人均草场面积的差异。

纵观我国草地资源可持续管理的制度选择，主要的制度包括草原承包经营制度、草畜平衡制度、基本草原保护制度、禁牧休牧划区轮牧制度、草原生态补偿制度、草原承包经营权流转制度、社区共管制度等，其中最为基础和核心的制度是草原承包经营制度和草畜平衡制度。草原承包经营和围栏建设，促使牧区草场实现了从集体公共草场到家庭承包草场的转变，畜牧业生产方式也实现了从游牧到定居的转变，草场分户承包经营使得牧户的草场经营规模变得狭小。中小牧户，草场面积较小，草场是稀缺生产要素，从而在超载过牧、草场流转等方面表现出特性，具体表现为中小牧户超载严重、中小牧户在进行草场整合。这对以实现草畜平衡为目标的一系列制度都有很大的启示，例如，以遏制超载为目的的草原生态保护补助奖励机制，草畜平衡奖励需要关注中小牧户，在不断发生的草原承包经营权流转中，需要关注中小牧户。

研究具有以下政策含义：（1）中小牧户存在生计目标和生态目标的冲突并且难以协调，关注中小牧户，帮助中小牧户，是协调草原生态目标和牧民生计目标的关键；（2）中小牧户产生的原因是多样的，在后续促进草原可持续发展完善相关政策措施中需要充分考虑中小牧户产生的背后原因。

参 考 文 献

［1］国务院. 关于促进牧区又好又快发展的若干意见［Z］, 2011 - 06 - 01.

［2］靳乐山, 胡振通. 谁在超载？不同规模牧户的差异分析［J］. 中国农村观察, 2013（2）: 37 - 43.

［3］李金亚, 薛建良, 尚旭东, 等. 草畜平衡补偿政策的受偿主体差异性探析——不同规模牧户草畜平衡差异的理论分析和实证检验［J］. 中国人口·资源与环境, 2014（11）: 89 - 95.

［4］包红霞, 恩和. 内蒙古牧区人口变动研究［J］. 内蒙古大学学报（哲学社会科学版）, 2009（4）.

［5］内蒙古自治区农牧业厅. 内蒙古草原保护与建设规划纲要（2014 ~ 2020）, 2014 - 01.

［6］田永明. 内蒙古牧区发展专题调研报告［J］. 北方经济, 2011

（11）.

　　［7］张长征. 中国教育公平程度实证研究：1978～2004——基于教育基尼系数的测算与分析［J］. 清华大学教育研究，2006（2）：10-14.

　　［8］张建华. 一种简便易用的基尼系数计算方法［J］. 山西农业大学学报（社会科学版），2007（3）：275-283.

|第十三章|
草场流转的生态环境效率

随着国家对草原生态保护的重视以及国家"四化"的提出,研究草场流转和草原生态保护之间的关系具有重要的现实意义。本章利用在内蒙古四子王旗和甘肃省天祝县的 209 户牧户样本数据,对草场流转和草原生态保护之间的关系进行了定量研究,研究显示:草场超载的主体是草场面积较小且未进行草场流转的牧户,草场流转有助于草原生态保护。为了达到草原生态保护,在禁牧制度和草畜平衡制度的基础上,应考虑将草场流转纳入到草原生态保护的制度中去,给予一定的重视。

一、背 景

国务院发布《关于促进牧区又好又快发展的若干意见》后,2012 年中共十八大报告指出坚持走中国特色新型工业化、信息化、城镇化、农业现代化道路,其中城镇化和农业现代化相互协调指出了现代农村发展的方向。城镇化的推进将增强中小城镇吸纳人口的能力,农业现代化的推进需要发展土地的适度规模经营(国务院,2013),土地流转在牧区表现为草场流转。研究草场流转和草原生态保护之间的关系具有重要的现实意义。

超载过牧是我国草原退化的主要原因(李博,1997;张瑞荣等,2010;朱美玲等,2012;马有祥,2011)。所以草原生态保护的政策目标主要是指遏制超载,具体的政策措施是禁牧和草畜平衡(国务院,2011)。牧民超载程度的差异将很好地反映出对草原生态保护的影响。

在超载过牧的解释框架下，生计和环境的关系是草原环境政策的中心议题（王晓毅，2009）。评价草场流转有两个维度，一是牧民生计，二是草原生态保护。对于草场流转的研究，多数学者（尚配峰等，2009；栗林，2009；吉汉忠，2011；边明琴，2012）从草场流转过程中存在的问题角度出发指出如何规范草场流转。也有学者（张引弟，2010；华青措，2010）从实现畜牧业规模化经营和牧民增收的角度去看草场流转，未关注草场流转和草原生态保护之间的关系。还有一些研究（刘建利，2008；赖玉珮等，2012）涉及草场流转和草原生态保护之间的关系，但只限于定性的描述，没有探讨两者之间的影响机制。

现有的研究很少涉及草场流转和草原生态保护之间关系的定量研究，本章试图通过在内蒙古和甘肃两省的实地调研，定量分析草场流转和草原生态保护之间的关系，如果能够识别出草原流转和草原生态保护之间的关系，将有助于政策的制定。

二、概念界定和理论分析

（一）概念界定及量化

1. 草场流转的概念界定及量化。根据《中华人民共和国农村土地承包法》（2003 年）、《农村土地承包经营权流转管理办法》（2005 年）、《内蒙古自治区草原管理条例实施细则》（2006 年）、《青海省草原承包经营权流转办法》（2012 年）等法规、部门规章的规定，草场流转全称为草原承包经营权流转，是指在草原承包期内，承包方以出租、转让、转包、互换、入股及其他方式将承包草地的承包经营权转移给第三方从事牧业生产经营的经济现象，遵循自愿、有偿、合法以及不改变草原用途的原则。

草场流转包括多种形式，无论从文献上看，还是实际调研来看，草场租赁是当前草场流转的最重要的形式。根据实际调研的情况来看，在草场租赁行为中，全部出租占到绝大多数，部分出租占到很小的比例，实际样本中会缺失全部出租草场的牧户，因为外出打工出租草场的多是全部出租草场，部分出租草场的往往是草场面积大而劳动力不足的牧户。同样的问题也存在于农地流转中，只不过在草场流转中，全部出租的比例更高一些。

鉴于以上两点，本章研究所指的草场流转主要指草场租赁这种形式，主要关注草场流转中的租入户和非流转户。草场流转如何量化，通常涉及两个指标，一是草场承包面积，二是草场流转面积，其中租入为正，租出为负。

2. 生态环境效率的概念界定及量化。与农地流转的粮食生产效率相类似，我们可以探讨草场流转的生态环境效率。草场流转的生态环境效率是一定的草场流转对生态环境的影响，正影响抑或是负影响的大小。

由于超载过牧是我国草原退化的主要原因，所以，可以用载畜率这一指标来衡量草场流转的生态环境效率。载畜率 = （草场承包面积 + 草场流转面积）/养殖规模，就是多少亩养一羊单位①，载畜率越高，超载程度越低，越有利于草原生态保护。本章草场流转的生态环境效率用载畜率来衡量。

需要指出的是，根据《草畜平衡管理办法》（2005 年）的规定，"草畜平衡是指为保持草原生态系统良性循环，在一定时间内，草原使用者或承包经营者通过草原和其他途径获取的可利用饲草饲料总量与其饲养的牲畜所需的饲草饲料量保持动态平衡"。理论上需要去核算每一个牧户通过草原和其他途径获取的可利用饲草饲料总量，于是用载畜率来表示草原的生态环境效率需要基于一些隐含的假设。第一个假设是草地类型、草场质量无显著差异，否则不同牧户间的草地利用对草原生态的影响将不可比；第二个假设是不同牧户通过草原获得的饲草与其他途径获得的饲草的比相同。通常第一个假设可以比较容易满足，而第二个假设则较难满足，不同的牧户之间存在差异，有些牧民会相对多购买一些饲草，有些牧户会相对少购买一些饲草。第二个假设的不满足将是本章的一个潜在的不足之处，有待另文深入分析。

---

① 根据《天然草地合理载畜量的计算》（中华人民共和国农业行业标准 NY/T635 - 2002），一个标准羊单位为一只体重 50 公斤、哺半岁以内羊羔的成年绵羊，日消耗干草 1.8 公斤，全年放牧以 365 天计算，全年消耗干草 657 公斤。本书所指的羊单位做简化处理，一只羊算 1 个羊单位，一头牦牛按 4 个羊单位算。

（二）理论分析

从宏观上看，草场退化的主要原因是超载过牧，而超载过牧的背后原因又是牧区的人口压力过大，草原承载不了那么多的人口，才会出现超载过牧的现象。随着城镇化、工业化的推进，一部分牧户会迁移到城镇生活和工作，减少牧区人口，伴随着草场流转，草场压力得到缓解，即草场流转有助于草原生态保护。

从微观上看，可以从投入产出的角度构建家庭经营模式下的牧民生产函数模型。

家庭经营模式下，草原畜牧业是牧民的唯一收入来源；牧民在自己的天然草场上放养牲畜，草场面积为 X；牲畜的数量为 Y；从事畜牧业的劳动力为 L；畜产品价格为 P；牧民的最低家庭支出为 Z；草畜平衡标准为 k 亩/羊单位，严重超载为 k/2 亩/羊单位。

主要考察 Y 与 X 之间的关系，将 L、P、Z、k 设为外生变量。

家庭经营模式下的生产函数为：

$$Y = f(X)$$

为了维持家庭收支平衡，存在一个最小养殖规模 Y_{min}，最小养殖规模与最低家庭支出和畜产品价格相关，而与草场面积无关，从而：

$$Y \geqslant Y_{min} = f(Z, \ P) = \frac{Z}{P}$$

家庭经营模式下，因为劳动力的约束，存在一个最大养殖规模 Y_{max}，最大养殖规模与劳动力相关，而与草场面积无关，从而：

$$Y \leqslant Y_{max} = f(L)$$

当维持家庭收支平衡和劳动力不构成约束时，牧民会在草畜平衡和严重超载之间选择一个合适的养殖量，从而：

$$\frac{X}{k} \leqslant Y = f(X) \leqslant \frac{2X}{k}$$

结合图 13-1 家庭经营模式下的牧民生产决策来分析 Y 与 X 之间的变化关系。

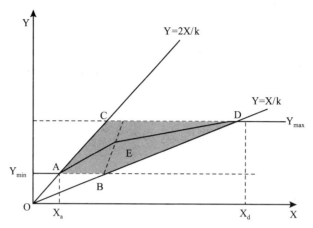

图 13 - 1　家庭经营模式下的牧民生产决策

在图 13 - 1 中，纵轴是 Y，横轴是 X，原点为 O，任意一点到原点的直线的斜率为 Y/X（是载畜率的倒数）。有两条参考线，一条是 Y = X/k，为草畜平衡线，另一条是 Y = 2X/k，为严重超载线。

图形有四个点，分别为 A，B，C，D。A 点表示处于最小养殖规模同时超载非常严重；B 点表示处于最小养殖规模同时实现了草畜平衡；C 点表示处于最大养殖规模同时超载严重；D 点表示处于最大养殖规模同时实现了草畜平衡。

当 X 小于 X_a 时，Y = Y_{min}，牧民的畜牧业生产处于严重超载线以上，超载非常非常严重。

当 X 大于 X_d 时，Y = Y_{max}，牧民的畜牧业生产处于草畜平衡线以下，不超载。

当 X 处于 X_a 和 X_d 之间时，点（X，Y）的取值处于梯形 ABCD 以内，起点是 A 点，终点是 D 点，随着 X 的增大，点（X，Y）从越靠近严重超载线逐步向越靠近草畜平衡线靠拢。简化处理，取 BC 的终点 E，连接 AE，DE，将 AED 作为（X，Y）变化的路径。

综合来看，随着草场面积的逐步增大，（X，Y）的变化轨迹为 Y_{min}，A，E，D，Y_{max}，由于载畜率是点到原点的斜率的倒数，于是由图 13 - 1 可以看出，随着草场面积的增大，载畜率逐渐增加。

草场面积 X 包括两个组成部分，一是草场承包面积，二是草场流转面积，当不存在草场流转时，草场承包面积大的牧户要比草场承包面积小的牧户载畜率要高；当存在草场流转时，草场承包面积相同的情况下，草场流转面积越大的牧户比草场流转面积小的牧户载畜率要高，从而草场流转有助于草原生态保护。

无论是从宏观的角度看，还是从微观层面分析，草场流转将有助于草原生态保护。现有的文献对草场流转和草原生态保护之间的关系只是进行了定性的描述，但是缺乏定量的分析和验证。本章将用实地调研数据来验证草场流转和草原生态保护之间的关系。

三、研究假设和经济模型

（一）研究假设

根据前面的描述和分析，本章的假设是："草场流转有助于草原生态保护"，为了验证这个假说，本章提出如下两个具体的待检验假设：

研究假设 1：载畜率跟草场承包面积有关系，并且草场承包面积越大的牧户，载畜率越高；

研究假设 2：载畜率跟草场流转面积有关系，并且在草场承包面积相同的情况下，租入草场的牧户比不租入草场的牧户，载畜率要高，租入草场面积越多的牧户，载畜率越高。

（二）经济模型

要验证草场流转和草原生态保护之间的关系，就要看草场流转对草原生态保护有无明显作用，用线性函数表示为：

$$y = \partial_0 + \partial_1 S_1 + \partial_2 S_2 + \varepsilon \tag{13-1}$$

式（13-1）中，y 代表载畜率；S_1 代表草场承包面积；S_2 代表草场流转面积；参数 ∂_1 代表草场承包面积每增加一单位，载畜率的变化；参数 ∂_2 代表草场流转面积每增加一单位，载畜率的变化。

对于参数∂_1：如果草场承包面积和载畜率不相关，那么∂_1显著为0，即承包面积小的牧户和承包面积大的牧户，载畜率无差异；如果草场承包面积和载畜率正相关，那么∂_1显著为正，即草场承包面积越大的牧户，载畜率越高；如果草场承包面积和载畜率负相关，那么∂_1显著为负，即草场承包面积越大的牧户，载畜率越低。

对于参数∂_2：如果草场流转面积和载畜率不相关，那么∂_2显著为0，即流转牧户和非流转牧户、租入面积小的牧户和租入面积大的牧户，载畜率无差别；如果草场流转面积和载畜率正相关，那么∂_2显著为正，即草场流转面积越大，载畜率越高；如果草场流转面积和载畜率负相关，那么∂_2显著为负，即草场流转面积越大，载畜率越低。

四、数据来源和实证分析结果

（一）数据来源和样本的基本情况

本研究分析所用的数据来源于对内蒙古自治区四子王旗和甘肃省天祝县的实地调研，有效样本总共209户，其中内蒙古四子王旗100户，甘肃省天祝县109户。调查以问卷调查为主，采取调查员和牧户面对面谈话的方式。

1. 内蒙古四子王旗

调研组于2012年5月对内蒙古自治区乌兰察布市四子王旗查干补力格苏木6个纯牧业嘎查共100户牧户进行了实地调查。查干补力格苏木位于四子王旗中部，是一个以畜牧业为主体经济的纯牧业苏木，草地类型[①]以温性荒漠草原为主，草畜平衡标准为30亩/羊单位[②]。全苏木总面积3186平方公里，下辖8个嘎查，包括饲草料基地嘎查1个，生态移民嘎查1个以及纯牧业嘎查6个。2011年该苏木总户数为1371户，共计3866人，落实所有权的草场

---

① 草地类型分类参照全国草地分类系统（1987年，北京会议确定）。

② 根据《四子王旗2011年草原生态保护补助奖励机制实施方案》（2011年6月），草畜平衡标准为南部牧区30亩/羊单位，北部牧区37亩/羊单位，中部牧区47亩/羊单位。

面积达 396.9 万亩，6 个纯牧业嘎查常住牧户为 771 户。样本牧户占总牧户的比例为 13.0%，样本牧户平均常住人口 4.03 人，平均劳动人口 2.34 人。100 户样本牧户中，59 户为蒙古族，49 户为汉族，户主年龄在 36～45 岁的居多，受教育程度以小学、初中文化程度的居多。

　　表 13-1 显示了受访样本的草场经营情况。100 户受访牧户，总经营草场面积 81.80 万亩，平均每户草场承包面积 6099 亩，平均每户草场经营面积 8180 亩，总养殖① 33480 羊单位，平均每户养羊 334.8 羊单位，平均每户载畜率为 24.43 亩/羊单位。在 100 户中 44 户存在草场流转，草场面积由平均每户 4158 亩增加到平均每户 8888 亩，平均每户的载畜率为 28.04 亩/羊单位，56 户不存在草场流转，平均每户草场经营面积为 7624 亩，平均每户的载畜率为 24.27 亩/羊单位，从简单统计上可以看出，存在草场流转的牧户比不存在草场流转的牧户载畜率要高，超载程度要低。

表 13-1　　　　　　　　　　　四子王旗受访者草场经营情况

	草场承包面积（亩）			
	[0, 4000)	[4000, 8000)	[8000, 12000)	[12000, 25000]
户数（户）	31	42	19	8
比例（%）	31	42	19	8
	草场经营面积（亩）			
	[0, 4000)	[4000, 8000)	[8000, 12000)	[12000, 25000]
户数（户）	14	35	35	16
比例（%）	14	35	35	16

	牲畜养殖规模（羊单位）					
	[0, 100)	[100, 200)	[200, 300)	[300, 400)	[400, 500)	[500, 800)
户数（户）	2	4	27	36	17	14
比例（%）	2	4	27	36	17	14
	载畜率（亩/羊单位）					
	[0, 10)	[10, 20)	[20, 30)	[30, 40)	[40, 50)	[50, 80)
户数（户）	5	32	30	16	9	8
比例（%）	5	32	30	16	9	8

　　① 在内蒙古四子王旗统计的是牧业年度牲畜统计数据（截至 6 月底），在甘肃省天祝县统计的是日历年度牲畜统计数据（截至 12 月底），之所以询问的统计口径不一，主要是为了与当地的统计口径一致。

2. 甘肃省天祝县

调研组于 2013 年 8 月对甘肃省天祝县 5 个乡镇 11 村子共 205 户牧户进行了实地调研。天祝县位于甘肃省中部，武威市南部，祁连山东端，属青藏高原区，素有"河西走廊门户"之称，区位优势明显。全县总人口 23 万人，其中纯牧业人口 17.13 万人、40648 户。天然草原总面积 621.2 万亩，可利用草原面积 587.1 万亩，其中禁牧面积 160 万亩，草畜平衡草原面积 427.1 万亩。天然草原是天祝县面积最大的土地类型，有温性草原、山地草甸、灌丛草甸、疏林草甸、高寒草甸五类。主要放牧畜种为牦牛、绵羊和山羊。草畜平衡标准为 6.19 亩/羊单位①。

在 11 个调研村中，6 个村子存在草场流转，4 个村子因为草场面积小没有也没法围栏到户而不存在草场流转，1 个村子因为全村禁牧也不存在草场流转。在 6 个存在草场流转的村子中，总计牧户 114 户，有效样本 109 户。在 109 户样本牧户中，平均常住人口为 4.62 人，平均劳动力人口为 2.67 人，平均从事牧业劳动力人口为 2.37 人，71% 为藏族，其余为汉族或其他民族，户主年龄以 36~55 岁的居多，受教育程度以小学、初中文化程度的居多。

表 13 – 2 显示了受访样本的草场经营情况。109 户受访牧户，总经营草场面积 6.12 万亩，平均每户草场承包面积② 307.5 亩，平均每户草场经营面积 561.4 亩，总养羊 25650 羊单位，平均每户养羊 235.3 羊单位，平均每户载畜率为 2.84 亩/羊单位。在 109 户中，60 户存在草场流转，草场面积由平均每户 356.5 亩增加到平均每户 817.8 亩，平均每户的载畜率为 3.78 亩/羊单位，49 户不存在草场流转，平均每户草场经营面积为 247.4 亩，平均每户的载畜率为 1.69 亩/羊单位，从简单统计上可以看出，存在草场流转的牧户明显比不存在草场流转的牧户载畜率要高，超载程度要低。

---

① 根据《甘肃省落实草原保护补助奖励政策实施方案》（2011 年 7 月），全省草原划分为青藏高原区、黄土高原区和西部荒漠区三个区域，天祝县属于青藏高原区，青藏高原区的草畜平衡标准为 6.19 亩/羊单位。

② 这里所指的草场承包面积只包括草畜平衡区的草场，而不包括禁牧区的草场，同理，草场经营面积也不包括禁牧区的草场。

表13-2 　　　　　　　　天祝县受访者草场经营情况

	草场承包面积（亩）			
	[0, 200)	[200, 400)	[400, 600)	[600, 1200]
户数（户）	51	33	12	13
比例（%）	31	42	19	8
	草场经营面积（亩）			
	[0, 200)	[200, 400)	[400, 600)	[600, 25000]
户数（户）	33	26	18	32
比例（%）	14	35	35	16

	养羊量（羊单位）					
	[0, 100)	[100, 200)	[200, 300)	[300, 400)	[400, 500)	[500, 900]
户数（户）	10	43	25	15	9	7
比例（%）	2	4	27	36	17	14
	载畜率（亩/羊单位）					
	[0, 1)	[1, 2)	[2, 3)	[3, 4)	[4, 5)	[5, 15]
户数（户）	26	35	10	13	5	20
比例（%）	5	32	30	16	9	8

（二）实证分析结果

在上述理论和统计分析的基础上，本章运用 EViews7.0 软件对前面的线性回归模型进行估计，回归结果见表13-3。

表13-3 　　　载畜率对草场承包面积和草场流转面积的模型回归结果

变量	样本量 N	草场承包面积	草场流转面积	F 值	R^2
内蒙古四子王旗	100	0.00208 *** (8.07)	0.00161 *** (5.12)	34.57	0.42
甘肃省天祝县	109	0.00736 *** (8.52)	0.00155 *** (4.12)	58.14	0.52

注：*** 表示在1%的水平上显著，括号内的数字是该回归系数的 t 值。

内蒙古四子王旗的回归方程为：

$$y = 9.859 + 0.00208 \, S_1 + 0.0016 \, 1S_2 + \varepsilon$$

甘肃省天祝县的回归方程为：

$$y = 0.186 + 0.00736 \, S_1 + 0.00155 \, S_2 + \varepsilon$$

实证分析模型中的 F 值都小于 1%，并且模型的 R^2 分别为 0.42 和 0.52，说明模型估计结果整体显著，拟合度较高。

系数估计及相应的 t 统计表明，本章的两个假设均得到验证。草场承包面积的系数显著且大于零，表明载畜率跟草场承包面积有关系，并且草场承包面积越大的牧户，载畜率越高，越不超载；草场流转面积的系数显著且大于零，表明载畜率跟草场流转面积有关系，并且租入草场的牧户比不租入草场的牧户，载畜率要高，租入草场面积越多的牧户，载畜率越高，因此草场流转有助于草原生态保护。系数的值代表载畜率变化与草场面积变化的比，以内蒙古四子王旗的回归方程为例；当草场承包面积增加 1000 亩时，载畜率增加 2.08/羊单位；当草场流转面积增加 1000 亩时，载畜率增加 1.61 亩/羊单位。

在两个研究假设得到验证的基础上，我们可以得出以下两点结论：

（1）不管从自然科学角度认定的草畜平衡标准是多少，草场超载的主体是草场面积较小且未进行草场流转的牧户。因为草场面积较大的牧户比草场面积较小的牧户载畜率要高，在草场承包面积相同的情况下，进行了草场流转的牧户比未进行草场流转的牧户载畜率要高。

（2）草场流转有助于草原生态保护。一方面是因为租出牧户的退出，另一方面是因为租入牧户通过草场流转增加了草场经营面积，载畜率上升，减缓了草场压力。

五、小　结

本章利用 2012 年内蒙古四子王旗和 2013 年甘肃省天祝县的 209 户牧户样本数据，分析验证了草场流转和草原生态保护之间的定量关系。研究结果表明：草场承包面积越大的牧户，载畜率越高，超载程度越低；在草场承包面积相同的情况下，草场流转面积越大的牧户，载畜率越高，超载程度越低。在草畜平衡制度的基础上，在超载过牧的解释框架下，草场超载的主体是草场面积较小且未进行草场流转的牧户，草场流转具有正的生态环境效率，即草场流转有助于草原生态保护。

从宏观上看，存在三股力量促进草场流转不断发生：（1）城镇化的推进，很多牧民外出打工或进城居住和生活，进而在当下和将来都会促进草场流转；（2）如王晓毅（2009）所指出的，教育的集中是促进牧区人口向城镇集中最有利的杠杆，进而会在长期内促进草场流转；（3）2011 年出台的草原生态保护补助奖励政策，使得禁牧制度和草畜平衡制度的约束能力进一步强化，也将在短期内促进草场流转的进一步发生。从微观上看，草场流转是牧民自我决策优化的过程，综合考虑自身的资源禀赋，或租入草场追求畜牧业的规模化经营，或租出草场寻找一些替代生计。

草场流转的结果是牧区的适度规模经营。适度规模经营是一个规范分析和实证分析相结合的命题，它的规范性体现在基于什么目标下的适度规模经营。既然草场流转有助于草原生态保护，那么进而可以研究基于草原生态保护的目标下牧区的适度规模经营问题。

草原生态保护是多个环境管理手段的结合，禁牧制度和草畜平衡制度是相对严格实施的命令控制型手段，草原生态保护补助奖励机制是草原生态补偿制度，发展现代畜牧业是类似的保护开发项目，这些手段均带有比较浓厚的国家干预的色彩。经过研究，我们发现草场流转有助于草原生态保护，虽然草场流转的推动力（城镇化、教育集中、草原新政策）都带有国家干预的色彩，但草场流转可以看作是在已有制度下的"衍生品"，属于诱致性制度变迁，进一步深入研究草场流转，诱致性制度变迁和强制性制度变迁相互配合，或许可以更好地促进草原生态保护和牧民增收。

本章结论具有以下政策含义：（1）为了达到草原生态保护，在禁牧制度和草畜平衡制度的基础上，考虑将草场流转纳入到草原生态保护的制度中去，给予一定的重视；（2）由于草原政策是双目标的，即草原生态保护和牧民增收，鉴于草场流转和草原生态保护之间存在着正相关性，从外部性理论出发，需要对草场流转行为给予一定的公共财政转移支付等支持措施。

最后需要指出的是，本章仅仅指出了草场流转和草原生态保护之间的关系，但是需要结合实践进一步地深入研究，才能给出一些更具体更切合实际的政策建议。

参 考 文 献

[1] 国务院. 关于加快发展现代农业进一步增强农村发展活力的若干意见 [Z]，2013.

[2] 李博. 中国北方草地退化及其防治对策 [J]. 中国农业科学，1997，30 (6)：1-9.

[3] 张瑞荣，申向明. 牧区草地退化问题的实证分析 [J]. 农业经济问题，2008 (S1)：183-189.

[4] 朱美玲，蒋志清. 新疆牧区超载过牧对草地退化影响分析 [J]. 青海草业，2012 (1)：2-5.

[5] 马有祥，农业部：我国牧区草原过载过牧严重生态环境恶化 [EB/OL]. 中国政府网. http://www.gov.cn/jrzg/2011-07/11/content_1903875.htm.

[6] 王晓毅. 从承包到 "再集中" ——中国北方草原环境保护政策的分析 [J]. 中国农村观察，2009 (3).

[7] 尚佩峰，张军. 当前牧区草场流转中存在的问题亟待解决 [J]. 内蒙古统计，2009 (5)：10-11.

[8] 栗林. 内蒙古鄂尔多斯市农村牧区土地（草场）承包经营权流转问题探究 [J]. 畜牧与饲料科学，2009，30 (3)：117-120.

[9] 吉汉忠. 海北州草场流转中存在的问题与建议 [J]. 黑龙江畜牧兽医，2011 (2).

[10] 边明琴. 兴海县农牧区土地草场承包经营权流转的分析与思考 [J]. 青海畜牧兽医杂志，2012，42 (3)：34-35.

[11] 张引第，孟慧君，塔娜. 牧区草场承包经营权流转及其对牧民生计的影响：2009 中国草原发展论坛，合肥，2009 [C].

[12] 华青措. 对牧区实行草场流转的几点思考 [J]. 青海草业，2010，19 (3)：49-51.

[13] 赖玉珮，李文军. 草场流转对干旱半干旱地区草原生态和牧民生计影响研究——以呼伦贝尔市新巴尔虎右旗 M 嘎查为例 [J]. 资源科学，2012，34（6）：1039 - 1048.

[14] 刘建利. 从草场承包到草场整合 [J]. 畜牧与饲料科学，2008，29（6）：90 - 92.

|第十四章|
牧区家庭承包经营模式下适度规模经营研究

在家庭承包经营模式下，牧区适度规模经营对于实现草原可持续发展和改善牧民生计都有重要意义。牧区适度规模经营意在追求"人、草、畜"的平衡，是指"在家庭承包经营模式下，一个牧户家庭，需要拥有多少草场，才能按照草畜平衡的规定进行牲畜养殖，同时保障其生计需求"。利用 2014 年内蒙古自治区四子王旗查干补力格苏木的 103 户牧户样本数据，对内蒙古中部地区草原牧区的适度规模经营进行了实证研究。实证研究结果表明：四子王旗查干补力格苏木牧区适度规模经营在 9189~12656 亩之间，75% 的牧户未能实现适度规模经营，平均每户需增加约 4000 亩草场才能达到适度规模经营的最小值。为了促进牧区适度规模经营，应该重点关注草场流转，通过草场流转扩大牧户的草场经营面积；应该积极转变畜牧业发展方式提高 1 羊单位的畜牧业纯收入；应该完善牧区社会保障制度、加强牧区基础设施建设和完善草原生态补偿制度等。

一、背 景

2015 年 4 月 25 日，国务院发布《关于加快推进生态文明建设的意见》，提出"五化协同"，即协同推进新型工业化、城镇化、信息化、农业现代化和绿色化。城镇化的推进将增强中小城镇吸纳人口的能力，农业现代化的推进需要发展适度规模经营，绿色化的推进需要保护生态环境实现可持续发展。

从 20 世纪 90 年代左右开始实施的草原承包经营和围栏建设，使得牧户的草场经营面积变得狭小，可能会带来草场的破碎化经营。在家庭承包经营模式下，牧区适度规模经营对于实现草原可持续发展和改善牧民生计都有重要的现实意义。

适度规模经营的理论基础是规模经济理论，按照拉夫经济学辞典的解释，规模经济指的是"给定技术的条件下（指没有技术变化），对于某一产品（无论是单一产品还是复合产品），如果在某些产量范围内平均成本是下降的话，我们就认为存在着规模经济"，具体表现为"长期平均成本曲线"向下倾斜。在粮食安全的大背景下，关于适度规模经营的研究，绝大多数的研究文献（曹东勃，2014；陈锡文，2013；郭庆海，2014；李文明等，2015；许庆、尹荣梁，2010；许庆等，2011）集中于农区农地的适度规模经营研究，土地的经营在最优的规模上实现劳动、资本、技术等各种生产要素的优化配置，提高土地的生产效率，降低平均生产成本。少量的文献提及牧区适度规模经营，乌力吉通过研究指出家庭牧场的适度规模经营标准应该从家庭收入、要素投入等角度确定适度规模经营的下限标准和上限标准（乌力吉，1992），张立中根据我国牧区适度规模经营现状，探讨了牧区适度规模形式和发展牧区适度规模经营的关键环节，关键环节包括牧区剩余劳动力转移、草场流转、培育新型牧民、建立畜牧业社会化服务体系和完善牧区社会保障体系（张立中，2011）。还有一些研究指出，中小牧户是草场经营面积未能实现适度规模经营的牧户（胡振通等，2015），当草场面积小于适度规模经营时，牧户通常表现为超载（胡振通等；靳乐山、胡振通，2014），草场流转能够促进牧区适度规模经营（胡振通等，2014；文明、塔娜，2015）。

现有文献关于牧区适度规模经营的研究还非常少，在"草原以生态保护为首要目标"的大背景下，本章将对牧区适度规模经营的概念进行解析，构建牧区适度规模经营的理论分析框架，利用 2014 年内蒙古自治区四子王旗的实地调研数据，对内蒙古中部地区草原牧区的适度规模经营进行实证研究，并对牧区适度规模经营的实现路径进行一些前瞻性的探索。

二、概念解析

本章的概念解析将围绕以下四个问题展开：（1）什么是牧区家庭承包经营模式；（2）为何选取以及如何体现草原生态保护的视角；（3）牧区适度规模经营与农区适度规模经营存在哪些区别；（4）什么是牧区适度规模经营。

（一）什么是牧区家庭承包经营模式

纵观我国草地资源可持续管理的制度选择，主要的制度安排包括草原承包经营制度、草畜平衡制度、基本草原保护制度、禁牧休牧划区轮牧制度、草原生态补偿制度、草原承包经营权流转制度、社区共管制度等，其中最为基础和核心的制度是草原承包经营制度和草畜平衡制度。

什么是牧区家庭承包经营模式？关键在于理解我国的草原承包经营制度。草原承包经营制度是我国草原产权的具体制度安排，是草地资源可持续管理的基础，也是本章牧区适度规模经营研究的基础。《草原法》的第二章"草原权属"对草原的所有权和使用权做出了明确的规定，"草原的所有权归国家所有或者集体所有""集体所有的草原或者依法确定给集体经济组织使用的国家所有的草原，可以由本集体经济组织内的家庭或者联户承包经营"。2015年4月25日，国务院发布《关于加快推进生态文明建设的意见》，明确指出要进一步"稳定和完善草原承包经营制度"。

草原承包经营和围栏建设，从20世纪90年代左右开始实施，促使牧区草场实现了从集体公共草场到家庭承包草场的转变，畜牧业生产生活方式也实现了从游牧到定居的转变。将近30年的草场承包和围栏建设，通过明晰产权有效地解决了集体草场因产权不清而导致的"公地悲剧"问题，但是随着时间的推移，也可能会带来草场的破碎化经营，但破碎化的程度需要综合考虑集体的草地资源禀赋和具体的草场分配政策。草原承包经营使得牧户的草场经营面积变得狭小，家庭承包草场的异质性与草原超载过牧呈现出显著的相关性。

（二）为何选取以及如何体现草原生态保护的视角

为何选取草原生态保护的视角？这取决于国家对草原牧区发展的定位和基本方针。草原既是牧业发展重要的生产资料，又承载着重要的生态功能，长期以来，受农畜产品绝对短缺时期优先发展生产的影响，强调草原的生产功能，忽视草原的生态功能，由此造成草原长期超载过牧和人畜草关系持续失衡，这是导致草原生态难以走出恶性循环的根本原因（国务院，2011）。2011年国务院发布《关于促进牧区又好又快发展的若干意见》，确立了我国牧区发展实行"生产生态有机结合、生态优先"的基本方针，指出草原以生态保护为首要目标。

如何体现草原生态保护的视角？国家对草原实行草畜平衡制度，草畜平衡制度是草地资源可持续管理的核心制度。草原要实现可持续发展，需要草原的承包经营者在从事畜牧业生产中遵循草畜平衡的规定。《草原法》的第五章"利用和保护"指出，"草原承包经营者应当合理利用草原，不得超过草原行政主管部门核定的载畜量；草原承包经营者应当采取种植和储备饲草饲料、增加饲草饲料供应量、调剂处理牲畜、优化畜群结构、提高出栏率等措施，保持草畜平衡"。根据《草畜平衡管理办法》（2005年）的规定，草畜平衡是指"为了保持草原生态系统良性循环，在一定时间内，草原使用者或者承包经营者通过草原和其他途径获取的可利用饲草饲料总量与其饲养的牲畜所需的饲草饲料总量保持动态平衡"。在草畜平衡的科学概念下，饲草饲料总量与牲畜养殖规模呈线性关系。按字面理解，草畜平衡就是"草"和"畜"的平衡，但是长期的超载过牧导致草地退化，牧户很难实现草畜平衡，其根本原因在于草畜平衡从来都不是简简单单的"草"和"畜"的平衡，而是"人""畜""草"的内在的动态的平衡。考虑社会经济因素，牧区适度规模经营与草畜平衡的实现紧密相关。

（三）牧区适度规模经营与农区适度规模经营存在哪些区别

牧区草场的适度规模经营和农区农地的适度规模经营存在显著的差异性，

差异性至少体现在四个方面，分别是国家目标、城镇化发展程度、农户选择和资本对劳动力的替代难度，具体如表 14 - 1 所示。就国家目标而言，农区追求的是粮食安全，国家希望农民多种粮食（种粮面积）和种好粮食（粮食单产），牧区追求的是草原保护，国家希望牧民少养牲畜，实现草畜平衡。就城镇化发展程度而言，农区城镇化发展快速，非农就业机会多且非农就业收入普遍高于农业收入，牧区城镇化发展缓慢，非农就业机会少且非农就业收入普遍低于畜牧业收入。就农户选择而言，无论农区还是牧区，农户都是追求生计改善，但在农牧区城镇化发展程度差异的情形下，农区农民普遍缺乏种粮积极性，牧区牧户普遍存在畜牧业生产积极性。就资本对劳动力的替代难度而言，农区存在普遍的农业生产的社会化服务，能够实现资本对劳动的有效替代，这正是农区在农民兼业化程度高且缺乏种粮积极性的现实背景下能够保障粮食生产的重要因素，牧区草原畜牧业属于劳动密集型的农业生产形式，很难实现资本对劳动的有效替代。

表 14 - 1　　　　农区农地的适度规模经营和牧区草场的适度规模经营的比较

	国家目标	城镇化发展程度	农户选择	资本对劳动的替代难度
农区农地的适度规模经营	粮食安全多种粮食，种好粮食	农区城镇化发展快速，非农就业机会多且非农就业收入普遍高于农业收入	生计改善，缺乏种粮积极性	存在普遍的农业生产的社会化服务，能够实现资本对劳动的有效替代
牧区草场的适度规模经营	草原保护少养牲畜，草畜平衡	牧区城镇化发展缓慢，非农就业机会少且非农就业收入普遍低于畜牧业收入	生计改善，存在畜牧业生产积极性	草原畜牧业属于劳动密集型的农业生产形式，很难实现资本对劳动力的有效替代

（四）什么是牧区适度规模经营

　　适度规模经营是一个规范分析和实证分析相结合的命题，是一个带有价值判断的概念，即基于什么目标下的适度规模经营。通常情况下，适度规模经营需要综合考虑国家层面的目标和农户层面的目标。

　　什么是牧区适度规模经营？认识牧区适度规模经营需要综合考虑国家的生态目标和牧民的生计目标。牧区适度规模经营意在追求"人、草、畜"的平衡。牧民养殖多少牲畜，体现"人、畜"的平衡，意在实现牧民生存和发展的需求。在一定草场上养殖多少牲畜，体现"草、畜"的平衡，意在实现草原可持续发展的需求。牧民在一定的草场上养殖多少牲畜，综合体现了"人、草、畜"的平衡，可能面临着生计目标和生态目标之间的冲突。这种可能冲突体现在，为了满足牧民生存和发展的需求，需要在一定的草场上养殖不低于一定数量的牲畜 Q_{min}，而为了实现草原可持续发展的需求，需要在一定的草场上养殖不高于一定数量的牲畜 Q_{max}。当 Q_{max} 小于 Q_{min} 时，存在冲突，当 Q_{max} 越是小于 Q_{min} 时，存在显著冲突。如果以草场经营面积来衡量的话，牧区牧民在家庭承包经营模式下的适度规模经营是指既符合草畜平衡的规定，又满足牧民生存和发展的需求，能够实现"人、草、畜"的平衡的草场经营面积。牧区适度规模经营的通俗理解就是"在家庭承包经营模式下，一个牧户家庭，需要拥有多少草场，才能按照草畜平衡的规定进行牲畜养殖，同时保障其生计需求"。

三、理论分析框架

从投入产出的角度构建家庭承包经营模式下的牧民生产函数模型（胡振通等，2014）。家庭承包经营模式下，草原畜牧业是牧民的唯一收入来源；牧民在自己的天然草场上放养牲畜，草场面积为 X 亩；牲畜养殖规模为 Y 羊单位[①]；从事畜牧业的劳动力为 L 人；1 羊单位的畜牧业纯收入为 P 元/羊单位；牧民的生计需求为 Z 元，$Z = Z_1 + Z_2$，其中生存需求为 Z_1 元/年，生存需求主要是指一年当中最基本的家庭支出，包括教育支出、医疗支出、生活支出等，发展需求为 Z_2 元/年，发展需求主要是指生存需求以外的家庭支出，包括购买机械、修建房子等资产性支出；载畜率为 t，$t = X/Y$，草畜平衡标准为 k 亩/羊单位，严重超载为 k/2 亩/羊单位。主要考察 Y 与 X 之间的关系，将 L、P、Z、k 设为外生变量。

---

① 根据《天然草地合理载畜量的计算》（中华人民共和国农业行业标准 NY/T635 - 2002），一个标准羊单位为一只体重 50 公斤、哺半岁以内羊羔的成年绵羊，日消耗干草 1.8 公斤，全年放牧以 365 天计算，全年消耗干草 657 公斤。

家庭承包经营模式下的生产函数为：

$$Y = f(X) \qquad (14-1)$$

为了维持家庭生存需求，存在一个最小养殖规模Y_{min}，最小养殖规模与家庭生存需求和1羊单位的畜牧业纯收入相关，而与草场面积无关，从而：

$$Y \geq Y_{min} = f(Z_1, \ P) = \frac{Z_1}{P} \qquad (14-2)$$

家庭承包经营模式下，因为劳动力的约束，存在一个最大养殖规模Y_{max}，最大养殖规模与劳动力相关，而与草场面积无关，从而：

$$Y \leq Y_{max} = f(L) \qquad (14-3)$$

当维持家庭生存需求和劳动力不构成约束时，牧民为追求发展需求，会在草畜平衡和严重超载之间选择一个合适的养殖量，从而：

$$\frac{X}{k} \leq Y = f(X) \leq \frac{2X}{k} \qquad (14-4)$$

结合图14-1来分析Y与X之间的变化关系：

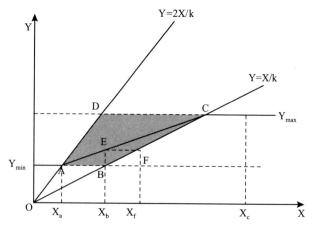

图14-1　家庭承包经营模式下的牧民生产决策

在图14-1中，纵轴是Y，横轴是X，原点为O，任意一点到原点的直线的斜率为Y/X（是载畜率t的倒数）。有两条斜参考线，一条是Y = X/k，为草畜平衡线，另一条是Y = 2X/k，为严重超载线。有两条水平参考线，一条是Y = Y_{min}，为最小养殖规模线，另一条是Y = Y_{max}，为最大养殖规模线。四条参考线分别相交于四个点，分别为 A，B，C，D。A 点表示处于最小养殖规模同时超载非常严重；B 点表示处于最小养殖规模同时实现了草畜平衡；C 点表示处于最大养殖规模同时实现了草畜平衡；D 点表示处于最大养殖规模同时超载严重。

当 X 小于X_a时，$Y = Y_{min}$，牧民的畜牧业生产处于严重超载线以上，超载非常非常严重。

当 X 大于X_c时，$Y = Y_{max}$，牧民的畜牧业生产处于草畜平衡线以下，不超载。

当 X 处于X_a和X_c之间时，点（X，Y）的取值处于梯形 ABCD 以内，起点是 A 点，终点是 C 点，随着 X 的增大，点（X，Y）从越靠近严重超载线逐步向越靠近草畜平衡线靠拢。简化处理[①]，直接连接 AC，将 AC 作为（X，Y）变化的路径。

综合来看，随着草场面积的逐步增大，（X，Y）的变化轨迹为Y_{min}，A，C，Y_{max}。

按照牧区适度规模经营的概念界定，牧区牧民在家庭承包经营模式下的适度规模经营是指既符合草畜平衡的规定，又满足牧民生存和发展的需求，能够实现"人、草、畜"平衡的草场经营面积。不妨假设适度规模经营下的草场经营面积为X_{msm}亩，则：

$$X_{msm} = \frac{(Z_1 + Z_2) \times k}{P} \tag{14-5}$$

现结合（X，Y）的变化轨迹在草畜平衡线上寻找适度规模经营的区间。

首先，观察草畜平衡线上的 C 点。（X，Y）的变化轨迹与草畜平衡线相交于 C 点，C 点处于（X，Y）的变化轨迹上，说明 C 点满足了牧民的生存需求和发展需求，C 点同时位于草畜平衡线上，说明 C 点达到了草畜平衡的要求。当 X 大于X_c时，$Y = Y_{max}$，牧民的畜牧业生产处于草畜平衡线以下，不超载。因此，X_{msm}的上限为X_c。

其次，观察草畜平衡线上的 B 点。B 点处于最小养殖规模同时实现了草畜平衡，B 点不在（X，Y）的变化轨迹上，说明 B 点在实际中很难存在，因

---

① 实际的变化轨迹应该是曲线，这里进行简化处理，以直线表示，不妨碍整体的理解和后续的分析。

为 B 点只考虑了牧民的生存需求，而没有考虑牧民的发展需求。B 点的垂直延长线与（X，Y）的变化轨迹相交于 E 点，E 点处于（X，Y）的变化轨迹上，说明 E 点既满足了牧民的生存需求，也满足了牧民的发展需求，但 E 点不在草畜平衡线上，说明 E 点并没有达到草畜平衡的要求。E 点的水平延长线与草畜平衡线相交于 F 点，F 点与 E 点水平，说明 F 点既满足牧民的生存需求，也满足了牧民的发展需求，F 点位于草畜平衡线上，说明 F 点达到了草畜平衡的要求。适度规模经营是一个规范分析的概念，F 点虽然并没有位于（X，Y）的变化轨迹上，但是基本满足了适度规模经营的概念界定。因此，X_{msm} 的下限为 X_f。

通过上述分析，可以得出牧区适度规模经营下的草场经营面积为：

$$X_f \leqslant X_{msm} = \frac{(Z_1 + Z_2) \times k}{P} \leqslant X_c \qquad (14-6)$$

求解某一牧区的适度规模经营，关键在于确定牧区适度规模经营下的草场经营面积的上限和下限。核算牧民的生存需求 Z_1，揭示牧户的发展需求 Z_2，核算 1 羊单位的畜牧业纯收入 P 和该地区的草畜平衡标准 k，确定（X，Y）的变化轨迹，进而可以求得牧区适度规模经营下的草场经营面积的上限和下限。由于 $X_{msm} = (Z_1 + Z_2) \times k/P$，可以进一步给出两点定性认识：一是牧区适度规模经营与草地生产力相关，因而牧区适度规模经营在不同草地类型的地区存在差异，即不同地区的"度"是不一样的；二是牧区适度规模经营受到牧民生存需求和发展需求的影响，也受到畜产品价格和生产成本的影响，因而牧区适度规模经营是动态变化的。

四、研究区域和样本说明

（一）研究区域

本章选取内蒙古自治区乌兰察布市四子王旗查干补力格苏木作为样本研究区域，来研究内蒙古中部地区草原牧区的适度规模经营。调研组于 2014 年

7月对四子王旗查干补力格苏木的6个纯牧业嘎查共103户牧户进行了实地调研。研究区域地理位置见图14-2。

四子王旗位于内蒙古自治区中部，阴山北麓，乌兰察布市西北部，海拔为1000~2000m，年均降水量为310mm，年平均气温2.9℃，寒暑变化剧烈，昼夜温差较大，气候干旱，具有高原地区气候特点，属温带大陆性气候。四子王旗是一个以畜牧业为主体经济的纯牧业旗县，草地类型以温性荒漠化草原和温性草原化荒漠为主。查干补力格苏木位于四子王旗中部，是一个以畜牧业为主体经济的纯牧业苏木，草地类型以温性荒漠化草原为主，草畜平衡标准为30亩/羊单位。全苏木总面积3186平方公里，下辖8个嘎查，包括饲草料基地嘎查1个，生态移民嘎查1个以及纯牧业嘎查6个。2011年该苏木总户数为1371户，共计3866人，落实所有权的草场面积达396.9万亩，6个纯牧业嘎查常住牧户为771户，样本牧户数占总牧户的比例为13.4%。

图14-2　四子王旗查干补力格苏木位置

（二）样本说明

此次调研共发放问卷 109 份，回收有效问卷 103 份。调研以问卷调查为主，采用调研员与牧户面对面交谈的方式。样本牧户平均每户家庭人数 3.77人，平均每户劳动力人数 2.46 人，平均每户畜牧业劳动力人数 2.08 人，平均每户非畜牧业劳动力人数 0.36 人。样本牧户中，68 户为蒙古族，35 户是汉族，户主年龄以 36～55 岁的居多，受教育程度以小学、初中文化程度的居多。表 14－2 显示了受访者基本情况。

表 14－2　　　　　　　　　　受访者基本情况

	性别		民族	
	男	女	蒙	汉
人数（人）	86	17	68	35
比例（%）	84	16	66	34
	年龄				
	15～25	26～35	36～45	46～55	55 以上
人数（人）	0	13	45	32	13
比例（%）	0	12	44	31	13
	受教育程度				
	文盲	小学	初中	高中	高中以上
人数（人）	6	35	40	18	4
比例（%）	6	34	39	17	4

表 14－3 显示了受访样本的草场经营情况。103 户受访牧户，总经营草场面积 74.31 万亩，总养殖 35582 羊单位①，平均每户草场承包面积为 5034亩，平均每户草场经营面积为 7215 亩，平均每户养殖 345 羊单位，平均每户载畜率为 20.91 亩/羊单位。

---

　　① 在畜牧业统计中，存在两种统计口径，一种是牧业年度统计，指每年的 6 月份，另一种是日历年度统计，指每年的 1 月份，本书采用的是牧业年度统计数据。

表 14 – 3 受访者草场经营情况

	草场承包面积（亩）						
	0 ~ 3000	3000 ~ 5000	5000 ~ 7000	7000 ~ 9000	9000 ~ 11000	11000 ~ 13000	13000 ~ 27000
户数（户）	28	35	18	8	8	3	3
比例（%）	27	34	17	8	8	3	3
	草场经营面积（亩）						
	0 ~ 3000	3000 ~ 5000	5000 ~ 7000	7000 ~ 9000	9000 ~ 11000	11000 ~ 13000	13000 ~ 27000
户数（户）	11	26	21	17	11	7	10
比例（%）	11	25	20	16	11	7	10
	牲畜养殖规模（羊单位）						
	0 ~ 100	100 ~ 200	200 ~ 300	300 ~ 400	400 ~ 500	500 ~ 600	600 ~ 800
户数（户）	5	15	22	25	18	13	5
比例（%）	5	15	21	24	17	13	5
	载畜率（亩/羊单位）						
	0 ~ 10	10 ~ 20	20 ~ 30	30 ~ 40	40 ~ 50	50 ~ 60	60 ~ 170
户数（户）	13	39	28	13	3	4	3
比例（%）	12	38	27	13	3	4	3

五、估 算 结 果

求解某一牧区的适度规模经营，关键在于确定牧区适度规模经营下的草场经营面积的上限和下限。核算牧民的生存需求 Z_1，揭示牧户的发展需求 Z_2，核算 1 羊单位的畜牧业纯收入 P 和该地区的草畜平衡标准 k，确定（X，Y）的变化轨迹，进而可以求得牧区适度规模经营下的草场经营面积的上限和下限。

核算牧民的生存需求 Z_1，主要核算牧民的家庭支出情况，核算项目主要包括生活支出、教育支出、医疗支出（自费部分）、人情费、借款利息五项。调查显示，103 户样本牧户平均每户一年的家庭支出为 50084 元，即牧民的生存需求为 50084 元，其中平均每户生活支出为 21621 元、教育支出为 8551元、医疗支出（自费部分）为 4687 元、人情费为 10524 元、借款利息为4701 元。

核算 1 羊单位的畜牧业纯收入 P。在 103 户样本牧户中，平均每户的草场经营面积为 7215 亩，平均每户牲畜养殖规模为 345 羊单位。畜牧业平均总收入为 161523 元，主要收入分布如下：出售羊羔 153 只，710 元/只；出售大羊 53 只，893 元/只；羊毛收入 1941 元；羊绒收入 2220 元。畜牧业平均经营性支出为 87224 元，主要支出分布如下：买草花费 20023 元，买料花费 34140 元，防疫费 2575 元，草场租金 5308 元，雇用羊倌费用 11484 元，机械燃油费 9325 元，购买种羊 3195 元。畜牧业平均纯收入为 74300 元，平均 1 羊单位的畜牧业纯收入为 215 元。

查阅该地区的草畜平衡标准 k。根据《四子王旗 2011 年草原生态保护补助奖励机制实施方案》，查干补力格苏木的草畜平衡标准为 30 亩/羊单位。

上述分析结果显示，牧民的生存需求 Z_1 为 50084 元，1 羊单位的畜牧业纯收入 P 为 215 元，该地区的草畜平衡标准 k 为 30 亩/羊单位。可以进一步求得，最小养殖规模 Y_{min} 为 233 羊单位，草畜平衡线为 $Y = X/30$，严重超载线为 $Y = X/15$，X_A 为 3495 亩，X_B 为 6990 亩。

在图 14 – 1 中，载畜率是点到原点的斜率的倒数，由图 14 – 1 中可以分析得出，随着草场经营面积的增大，载畜率应逐渐增大。载畜率 t 和草场经营面积 X 之间的相关关系如表 14 – 4 所示，随着草场经营面积的增大，载畜率逐渐增大，符合预期。由表 14 – 4 中可以粗略估计，最大养殖规模 Y_{max} 在 420 ~ 450 羊单位之间，X_C 在 13000 亩左右。

表 14 – 4　　　　　　　　不同草场经营面积下的载畜率变化

草场经营面积（亩）	0 ~ 3000	3000 ~ 5000	5000 ~ 7000	7000 ~ 9000	9000 ~ 11000	11000 ~ 13000	13000 ~ 27000
户数（户）	11	26	21	17	11	7	10
平均草场经营面积（亩）	1968	3941	5614	8045	9943	11811	17233
平均牲畜养殖规模（羊单位）	218	299	306	412	422	439	426
平均载畜率（亩/羊单位）	9.0	13.2	18.3	19.5	23.6	26.9	40.5

为更精确地计算 X_C 和更精确地表述 X_A 与 X_C 之间载畜率 t 与草场经营面积 X 之间的相关关系。本章截取草场经营面积在 3495 ~ 13000 亩之间的 76 户

样本牧户，运用 EViews7.0 软件对载畜率 t 和草场经营面积 X 之间的相关关系进行 OLS 回归分析。回归结果显示：t = 13.96533 + 0.001267X，F 值为 5.53，样本量为 76，X 的系数在 5% 水平上显著。

当 t = 30 亩/羊单位时，代入回归方程求得，X_C = 12656 亩，Y_{max} = 422 羊单位，相应的发展需求 Z_2 = 40646 元。当 X_B = 6990 亩时，代入回归方程求得，t_E = 22.82 亩/羊单位，进而求得，$Y_F = Y_E$ = 306 羊单位，X_F = 9189 亩，相应的发展需求 Z_2 = 15706 元。综上所述，评估结果显示：四子王旗查干补力格苏木牧区适度规模经营在 9189 ~ 12656 亩之间。

适度规模经营现状评估结果如表 14 - 5 所示。在 103 户样本牧户中，有 78 户牧户的草场经营面积小于 9189 亩，未能实现适度规模经营，有 13 户牧户的草场经营面积在 9189 ~ 12656 亩之间，实现了适度规模经营，有 12 户牧户的草场经营面积大于 12656 亩，超过了适度规模经营。75% 的牧户未能实现适度规模经营，在 78 户未能实现适度规模经营的牧户中，平均每户草场经营面积为 5204 亩，需增加约 4000 亩草场才能达到适度规模经营的最小值。

表 14 - 5　　　　　　　　　　适度规模经营现状评估结果

草场经营面积（亩）	0 ~ 9189	9189 ~ 12656	12656 ~ 27000
现状评估	未实现适度规模经营	实现适度规模经营	超过适度规模经营
户数（户）	78	13	12
比例（%）	75	13	12
平均草场经营面积（亩）	5204	10717	16492

六、实 现 路 径

牧区适度规模经营综合考虑了国家的生态目标和牧民的生计目标，基于牧区适度规模经营现状，探索牧区适度规模经营的实现路径，对于实现草原可持续发展和改善牧民生计都有重要意义。

牧民未能实现适度规模经营，用公式可以表示为：

$$X < X_{msm} = \frac{(Z_1 + Z_2) \times k}{P}，其中 X_{msm} \in [X_F, X_C] \qquad (14 - 7)$$

从公式（14-7）可以看出，牧区适度规模经营的实现有两条路径。第一条路径着眼于不等式的左边，通过草场流转实现草场整合来扩大牧户的草场经营面积，使得牧户的草场经营面积逼近直至达到适度规模经营；第二条路径着眼于不等式的右边，通过降低适度规模经营所需的草场经营面积，使得未实现适度规模经营的牧户更容易达到适度规模经营所需的草场经营面积。

（一）通过草场流转扩大牧户的草场经营面积

草场流转在牧区较为普遍，牧区城镇化的发展、教育的集中和一些牧区新政策促使草场流转在短期内和长期内不断发生（胡振通等，2014）。草场流转通过草场整合来扩大牧户的草场经营面积，使得牧户的草场经营面积逼近直至达到适度规模经营。

在103户样本牧户中，有52户牧户存在草场租入，平均每户草场承包面积为4060亩，平均每户草场租入4652亩，平均每户草场经营面积为8712亩，已经非常接近该地区适度规模经营的最小值。52户草场转入牧户草场流转前后适度规模经营状态对比如表14-6所示，在进行草场流转前，仅有两户实现适度规模经营和1户超过适度规模经营，而在草场流转后，则有8户实现适度规模经营和10户超过适度规模经营，剩余34户虽未能实现适度规模经营，但平均每户的草场经营面积由3538亩增加到5826亩。通过草场流转，显著地促进了牧区适度规模经营。

表14-6　　　52户草场转入牧户草场流转前后适度规模经营状态对比

草场面积（亩）		0~9189	9189~12656	12656~27000
		未实现适度规模经营	实现适度规模经营	超过适度规模经营
流转前	牧户承包面积分布	49	2	1
	平均草场承包面积	3538	—	—
流转后	牧户经营面积分布	34	8	10
	平均草场经营面积	5826	10731	16911

（二）降低适度规模经营所需的草场经营面积

通过降低适度规模经营所需的草场经营面积，使得未实现适度规模经营的牧户更容易达到适度规模经营所需的草场经营面积。具体可以包括两类方式，一类是通过转变畜牧业发展方式来提高 1 羊单位的畜牧业纯收入，二是通过完善牧区社会保障制度、加强牧区基础设施建设和完善草原生态补偿制度等措施来降低牧民的生计需求。

提高 1 羊单位的畜牧业纯收入，关键在于转变畜牧业发展方式，促进草原畜牧业从粗放型向质量效益型转变。加强草原围栏、棚圈等生产设施建设，优化畜群结构，加快牲畜周转出栏，加强农牧结合，支持发展牧民专业合作组织，加大牧民生产性补贴等方式，有助于提升草原畜牧业生产效益。1 羊单位的畜牧业纯收入通常也会受到畜产品价格波动的影响。在 103 户样本牧户中，畜牧业平均经营性支出为 87224 元，其中买草买料花费 54163 元，占到了畜牧业经营性支出的 62.1%，为了应对气候变化带来的极端天气如干旱等，以及平抑天然草原饲草料的季节性不均匀供给和牲畜饲草料的平稳需求，买草买料已经成为草原畜牧业的重要组成部分，需要在政策层面和学术研究层面都给予足够的重视。

降低牧民的生计需求，关键在于深入认识牧区生活的生存需求和发展需求。在 103 户样本牧户中，平均每户一年的家庭支出为 50084 元，平均每户生活支出为 21621 元，牧区生活成本相对较高，尤其在实行教育集中政策之后，牧民通常需要进城陪读，显著提升了牧民的生活成本；平均每户人情费支出 10524 元，在熟人社会中，人情费也相对较高；平均每户借款利息为 4701 元，牧区畜牧业生产的现金流较大，畜牧业销售的现金流入和畜牧业经营的现金流出存在时间上的差异，牧民普遍存在借款，用于购买饲草料和家庭支出。总体而言，牧区生活成本比农区更高，相比于农区的精耕细作和普遍兼业化，牧区畜牧业生产的现金流较大，并且畜牧业生产属于劳动密集型的农业生产形式，牧民兼业化程度较低。综合考虑，完善牧区社会保障制度、加强牧区基础设施建设和完善草原生态补偿制度等措施有助于降低牧民的生计需求。以草原生态补偿制度为例，103 户牧户中，平均每户每年获得的草原生态保护补助奖励资金总额为 9064 元，通过国家的转移支付，增加了牧民的补贴收入，有助于降低牧民的生计需求。

七、小　　结

牧区适度规模经营需要综合考虑国家的生态目标和牧民的生计目标，意在追求"人、草、畜"的平衡。牧区适度规模经营是指"在家庭承包经营模式下，一个牧户家庭，需要拥有多少草场，才能按照草畜平衡的规定进行牲畜养殖，同时保障其生计需求"。

本章利用 2014 年内蒙古自治区四子王旗查干补力格苏木的 103 户牧户样本数据，对内蒙古中部地区草原牧区的适度规模经营进行了实证研究。实证研究结果表明：四子王旗查干补力格苏木牧区适度规模经营在 9189～12656 亩之间，75％的牧户未能实现适度规模经营，平均每户需增加约 4000 亩草场才能达到适度规模经营的最小值。通过草场流转扩大牧户的草场经营面积，通过转变畜牧业发展方式提高 1 羊单位的畜牧业纯收入，通过完善牧区社会保障制度、加强牧区基础设施建设和完善草原生态补偿制度等措施来降低牧民的生计需求，有助于促进牧区适度规模经营。

研究结论具有以下政策含义：（1）在家庭承包经营模式下，牧区适度规模经营对于实现草原可持续发展和改善牧民生计都有重要意义，应该促进牧区适度规模经营；（2）为了促进牧区适度规模经营，应该重点关注草场流转，通过草场流转扩大牧户的草场经营面积；（3）为了促进牧区适度规模经营，应该积极转变畜牧业发展方式提高 1 羊单位的畜牧业纯收入、完善牧区社会保障制度、加强牧区基础设施建设和完善草原生态补偿制度等。

参 考 文 献

［1］陈锡文. 构建新型农业经营体系刻不容缓［J］. 求是，2013（22）：38－41.

［2］许庆，尹荣梁. 中国农地适度规模经营问题研究综述［J］. 中国土地科学，2010（4）：75－81.

［3］许庆，尹荣梁，章辉. 规模经济、规模报酬与农业适度规模经

营——基于我国粮食生产的实证研究 [J]. 经济研究, 2011 (3): 59 - 71.

[4] 郭庆海. 土地适度规模经营尺度: 效率抑或收入 [J]. 农业经济问题, 2014 (7): 4 - 10.

[5] 曹东勃. 农业适度规模经营的理论渊源与政策变迁 [J]. 农村经济, 2014 (7): 13 - 18.

[6] 李文明, 罗丹, 陈洁等. 农业适度规模经营: 规模效益、产出水平与生产成本——基于 1552 个水稻种植户的调查数据 [J]. 中国农村经济, 2015 (3): 4 - 17.

[7] 乌力吉. 家庭牧场适度规模经营探讨 [J]. 内蒙古草业, 1992 (3): 14 - 19.

[8] 张立中. 草原畜牧业适度规模经营问题研究 [J]. 经济问题探索, 2011 (12): 51 - 56.

[9] 胡振通, 孔德帅, 靳乐山. 谁是中小牧户? 中小牧户的界定和产生 [J]. 中国农业大学学报 (社会科学版), 2015 (4): 1.

[10] 靳乐山, 胡振通. 草原生态补偿政策与牧民的可能选择 [J]. 改革, 2014 (11): 100 - 107.

[11] 胡振通, 孔德帅, 焦金寿, 靳乐山. 草场流转的生态环境效率——基于内蒙古甘肃两省份的实证研究 [J]. 农业经济问题, 2014 (6): 90 - 97.

[12] 文明, 塔娜. 内蒙古农村牧区土地流转问题研究 [J]. 内蒙古社会科学 (汉文版), 2015 (2): 176 - 180.

[13] 国务院. 关于促进牧区又好又快发展的若干意见 [Z]. 中国政府网 (http://www.gov.cn), 2011.

第六部分

其他相关问题

| 第十五章 |

草原生态补偿的资金分配模式

以草原生态保护补助奖励机制为主体的草原生态补偿政策对于草原生态保护和促进牧区发展具有重要作用。基于内蒙古 490 户牧户的样本数据及 34 个样本嘎查的草场承包数据，对按照面积抑或人口分配草原生态补偿资金的问题进行了研究。研究结论表明，导致补偿方式选择问题的原因在于牧民草场承包面积的差异化，政府部门确定政策实施方式时需要考虑多重目标，而牧民作为受偿主体主要根据自身经济利益最大化选择合理的补偿方式。通过对草原生态补偿政策目标的探讨，研究认为按照草场承包面积进行补偿资金分配相对更能确保政策的生态保护效率。

一、背　　景

随着我国牧区社会经济发展，草原生态保护所面临的形势更加严峻。草原生态补偿则是促进草原生态系统保护、保障牧民生计水平的重要机制设计。国务院于 2011 年发布了《关于促进牧区又好又快发展的若干意见》（以下简称《意见》），在我国主要牧区省份全面建立草原生态保护补助奖励机制（以下简称草原补奖机制）。《意见》规定"在草原补奖政策中，中央政府对禁牧牧户给予每年每亩 6 元的禁牧补助，对实现草畜平衡的牧户给予每年每亩 1.5 元的草畜平衡奖励"（国务院，2011）。草原补奖机制也逐步取代了退耕还林还草、退牧还草、京津风沙源治理等生态保护工程，成为我国主要的草原生态补偿政策。

近年来,草原生态补偿机制研究越来越多地受到学界关注。许多学者针对草原生态补偿中主客体界定、补偿标准、补偿方式等进行了系统的研究,并提出了建立草原生态补偿机制的政策建议(李笑春等,2011;巩芳等,2009;孟慧君等,2010)。学界针对草原生态补偿的大量研究主要集中在机制设计和应用层面上,对于一些关键问题少有细致深入的理论分析。整体来看我国草原生态补偿理论研究滞后于实践,这也是我国草原生态补偿政策存在许多不可持续问题的重要原因(曹叶军等,2010)。

根据《意见》要求"补奖政策由各省(区)组织实施,补助奖励资金要与草原生态改善目标挂钩,地方可按照便民、高效的原则探索具体发放方式"。这使得地方政府在补偿资金发放方式中有较大自主权,也为草原生态补偿方式的创新提供了条件。在实践中,部分牧区政府依据政策的初始设计理念,采用按面积分配补偿资金的方式;而以内蒙古阿拉善盟为代表的部分牧区政府则进行了新的探索,实施了按照人口分配补偿资金的政策。对于按照面积还是按照人口分配补偿资金的问题,引起了较为广泛的争议和讨论。本章试图针对草原生态补偿中基于面积还是人口补偿的问题进行深入的理论探讨和实证分析,对比研究不同地区具有差异性的补偿资金分配方式,以求解答这一草原补奖机制实施过程中的基本问题。这将对于我国草原生态补偿机制的可持续发展,以及草原生态保护补助奖励机制政策的调整、落实具有重要意义。

二、理论探讨

(一)按面积还是按人口分配补偿资金问题的产生

我国牧区草场分配始于 20 世纪 80 年代,不同地区的分配方式存在差异。在平均划分草场的地区,经过 30 余年的发展变迁,牧区人口结构发生了巨大变化,不断的人口变动和"分户成家"使得不同牧户所承包的草场面积产生了差异；而在其他地区，则存在按照"人六畜四""原住民优先"等原则进行草场划分的情况，从草场划分伊始便产生了不同牧户间的草场承包面积差异。

假定某一地区内牧民人数为 N，草场总面积为 S，中央政府给予的草原生态补偿标准为 a，则该地区所获资金总额为 $A = a \times S$。如果各牧民所承包草场面积一致，均为 $s = S/N$。则在按面积分配补偿资金的情况下，每位牧民所获补偿金额为 $y = a \times s$；在按照人口分配补偿资金的情况下，每位牧民所获补偿金额为 $y = A/N = a \times S/N = a \times s$，即此时按面积和按人口分配补偿资金没有差异。但是在现实情况中，不同牧民之间的草场承包面积存在较大差异，假设第 i 个牧民所承包的草场面积为 s_i，则第 i 个牧民在按照面积补偿时所获补偿金额为 $y = a \times s_i$，即不同牧民所获资金多少与其所承包草场面积直接相关，存在明显差异。通过上述简单分析不难发现，不同牧民草场承包面积的差异，是产生按面积还是按人口补偿这一问题的直接原因。

（二）政府对草原生态补偿模式的选择

政府在进行草原生态补偿资金分配方式的过程中有不同的考量维度。大部分地区采取了与中央政府资金分配初始模式相一致的按面积补偿的方式。但是，以内蒙古阿拉善盟为代表的部分地区，出于以下几种角度考虑，选择了按照人口补偿的方式。

由于中央财政转移支付的资金总额是依据草原普查所得的草场面积数据，结合单位面积补偿金额确定的。部分地区后续普查的草场面积与补奖机制所覆盖面积存在不对等现象，为了解决补偿资金的不足问题，需要采取按照人口补偿的方式。

然而，更为重要的是，选择按照人口补偿的政府进行草原生态补偿资金发放时重点考虑到了公平性因素，这不仅存在于盟市层面上。以内蒙古为例，在自治区层面上，考虑到不同盟市的草场质量和人均草场承包面积等差异情况，自治区政府提出了"标准亩"的概念，即以草地生产力为依据，将整个自治区的资金在不同地区内进行协调分配；在盟市层面上，部分盟市根据各旗县的人均草场承包面积差异，考虑到"封顶保底"等公平性因素后选择了按照人口进行补偿。

(三) 牧民对草原生态补偿模式的选择

牧民一般认为应该以畜牧业收入损失作为草原生态补偿的标准，从牧民的角度来看，对于草原生态补偿资金的分配方式，主要是出于经济利益最大化的考虑，即获得尽可能多的生态补偿资金。牧户在对两种资金分配方式进行选择时，要综合考虑其家庭人口和草场承包面积两个因素，理性的牧民将通过家庭的人均草场面积对两种补偿方式进行对比。

如图15-1所示，横轴为牧民人均草场面积 X，纵轴为牧户因草原生态保护造成的经济损失或因草原生态补偿政策所获得的补偿资金 Y。假定在按人口补偿的情况下，每人所获补偿资金为固定值 $Y_2 = b$；按照面积补偿的情况下，每人所获补偿资金与草场面积有关，为 $Y_1 = a \times X$。以禁牧户为例，假定其因禁牧产生的收入损失为 Y_3，由于随着人均草场经营面积 X 的扩大，牧户的畜牧业生产会受到劳动力等生产要素的限制，边际成本递增，因此曲线斜率逐渐变小。当 X 小于 X_B 时，牧民按照人口补偿所获得的补偿资金大于按照面积补偿所获得的补偿资金，当 X 大于 X_B 时，牧民按照人口补偿所获得的补偿资金小于按面积补偿所获得的补偿资金；当 X 小于 X_A 时，按照人口补偿所获得的补偿资金可以充分弥补牧民的禁牧损失，当 X 大于 X_C 时，按照面积补偿所获得的补偿资金可抑制弥补牧民的禁牧损失，而当 X 介于 X_A 和 X_C 之间时，无论哪一种补偿方式，都无法使牧民的禁牧损失得到完全的补偿。

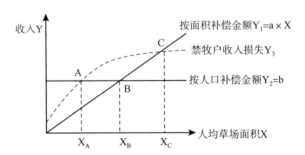

图15-1 不同补偿资金分配方式下牧民的收入损失

在草原补奖机制中，无论补奖金额能否完全弥补牧民的收入损失，理性的牧民都会选择能获得尽可能多的补贴的资金分配方式。当牧民家庭人均草场面积小于 X_B 时，理性的牧民会认为按照人口补偿较为有利，且人均草场面积越小，认为按照人口补偿越"公平"。当人均草场面积大于 X_B 时，则认为按照面积弥补更符合自身利益，且随着人均草场面积的不断扩大，牧户总是更倾向于按照面积分配补偿资金。简而言之，家庭人均草场面积越小的牧户会越倾向于按照人口分配草原生态补偿资金，家庭人均草场面积越大的牧户会越倾向于按照面积获得草原生态补偿资金。

三、数据来源和研究方法

（一）数据来源和样本基本情况

本章所使用数据来源于课题组 2014 年 7～8 月对内蒙古自治区阿拉善左旗、乌兰察布市四子王旗和呼伦贝尔市陈巴尔虎旗，8 个苏牧，34 个嘎查的实地调研。本次调研以问卷调查为主，通过调研员与牧户座谈的方式发放问卷 498 份，其中有效样本 490 份。除了牧户层面的调查以外，调研组还与每个受访嘎查的嘎查长或党支部书记进行了村级访谈，全面了解该嘎查的相关情况；调研组先后与内蒙古草原监理局、阿拉善左旗畜牧局、四子王旗畜牧局、陈巴尔虎旗畜牧局进行了深入座谈，并获取了包括 34 个样本村的草原承包数据在内的大量相关资料。

内蒙古自治区草原总面积 88 万平方公里，占全国草原面积的 22%，是我国重要的畜牧业生产基地。阿拉善左旗地处内蒙古自治区西部，全旗总人口近 15 万，可利用草场 4.6 万平方公里，以荒漠、半荒漠草原为主；四子王旗地处内蒙古自治区中部，全旗总人口 21.5 万，可利用草场 2 万平方公里，草场质量较好；陈巴尔虎旗地处内蒙古东北部，呼伦贝尔草原腹地，全旗总人口 5.86 万，可利用草场 1.58 万平方公里，是全世界唯一的纯天然草甸草原。本次调研所选择的三个调研地点之间距离较远，气候环境、草场质量、人均草场质量存在明显差异，具有较强的代表性。

本次调研的样本基本情况见表 15 - 1。在受访牧民中男性占 81.02%，女性占 18.97%，这主要是因为本次调研为了更真实地了解牧民对草原生态补偿政策的评价情况，以牧户户主为主要访谈对象。从年龄分布来看，受访牧民主要集中于 36 ~ 55 岁，25 岁以下和 55 岁以上牧民仅占 17.75%。受访牧民中，蒙古族占 63.06%，汉族占 35.91%，其他民族占 1.02%。受教育程度方面，初中及以下牧民占 78.58%；家庭人口数方面，3 ~ 4 口人的牧户家庭占到受访牧户的 67.34%。三个调研旗县中，样本分布较为平均，其中阿拉善左旗 174 户，四子王旗 169 户，陈巴尔虎旗 147 户。

表 15 - 1　　　　　　　　　　　　样本基本特征

指标	类别	样本数（户）	比例（%）
性别	男	397	81.02
	女	93	18.97
年龄	15 ~ 25 岁	8	1.63
	26 ~ 35 岁	62	12.65
	36 ~ 45 岁	177	36.12
	46 ~ 55 岁	164	33.46
	55 岁以上	79	16.12
民族	蒙古族	309	63.06
	汉族	176	35.91
	其他	5	1.02
受教育程度	小学以下	35	7.14
	小学	144	29.38
	初中	206	42.04
	高中	80	16.32
	高中以上	25	5.10
家庭人口数量	1 ~ 2 人	60	12.24
	3 ~ 4 人	330	67.34
	5 ~ 6 人	82	16.73
	6 人以上	18	3.67
所在旗县	阿拉善左旗	174	35.51
	四子王旗	169	34.48
	陈巴尔虎旗	147	30.00

（二）研究方法

本章首先将通过计算样本嘎查的草场面积基尼系数以刻画牧民间草场分配的差异程度，进而说明按面积补和按人口补这一问题的产生原因，并通过二元 Logistic 回归分析，验证理论分析得出的结论，即牧户作为受偿主体，在选择按面积还是按人口分配补偿资金时，明显受到草场承包面积大小的影响。

基尼系数是由意大利经济学家基尼于 20 世纪初所提出的，用来判断收入分配不均等程度的指标。近年来，作为一种广义的分析方法逐渐应用到其他分配问题和均衡程度分析中（张长征，2006）。基尼系数取值范围为 0～1，其值越接近于 1 表示分配越不公平，越接近于 0 表示分配越公平。基尼系数的计算公式有多种，其中由张建华（2007）所提出的基尼系数计算公式较为简洁直观，且适合于本研究数据的离散型分布（张建华，2007）。具体计算方法为：先将某个嘎查内每位牧民所承包的草场面积按升序排列，并从 1～n 编号，再根据公式（15－1）计算该嘎查的基尼系数。其中，n 为该样本嘎查牧民总数，W_i 表示第 1～i 位牧民所承包的草场面积总和占全嘎查草场面积总和的比例。

$$G = 1 - \frac{1}{n}\left(2\sum_{i=1}^{n-1} W_i + 1\right) \qquad (15-1)$$

牧户作为受偿主体，主观判断倾向于按照面积还是按照人口分配草原生态补偿资金是典型的二元选择问题，本研究采用 Logistic 模型影响牧民选择的因素进行计量分析，模型的基本形式如公式（15－2）所示。其中，P 为事件发生的概率，X 代表解释变量，α 为截距项，β 为自变量的回归系数，ε 为随机扰动项。

$$\ln\left(\frac{p}{1-p}\right) = \alpha + \sum \beta_k X_{ki} + \varepsilon \qquad (15-2)$$

在实证分析中，主要是验证牧民的草场承包面积对其选择何种草原生态补偿资金分配方式的影响。如前文分析，牧民的选择依据主要是自身经济利益最大化，因此，影响牧民选择的是其家庭人均草场面积与 X_B 之间的大小关系。当然，前文的理论分析是基于牧户在完全信息条件下的理性假定，但是现实中的牧户难以准确掌握补奖政策的完全信息，即难以确定 X_B 的取值，牧民往往表现出的是有限理性。另外，模型中还将引入一些变量作为控制变量，表 15 - 2 给出了纳入模型中的变量的相关统计信息。

表 15 - 2　　　　　　　　　　变量的定义及统计描述

变量	变量描述	均值	标准差
补偿方式	按面积补偿（是 =1，否 =0）	0.64	0.479
性别	受访者性别（男 =1，女 =0）	0.81	0.393
年龄	受访者年龄	45.85	9.832
民族	受访者民族（蒙古族 =1，汉族及其他 =0）	0.63	0.483
受教育程度	受访者受教育程度（小学以下 =1，小学 =2，初中 =3，高中 =4，高中以上 =5）	2.83	0.959
地区因素（以"阿拉善左旗"为参照）			
属于四子王旗	受访者是否来自四子王旗（是 =1，否 =0）	0.34	0.476
属于陈巴尔虎旗	受访者是否来自陈巴尔虎旗（是 =1，否 =0）	0.30	0.459
享受政策类型（以"全部禁牧"为参照）			
全部草畜平衡	受访者所承包草场是否都属于草畜平衡草场（是 =1，否 =0）	0.41	0.492
兼有禁牧与草畜平衡	受访者所承包草场是否都属于禁牧草场（是 =1，否 =0）	0.28	0.448
人均草场承包面积	受访者家庭人均草场承包面积	2092.29	1885.063

四、实证分析结果

（一）草场承包面积的基尼系数计算结果

根据各嘎查草原补偿政策信息系统中的统计数据，运用 Stata 11.0 软件，计算出了各嘎查草场承包状况的基尼系数，计算结果见表 15 - 3。计算结果显示，各受访嘎查草场承包情况均存在一定程度上的不均等现象。其中，陈巴尔虎旗最初进行草场分配时，采用"人六畜四"的分配方式，即将草场总面积的60%按照人口平均分配，40%按照牧民的养殖牲畜数量分配。这种分配方式初始时就造成了较大的差异性，养殖规模较大的牧户比养殖规模较小的牧户分得了更多的草场。经过30余年的人口变化和社会经济发展，陈巴尔虎旗各嘎查的草场承包面积基尼系数也是3个受访旗县中最大的，平均达到0.457。四子王旗最初进行草场分配时更多地照顾到了原住民的利益，草场分配存在一定程度上的差异性，受访嘎查的草场承包基尼系数均值为0.383，大于阿拉善左旗的0.334。阿拉善左旗最初的草场分配相对平均，这也与基尼系数计算结果相符。

草场承包面积的基尼系数与收入分配的基尼系数虽然在计算方式上一样，但是，对收入分配基尼系数的合理范围的评价标准并不适用于对于草场承包面积差异的分析。牧民对天然草场享有平等的使用权，同一个嘎查内牧民的承包面积应该基本一致。但是，由于草场分配的年限周期较长，随着各种因素的变化，不同牧民所实际拥有的草场面积存在一定差异是合理的，但也正是这种差异，成为草原生态补偿中产生"按面积补还是按人口补"问题的基础。

表15-3　　　　　各嘎查草场承包面积基尼系数计算结果

旗县	苏牧	嘎查	人均草场面积（亩）	基尼系数
阿拉善左旗	巴彦诺尔公	通格图	2843.32	0.33
		都日勒吉	3366.59	0.35
		伊和布鲁格	2631.73	0.62
		哈日木格太	1962.04	0.42
		查干敖包	3999.63	0.33
	吉兰泰	德日图	2519.19	0.21
		额然陶勒盖	1889.32	0.22
		巴音洪格日	2230.55	0.25
		沙日布日都	1041.71	0.53
		希尼呼都格	1171.81	0.35
	巴彦浩特	特莫图	619.40	0.30
		通古勒格淖尔	3055.43	0.10

旗县	苏牧	嘎查	人均草场面积（亩）	基尼系数
四子王旗	江岸	卫井	3105.67	0.42
		艾勒格	940.22	0.24
		江岸	2382.64	0.43
		乌拉	4430.33	0.40
	查干补力格	山滩	1847.32	0.40
		格日乐图雅	1390.96	0.40
		白音补力格	1612.82	0.36
		白音乌拉	1314.49	0.45
		敖包图	2552.80	0.38
		巴音	1330.99	0.35
陈巴尔虎旗	巴彦哈达	巴彦哈达	3327.70	0.57
		乌兰础鲁	3256.67	0.51
		格根胡硕	4244.54	0.59
		呼和道布	4473.34	0.43
	呼和诺尔	安格尔图	3498.29	0.41
		乌布日诺尔	1959.62	0.36
		白音布日德	3100.75	0.34
		完工	998.54	0.40
	东乌珠尔	白音乌拉	1440.89	0.45
		查干诺尔	1758.27	0.41
		海拉图	3778.80	0.49
		额尔敦乌拉	3060.61	0.52

（二）牧民草原生态补偿模式选择的影响因素分析

运用 Stata 11.0 软件，对样本数据进行二元 logistic 模型估计，估计结果见表 15 - 4。受访牧民家庭人均草场面积对于其选择按照面积或是人口分配补偿资金的影响非常显著，这进一步证实了前面的理论分析结果，即家庭人均草场面积越大的牧户越倾向于按照面积分配草原生态补偿资金，而家庭人均草场面积越小的牧户则越倾向于按照人口分配草原生态补偿资金。

除了人均草场面积以外，民族因素也在一定程度上影响牧民草原生态补偿方式的选择，且蒙古族牧民更倾向于按照面积分配资金。这与蒙古族多为原住民，一般拥有更大面积的草场有关。而针对样本数据的分析发现，蒙古族牧民的户均草场承包面积比汉族及其他民族牧民的户均草场承包面积多939 亩。另外，两个地区变量显著的影响牧民草原生态补偿方式的选择，这反映出现有政策的资金分配模式对牧民的选择产生了一定影响。

表 15 - 4　　牧民草原生态补偿方式选择影响的 **Logistic** 模型估计结果

变量	估计系数	边际效应
性别	0.2192 (0.25)	0.0543
年龄	0.0012 (0.01)	0.0003
民族	0.5152 ** (0.22)	0.1271
受教育程度	0.1136 (0.11)	0.0280
属于四子王旗	1.0699 *** (0.25)	0.2513
属于陈巴尔虎旗	1.1947 *** (0.41)	0.2751
全部草畜平衡	0.2659 (0.24)	0.0652
兼有禁牧与草畜平衡	0.8038 (0.42)	0.1900
人均草场承包面积	0.0003 *** (0.01)	0.0001
常数项	- 2.3233 *** (0.83)	—
Log likelihood	-295.91	
Pseudo R^2	0.1221	
LR χ^2 (10)	82.35	

注：**、***分别表示在 5% 和 1% 的显著水平上显著，括号内的数字为标准误。

五、小　结

　　通过上述理论分析和实证研究，本章可以得到以下基本结论：草原生态补偿中，当不同牧民的草场承包面积一致时，按照面积和按照人口分配补偿资金是等价的。但是通过基尼系数的计算结果可以看出，不同牧民间草场承包面积的差异是普遍存在的，且在部分地区差异非常显著。这种差异进一步导致了应该按照面积还是按照人口分配补偿资金的问题。地方政府作为补偿主体，在确定补偿资金的分配方式时可能会考虑包括分配的公平性、牧民生计等多个目标。因此，以阿拉善为代表的部分地方政府可能会选择严格按照人口分配补偿资金。牧民作为补偿客体，在不同的补偿方式间选择时主要考虑自身经济利益最大化。理性的牧民会考虑家庭人均草场承包面积的大小，并选择合理的补偿资金分配方式以获得尽可能多的补偿资金。实证研究也证明，牧民家庭人均草场面积越大，牧民越倾向于按照面积分配草原生态补偿资金，反之则倾向于按人口分配。

　　由于地方政府在草原补奖政策的操作层面上有较大的操作空间，因此，地方政府的目标设定以及执行能力是草原生态补偿资金最终以何种方式分配的决定性因素，牧民层面的意愿并不能决定最终的资金补偿方式。虽然政府的目标有多个，但是对于草原补奖政策初始目标的讨论是非常必要的。《意见》中指出牧区发展中要坚持"生态优先"的原则，草原补奖机制建立的初始目标也在于保护草原。国际上关于生态系统服务付费或生态补偿政策的相关研究明确指出，生态系统服务付费或者生态补偿政策的目标是通过机制设计提高自然资源管理的效率，而不是以减少贫困为目的（Engel et al, 2008）。因此，草原补奖政策作为一种生态补偿政策，其根本目标在于草原生态环境保护。

　　按照人口分配补偿资金的方式基本上实现了资金在牧民间分配的绝对公平，对于改善牧民生计状况的其他政策创新提供了便利条件。但是这种分配方式仅与牧民的家庭人口数量相关，而与牧民的草场实际利用情况无关，这显然不符合草原生态环境保护的政策目标。而按照面积分配补偿资金，虽然在一定程度上会造成不同牧民所获补偿资金的差异，但是这种资金分配方式与牧民的草场利用情况直接相关。一般而言，草场承包面积较大的牧户所提供的生态系统环境服务更多，其进行草原生态保护的直接成本和机会成本也比较大，出于草原生态环境保护的角度考虑理应获得更多的草原生态补偿资金。所以，将按照面积还是按照人口分配补偿资金的两种模式相比较，前者显然是更符合草原补奖政策的初始目标。

在草原生态环境保护中，突出生态目标的优先性和重要性并非完全不考虑牧民生计目标。牧民的生计情况在很大程度上决定着草原补奖政策的实施效果，当牧民生计无法得到保障时，减畜和禁牧政策都将难以落实，草原生态保护效果自然难以得到保证。因此，在依靠草原补奖政策进行草原生态保护的同时，也必须通过其他配套政策保障和改善牧民生计。另外，本章所探讨的两种草原生态补偿方式中，按照面积分配补偿资金相对于按照人口分配更加符合草原补奖政策的初始目标。但是与其他创新性的草原生态补偿方式相比，按照面积分配补偿资金未必是最优的政策设计，如何结合草原生态补偿中的实际问题，进而优化政策设计需要进一步的研究和探讨。

参 考 文 献

［1］国务院. 国务院关于促进牧区又好又快发展的若干意见［Z］，2013.

［2］李笑春，曹叶军，刘天明. 草原生态补偿机制核心问题探析——以内蒙古锡林郭勒盟草原生态补偿为例［J］. 中国草地学报，2011（6）：1－7.

［3］巩芳，常青，盖志毅，长青. 基于生态资本化理论的草原生态环境补偿机制研究［J］. 干旱区资源与环境，2009（12）：167－171.

［4］孟慧君，程秀丽. 草原生态建设补偿机制研究：问题、成因、对策［J］. 内蒙古大学学报（哲学社会科学版），2010（2）：15－20.

［5］曹叶军，李笑春，刘天明. 草原生态补偿存在的问题及其原因分析——以锡林郭勒盟为例［J］. 中国草地学报，2010（4）：10－16.

［6］张长征. 中国教育公平程度实证研究：1978～2004——基于教育基尼系数的测算与分析［J］. 清华大学教育研究，2006（2）：10－14.

[7] 张建华. 一种简便易用的基尼系数计算方法 [J]. 山西农业大学学报 (社会科学版), 2007 (3): 275 – 283.

[8] S Engel, S Pagiola, S Wunder. Designing payments for environmental services in theory and practice: An overview of the issues [J]. Ecological Economics, 2008 (65): 663 – 674.

|第十六章|
牧区畜牧业经营的代际传递意愿

　　研究牧区畜牧业经营的代际传递意愿对于促进牧区可持续发展具有重要意义，基于内蒙古 34 个嘎查 490 户牧民的实地调研，研究了牧区畜牧业经营代际传递意愿现状，并运用多元有序 Logistic 模型分析了其影响因素。研究表明，牧区畜牧业经营的代际传递意愿总体较弱，仅有 20.4% 的牧民明确表示愿意后代继续从事草原畜牧业生产。受访牧民为蒙古族、年龄越大、家中有村干部的代际传递意愿越强。天然草场和劳动力作为草原畜牧业的两种主要生产要素，与二者相关的家庭人均草场面积、草场质量状况、家庭人数和畜牧业劳动力数量等因素都对牧民畜牧业经营的代际传递意愿有显著的正向影响。因此，通过引导牧区人口合理有序地向外流动，鼓励要素禀赋较好的牧户租入草场进行规模化经营，可以在有效缓解草场人口承载压力的同时促进牧区可持续发展。

一、背　　景

　　我国草原面积近 4 亿公顷，占国土面积的 40% 以上。草原畜牧业是全国畜牧产业的重要组成部分，也是牧区经济发展的基础产业和牧民的主要收入来源。草原生态系统作为我国面积最大的陆地生态系统，承担着极为重要的生态功能。党的十八大报告提出城乡发展一体化是解决"三农"问题的根本途径，城镇化和农业现代化相互协调是现代农村发展的方向。由于牧区经济收入水平相对较低，基础公共服务尚未完善，伴随着牧区城镇化的进程，大量牧区劳动力逐渐脱离了草原畜牧业生产而转向城镇就业。同时，由于牧区教育资源的集中，当代牧民的子女大都集中到县城上学，逐渐远离了传统牧区生活，牧区劳动力的向外转移还将持续发生。在这种背景下，国务院于 2011 年颁布的《关于促进牧区又好又快发展的若干意见》中提出了"提高牧民素质和转产转业能力，减轻草原人口承载压力"的牧区发展思路。因此，全面深入地了解牧民及其后代的畜牧业经营意愿，对于分析牧区未来发展形势，协调牧区城镇化与草原畜牧业发展的关系，提升牧区可持续发展能力具有重要意义。

目前，学界对于农业生产经营行为影响因素的研究已经比较多，但是从代际传递角度进行分析的仍然较少。朱红根（2010）率先将代际传递理论引入到农业生产行为分析，运用实地调研数据分析了农户个体特征、家庭特征、区域特征、政策支持与经营特征等五类因素对农户稻作经营代际传递意愿的影响。其他关于农业发展的代际传递研究，则涉及到劳动力非正规就业、农民创业、农村私营企业主的代际传递性等（朱红根，2014；韩军辉，2013；张兆曙，2010）。在对于牧区的研究中，尚没有关于代际传递方面的研究。针对牧区畜牧业生产经营行为的探讨较多，但主要集中于当代牧民生产行为的影响因素分析。例如，崔孟宁（2013）选取了生活方式、政策、牧业收入、年龄、劳动力、单位人工草场载畜量以及牧业收入占家庭总收入比重等 7 个指标，分析了牧民生产行为的影响因素；赵雪雁（2009）从牧民投资、生产销售、牧民合作等角度分析了高寒牧区牧民的生产经营行为。总体来看，目前对于牧民畜牧业生产行为的研究仍然以当代牧民的生产经营影响因素分析为主，并没有从代际传递意愿视角进行的代际研究。本章试图通过对牧区的实地调研和实证分析，揭示牧民畜牧业经营代际传递的意愿状况及其影响因素。对代际传递意愿的研究将有利于全面掌握牧区发展形势，引导牧区人口合理有序流动，进而促进牧区的全面协调可持续发展。

二、理论分析和研究方法

（一）概念界定

关于代际传递的研究最早始于"贫困代际传递"，即贫困以及导致贫困的相关条件和因素，在家庭内部由父母传递给子女使子女在成年后重复父母的境遇。早在 20 世纪 60 年代开始，美国经济学家就在对长期性贫困群体的研究中率先提出了"贫困代际传递"的概念，并建立了模型分析父母的教育和职业对子女将来的职业和地位的影响（P. M. Blau et al, 1967）。随后，关于代际传递的研究逐渐扩展到人力资本和收入不平等领域。本章中的"牧区畜牧业经营代际传递意愿"是指当代牧民对于让其后代继续从事牧区畜牧业经营的意愿状况，包括"不愿意""由子女决定"和"愿意"三种情况。

与农区的农业生产经营代际传递意愿相比，牧区畜牧业经营代际传递意愿的深层含义具有明显差异。农区的粮食生产功能是首要目标，农业生产经营涉及到我国粮食安全问题，因此，农业生产经营代际传递问题对于解答"谁来种地"、保障我国粮食安全具有重要意义。但是根据国家相关政策定位，我国牧区草场的生态功能是首要目标，并且提倡"以转变经济发展方式来解决和改善牧民生计"，因此传统的草原畜牧业生产功能被逐渐弱化。因此，牧区畜牧业经营代际传递意愿有更强的"生态含义"，如果牧区畜牧业经营代际传递意愿较弱，在一定程度上可以认为将有利于缓解牧区草场人口承载压力、实现牧区的生态保护目标。

（二）理论探讨

牧区畜牧业经营收益是决定牧民代际传递意愿的主要因素，而天然草场和畜牧业劳动力是草原畜牧业的两种主要投入要素，在很大程度上决定了牧户的经营收益状况。其中，天然草场的面积与质量直接决定了畜牧业草料是否充足，天然草场面积越大、草场质量越好的牧户其畜牧业经营收益一般较好；在草场资源禀赋较好的地区，草料来源并不是畜牧业经营的约束条件，而畜牧业劳动力构成了畜牧业发展的限制性因素，因此家庭人数越多、畜牧业劳动力数量越多的牧户其畜牧业经营收益也一般较好。除了主要投入要素之外，自然灾害、草原补奖政策等也可能影响牧民的经营收益。牧区干旱、冬季暴雪等自然灾害影响程度越大，牧民畜牧业经营收益损失也就越大；第一轮草原补奖政策于 2015 年结束，牧民对于未来政策的预期也将影响其畜牧

三、数据来源和样本特征

本章所使用数据来源于课题组 2014 年 7～8 月对内蒙古自治区阿拉善左旗、乌兰察布市四子王旗和呼伦贝尔市陈巴尔虎旗，8 个苏牧，34 个嘎查的实地调研①。本次调研以问卷调查为主，通过调研员与牧户座谈的方式发放问卷 498 份，其中有效样本 490 份。除了牧户层面的调查以外，调研组还与每个受访嘎查的嘎查长或党支部书记进行了村级访谈，全面了解该嘎查的相关情况；调研组先后与内蒙古草原监理局、阿拉善左旗畜牧局、四子王旗畜牧局、陈巴尔虎旗畜牧局进行了深入座谈，并获取了包括 34 个样本村的草原承包数据在内的大量相关资料。

内蒙古自治区草原总面积 88 万平方公里，占全国草原面积的 22%，是我国重要的畜牧业生产基地。阿拉善左旗地处内蒙古自治区西部，全旗总人口近 15 万，可利用草场 4.6 万平方公里，以温性荒漠和温性草原化荒漠为主，草场质量较差；四子王旗地处内蒙古自治区中部，全旗总人口 21.5 万，可利用草场 2 万平方公里，以温性草原化荒漠和温性荒漠化草原为主，草场质量一般；陈巴尔虎旗地处内蒙古东北部，呼伦贝尔草原腹地，全旗总人口 5.86 万，可利用草场 1.58 万平方公里，以温性典型草原和温性草甸草原为主，是全世界唯一的纯天然草甸草原，草场质量较好。本次调研所选择的三个调研地点之间距离较远，气候环境、草场质量、人均草场质量存在明显差异，具有较强的代表性。

本次调研的样本基本情况如表 16-2 所示。受访牧民中男性占 81.0%，女性占 19.0%，这主要是为了更好地获取信息，本次调研主要选择户主作为访谈对象。从年龄分布来看，30～60 岁的牧民作为样本主体所占比重较高，30 岁以下以及 60 岁以上的受访牧民仅占样本总数的 14.3%。受访牧民中，蒙古族占 63.1%，汉族占 35.9%，其他民族占 1.0%。受教育程度方面，初中及以下牧民占 78.6%。三个调研旗县中，样本分布较为平均，其中阿拉善左旗 174 户，四子王旗 169 户，陈巴尔虎旗 147 户。

---

① 旗、苏木、嘎查均来自蒙语，其中旗相当于县级行政单位，苏木相当于乡（镇）级行政单位，嘎查相当于村级行政单位。

表 16 – 2　　　　　　　　　　　**样本基本特征**

指标	类别	样本数（户）	比例（%）
性别	男	397	81.0
	女	93	19.0
年龄	30 岁以下	24	4.9
	30～45 岁	200	40.8
	46～60 岁	220	44.9
	60 岁以上	46	9.4
民族	蒙古族	309	63.1
	非蒙古族	181	36.9
教育程度	小学以下	35	7.2
	小学	144	29.4
	初中	206	42.0
	高中	80	16.3
	高中以上	25	5.1
婚姻	无配偶（未婚丧偶离异）	57	11.6
	有配偶	433	88.4
所在旗县	阿拉善左旗	174	35.5
	四子王旗	169	34.5
	陈巴尔虎旗	147	30.0

四、牧区畜牧业经营代际传递意愿分析

（一）牧区畜牧业经营代际传递意愿状况

本次问卷调查中关于牧区家庭经营代际传递意愿的问题设计是"您是否愿意让您的子女继续从事牧区家庭生产经营"，要求被调查者在"愿意""由子女自己决定"和"不愿意"之间做出选择。如表 16 – 3 所示，在调查的490 户牧民中，39.6% 牧民的牧区家庭经营代际传递意愿为"不愿意"，40.0% 牧民的牧区家庭经营代际传递意愿为"由子女自己决定"，20.4% 牧民的牧区家庭经营代际传递意愿为"愿意"。受访牧民中愿意让后代继续从事畜牧业生产的比例较低，表明内蒙古受访牧区家庭经营代际传递意愿整体趋势较弱，但是牧民也相对尊重子女生计选择的主观意愿。

从三个受访旗县来看，陈巴尔虎旗的受访牧民中，明确表示愿意让后代继续从事牧区畜牧业经营的占 26.5%，明显高于其他两个旗县；明确表示不愿意让后代继续从事牧区畜牧业经营的占 32.7%，则明显低于其他两个旗县。这说明陈巴尔虎旗受访牧民的牧区畜牧业经营代际传递意愿是三个旗县中最强的，这也与当地草场禀赋较好，仍存在草原畜牧业发展空间的现实状况相符。四子王旗的受访牧民中，明确表示愿意让后代继续从事牧区畜牧业经营的牧民仅占 14.8%，明显低于其他两个旗县；而明确表示不愿意让后代继续从事牧区畜牧业经营的占 48.5%，则明显高于其他两个旗县。这说明四子王旗受访牧民的牧区畜牧业经营代际传递意愿是三个旗县中最弱的。而阿拉善左旗的受访牧民中，明确表示愿意或不愿意子女继续从事牧区畜牧业经营的比例都处于三个旗县的中间位置，但是选择"由子女决定"是否继续从事牧区畜牧业经营的比例相对较高。

自 2011 年实施的草原补奖政策对牧区产生了重大影响，禁牧和草畜平衡政策的实施在很大程度上改变了牧民的畜牧业经营状况。但是从表 16 - 3 中的不同政策类型牧户对比中可以看出，家庭承包草场实施草畜平衡或是禁牧政策，对于牧民的代际传递意愿影响并不显著，两种政策类型下的牧户，愿意让后代继续从事牧区畜牧业经营的比例同为 20.4%。这与该政策以 5 年为实施期限，近几年牧区草场质量得到了较大改善，牧民对于未来政策的可持续性没有明确预期有关。

表 16 -3　　　　　　　　　　　受访牧民的代际传递意愿情况

		不愿意（%）	由子女决定（%）	愿意（%）	合计（%）
样本总体		39.6	40.0	20.4	100.0
不同旗县	阿拉善左旗	36.8	42.5	20.7	100.0
	四子王旗	48.5	36.7	14.8	100.0
	陈巴尔虎旗	32.7	40.8	26.5	100.0
不同政策类型	草畜平衡户	38.3	41.3	20.4	100.0
	禁牧或半禁牧户	40.5	39.1	20.4	100.0

（二）牧区畜牧业经营代际传递意愿的交叉分析

本章主要选择了牧户个体特征、生产要素特征以及主观评价状况等影响因素对牧民畜牧业经营代际传递意愿进行交叉分析，以初步识别出牧民代际传递意愿的影响因素。

1. 牧户个体特征与代际传递意愿的交叉关系

受访牧民个体特征与代际传递意愿的交叉分析结果（见表 16 - 4）显示，不同民族牧民之间的代际传递意愿存在差异，且在 5% 的显著水平上显著，交叉分析结果说明蒙古族牧民相较于非蒙古族牧民，更愿意让后代从事草原畜牧业；受访牧民的年龄与代际传递意愿的交叉分析结果显示，受访牧民的年龄越大越倾向于愿意让子女继续从事草原畜牧业，这一结果在 1% 的显著水平上显著；受访牧民中，作为村干部或家里有村干部的牧民更愿意让后代继续从事草原畜牧业。调研中发现，村干部家庭在嘎查中多属于"精英家庭"，在牲畜养殖规模、畜牧业收益等方面都有着较为明显的优势。受访牧民的教育程度、自身继续放牧意愿与代际传递意愿的交叉分析结果不显著，说明牧民的教育程度与继续放牧意愿并不显著影响其代际传递意愿。

表 16 - 4 　　　　　　　　个体特征与代际传递意愿的交叉关系

变量名称	分类	不愿意（%）	由子女决定（%）	愿意（%）	合计（%）	χ^2 显著性
民族	蒙古族	34.3	40.8	24.9	100.0	5% 水平
	非蒙古族	48.6	38.7	12.7	100.0	
年龄	30 岁以下	20.8	45.8	33.3	100.0	1% 水平
	30~45 岁	46.0	44.5	9.5	100.0	
	46~60 岁	40.0	35.9	24.1	100.0	
	60 岁以上	19.6	37.0	43.5	100.0	
教育	小学以下	22.9	40.0	37.1	100.0	不显著
	小学	41.0	34.0	25.0	100.0	
	初中	40.8	44.2	15.0	100.0	
	高中	42.5	38.8	18.8	100.0	
	高中以上	36.0	44.0	20.0	100.0	

变量名称	分类	不愿意 （%）	由子女决定 （%）	愿意 （%）	合计 （%）	χ^2显著性
本人是否会 继续放牧	不会	50.0	28.6	21.4	100.0	不显著
	不清楚	47.4	47.4	5.3	100.0	
	会	38.6	40.4	21.0	100.0	
村干部	否	41.6	40.0	18.4	100.0	1%水平
	是	26.2	40.0	33.8	100.0	

2. 牧户生产要素特征与代际传递意愿的交叉关系

受访牧户家庭特征与代际传递意愿的交叉分析结果（见表16-5）显示，牧户家庭人数对于户主的草原畜牧业代际传递意愿的影响在5%显著水平上显著，家庭人数较多的牧民更倾向于后代继续从事畜牧业生产经营；而家庭成员中，从事畜牧业生产的劳动力数量越多的牧户，其畜牧业经营代际传递意愿也明显更加强烈，该结果在1%的显著水平上显著。就牧民的草场质量状况而言，村内草场质量的差异并没有显著影响牧民的代际传递意愿，但是村际间的草场质量对比状况则显著影响牧民的畜牧业经营代际传递意愿，该结果在1%的显著水平上显著。相对于其他嘎查草场，自身草场质量越好的牧民更愿意让子女继续从事草原畜牧业生产。受访牧户的人均草场承包面积显著影响其畜牧业经营的代际传递意愿，且该结果在1%的显著水平上显著。牧户家庭人均草场承包面积越大的，更倾向于让子女继续从事草原畜牧业生产。

表16-5　　　　　　　生产要素特征与代际传递意愿的交叉关系

变量名称	分类	不愿意 （%）	由子女决定 （%）	愿意 （%）	合计 （%）	χ^2显著性
家庭人数	3人及以下	43.8	41.0	15.2	100.0	5%显著 水平
	4~6人	36.1	38.9	25.0	100.0	
	7人及以上	22.2	38.9	38.9	100.0	
从事畜牧业 劳动力数量	2人及以下	43.5	41.8	14.7	100.0	1%显著 水平
	3人及以上	19.8	30.9	49.4	100.0	

续表

变量名称	分类	不愿意 (%)	由子女决定 (%)	愿意 (%)	合计 (%)	χ^2显著性
村内草场 质量对比	较差	45.6	39.7	14.7	100.0	不显著
	一样	36.1	41.9	12.0	100.0	
	较好	31.1	37.7	31.2	100.0	
村外草场 质量对比	较差	57.8	26.6	15.6	100.0	1%显著 水平
	一样	34.9	43.7	21.4	100.0	
	较好	25.0	44.1	30.9	100.0	
人均草场承 包面积（经 标准亩系数 调整后）①	1000 亩以下	48.4	34.6	17.0	100.0	1%显著 水平
	1000~2000 亩	42.8	37.3	19.9	100.0	
	2000 亩以上	27.9	47.9	24.2	100.0	

3. 主观评价状况与代际传递意愿的交叉关系

受访牧户的主观评价状况与其畜牧业经营代际传递意愿的交叉分析结果（见表 16-6）显示，牧户对于牧区经营效益的评价、对于牧区政策的满意度以及对于牲畜养殖过程中自然灾害的影响程度，都没有显著影响牧民的代际传递意愿。

表 16-6　　　　　　　主观评价状况与代际传递意愿的交叉关系

变量名称	分类	不愿意 (%)	由子女决定 (%)	愿意 (%)	合计 (%)	χ^2显著性
牧区经营 效益评价	很低	50.0	40.0	10.0	100.0	不显著
	较低	37.4	39.1	23.5	100.0	
	一般	41.5	42.9	15.6	100.0	
	较高	37.8	37.2	25.0	100.0	
	很高	50.0	25.0	25.0	100.0	

---

① 由于三个旗县草场禀赋差异较大，为了保证不同地区间草场面积的可比性，采用了内蒙古自治区所公布的标准亩系数对不同旗县的草场面积进行了调整，即"标准亩草场面积 = 标准亩系数 × 实际草场承包面积"，其中阿拉善左旗的标准亩系数为 0.53，四子王旗为 0.85，陈巴尔虎旗为 1.59。

续表

变量名称	分类	不愿意（%）	由子女决定（%）	愿意（%）	合计（%）	x^2显著性
牧区政策满意度	很不满意	75.0	0	25.0	100.0	不显著
	不满意	36.5	36.5	27.0	100.0	
	一般	40.2	48.3	11.5	100.0	
	满意	38.7	40.3	21.0	100.0	
	非常满意	50.0	23.1	26.9	100.0	
灾害影响程度	很小	45.0	30.0	25.0	100.0	不显著
	较小	38.5	35.2	26.4	100.0	
	一般	47.2	34.0	18.9	100.0	
	较大	41.0	39.9	19.1	100.0	
	很大	34.8	47.1	18.1	100.0	

五、牧区畜牧业经营代际传递意愿的影响因素分析

通过上述的交叉分析，初步检验了各种特征因素与牧民畜牧业经营代际传递意愿之间的相关关系的显著性以及影响方向。下面通过计量分析进一步研究牧民畜牧业经营代际传递意愿的影响因素。使用 Stata 11 软件对上述变量进行多元有序 Logistic 回归分析，如表 16 - 7 所示，模型一中纳入了上述所有变量，回归结果显示民族、年龄、家中是否有村干部、家庭人数、畜牧业劳动力数量、人均草场面积、地区变量 2 以及村外草场质量对比情况都在不同的显著水平上显著。随后采用逐步向后回归方法，依次剔除模型中 Z 统计量最小的变量，直至模型中所保留的所有变量都在 5% 的显著水平上显著，最终回归结果如模型二所示。两个模型的最大似然比均在 1% 的显著水平上显著，说明拒绝模型中所有自变量系数为 0 的假设，模型拟合效果良好。

表 16 - 7 牧区畜牧业经营代际传递意愿影响因素的多元有序 Logistic 回归结果

解释变量	模型一		模型二	
	回归系数	Z 统计量	回归系数	Z 统计量
民族（X_1）	0.5954 ***	2.84	0.5940 ***	2.95
年龄（X_2）	0.0349 ***	3.37	0.0399 ***	4.27
教育程度（X_3）	- 0.1560	- 1.47	—	—
是否继续放牧（X_4）	- 0.0671	- 0.20	—	—
是否是村干部（X_5）	0.9613 ***	3.36	0.8255 ***	3.14
地区变量 1（X_6）	0.0083	0.03	—	—
地区变量 2（X_7）	- 0.4986 *	- 1.88	- 0.0436 **	- 2.29
草场政策类型（X_8）	- 0.0106	- 0.04	—	—
家庭人数（X_9）	0.2335 **	2.32	0.2536 **	2.59
畜牧业劳动力数量（X_{10}）	0.4154 ***	3.11	0.3639 ***	2.92
村内草场质量对比（X_{11}）	- 0.1235	- 0.71	—	—
村外草场质量对比（X_{12}）	0.3147 *	1.85	0.2137 **	2.28
人均草场承包面积（X_{13}）	0.0003 ***	2.71	0.0003 ***	2.83
牧区经营效益评价（X_{14}）	0.1015	0.89	—	—
牧区政策满意度（X_{15}）	- 0.1038	- 0.91	—	—
灾害影响程度（X_{16}）	0.0955	1.15	—	—
Pseudo R^2	0.0810		0.0754	
LRstatistic	83.93 ***		78.18 ***	
Log likelihood	- 476.3003		- 479.1782	

模型回归结果与交叉分析结果基本一致，在牧民个体特征方面，民族因素在 1% 的显著水平上对牧民畜牧业经营代际传递意愿产生正向影响，即蒙古族牧民的畜牧业经营代际传递意愿更强。蒙古族作为内蒙古牧区的原住民，世代从事草原畜牧业生产，对于牧区生活有强烈归属感。许多地区在划分草场时也会照顾原住民的利益，因此，蒙古族牧民所拥有的草场资源禀赋一般也优于其他外来牧民。除此之外，牧区教育水平相对于农区较为落后，虽然随着牧区现代化进程这种问题有所改善，但是蒙汉语言差异、其他生计能力不足仍是限制蒙古族牧民外出务工的重要因素。基于上述背景，蒙古族牧民相对于其他民族牧民代际传递意愿较强。年龄因素对于代际传递意愿的影响同样通过了 1% 显著水平检验，年龄越大的牧民更倾向于后代继续放牧。年

龄较大的牧民受传统游牧文化的影响最深，对于草原畜牧业的依赖感最强，思想观念也相对传统。在调研过程中，许多老年牧民表达了子女回到身边从事草原畜牧业的强烈愿望，这一方面是希望能够获得子女的陪伴，另一方面也有因为近年来国家牧区扶持政策力度较大，牧区经营收益良好的客观现实原因。家中是否有村干部也在1%的显著水平上影响牧民的代际传递意愿，家中有村干部的牧民更倾向于后代继续留在牧区从事畜牧业生产。本次调研数据显示，村干部家庭的牧业收入是其他家庭的1.59倍，非牧业收入是其他家庭的3.89倍。村干部家庭除了获取各种资源的能力较强外，在草原旅游业经营、牲畜贩卖等行业也有较强的经营能力，这些嘎查中的"精英家庭"更倾向于自己后代留在牧区传承事业。

家庭特征方面，家庭人数越多的家庭更倾向于后代继续从事草原畜牧业，该结果通过了5%水平的显著性检验。牧区草场分配与牧民家庭人数直接挂钩，家庭成员较多的牧民其草场经营面积较大，牲畜养殖较多却并不"超载"，加之草原补奖资金与草场面积挂钩，进一步提升了这些牧户的收益水平。在这些大牧户中，草场资源一般不是畜牧业生产的约束条件，而劳动力却成为重要的限制因素。家庭畜牧业劳动力对于牧民代际传递意愿的影响通过了1%水平的显著性检验。当代劳动力中选择从事草原畜牧业的越多，说明其家庭草场经营效益较好或者这些家庭本身就存在某些因素限制了其外出就业，这些家庭对于后代的传递意愿也更强。不同旗县中，四子王旗的代际传递意愿显著低于其他地区。四子王旗毗邻呼包鄂城市圈，交通比较便利，在三个调研地区中汉化程度相对较高，同时二、三产业发展迅速，牧区现代化进程较快可能是导致其传统畜牧业代际传递较低的重要原因。在草场质量差异方面，牧民普遍认为嘎查内草场异质性并不明显，但是在与周边嘎查的对比中，认为自家草场质量更好的牧民，其牧区畜牧业经营的代际传递意愿比较高。从牧民的畜牧业经营特征来看，家庭人均草场承包面积对牧民代际传递意愿的影响在1%水平上显著，家庭人均草场承包面积越大的牧户代际传递意愿越强。综合牧民家庭特征和经营特征的显著性分析可以看出，影响牧民代际传递意愿的因素主要是草场面积、草场质量以及劳动力等生产要素。而政策满意度、牧区经营效益评价，甚至自然灾害影响等因素对于牧民的代际传递意愿都没有显著的影响。

六、小　　结

通过描述性统计、交叉分析和多元有序 Logistic 回归分析可以得出以下结论：随着经济社会发展，牧区的生产生活方式发生了深刻变化，牧民畜牧业经营的代际传递意愿总体上较弱，明确表示愿意让后代继续从事草原畜牧业生产的比例仅有 20.4%。但是由于牧区的生产经营特点以及文化因素影响，牧区的畜牧业经营代际传递意愿仍然强于农区的种植业经营代际传递意愿。影响牧民畜牧业经营代际传递意愿的因素集中于草原畜牧业最主要的两类投入要素，即草场资源和劳动力。其中，在草场资源方面，家庭人均草场面积、嘎查间草场质量差异与草地资源禀赋紧密相关，这些变量显著影响牧民的畜牧业经营代际传递意愿，即家庭人均草场面积越大、草场质量相对越好的牧民代际传递意愿越强；在劳动力方面，家庭人数越多、畜牧业劳动力越多的牧民其代际传递意愿也越强。总体来看，畜牧业生产经营中生产要素禀赋较好的家庭更倾向于让后代继续从事草原畜牧业生产。就个体特征而言，民族、年龄以及是否来自村干部家庭等因素显著影响牧民的代际传递意愿，蒙古族牧民、年龄较大的牧民以及来自村干部家庭的牧民更倾向于后代继续从事草原畜牧业生产。

关于牧区畜牧业经营代际传递意愿的探讨中，必须强调的一点是，牧民的代际传递意并非其后代的实际选择，真正决定牧民后代是否继续从事畜牧业的根本原因在于牧区畜牧业经营收益与其他非牧业就业途径收益的差距，以及牧民后代寻找替代生计的能力。但是，当代牧民的畜牧业经营代际传递意愿仍然可以在一定程度上揭示牧区未来人口流动的趋势。

综上所述，本章有以下政策含义：第一，随着牧区现代化的进程，牧民畜牧业经营代际传递意愿趋弱，这为牧区城镇化提供了政策操作空间。通过促进牧区人口向外流动和释放牧区劳动力，可以有效缓解草原人口压力，有利于改善牧民生计状况，解决牧区贫困问题。第二，为了合理有序地引导牧区人口流动，需要进一步提升牧区教育水平、增加技能培训，以破除牧民走出牧区就业所可能遇到的壁垒。第三，在人口向外流动，部分牧民逐渐放弃畜牧业生产的情况下，可以通过促进草场流转来解决"谁来放牧"的问题。由于草场和劳动力等生产要素禀赋较好的家庭更倾向于留在牧区继续从事草原畜牧业，可以鼓励这些家庭租入草场，并继续留在牧区进行适度规模经营。

参 考 文 献

[1] 国务院. 关于促进牧区又好又快发展的若干意见 [Z]. 2011.

[2] 崔孟宁. 牧民生产行为影响因素的实证分析 [J]. 内蒙古财经大学学报, 2013 (1).

[3] 韩军辉. 农村家庭非正规就业的代际传递性研究 [J]. 重庆大学学报 (社会科学版), 2013 (2).

[4] 朱红根, 翁贞林, 陈昭玖, 等. 农户稻作经营代际传递意愿及其影响因素实证分析——基于江西 619 个种粮大户调查数据 [J]. 中国农村经济, 2010 (2).

[5] 张兆曙, 李棉管, 刘晋池. "父业子承?": 农村私营企业主的"代"意识——一项针对浙江农村私营企业主的调查 [J]. 中国农村观察, 2010 (2).

[6] 赵雪雁, 巴建军. 高寒牧区牧民生产经营行为研究——以甘南牧区为例 [J]. 地域研究与开发, 2009 (2).

[7] Peter M Blau and Otis D. Duncan, The American Occupational Structure, N. Y. The Free Press, 1967.

|第十七章|
谁在雇用羊倌

牧区雇工放牧行为非常普遍，而且雇工放牧与草场流转和规模经营关系密切。本章利用 2014 年内蒙古自治区阿拉善左旗、四子王旗、陈巴尔虎旗三个旗县的实地调研数据，采用二元 Logistic 回归模型，分析了牧户雇工放牧行为的影响因素。研究结果表明：草场承包面积越大、净流转草场面积越大、草料费支出越大，牧户越倾向于雇工放牧。家庭劳动力数量越少，牧户越倾向于雇工放牧。牧户的受教育程度和婚姻状况对牧户雇工放牧行为也存在显著的正向影响。从地区差异上看，阿拉善左旗牧户雇工放牧行为的比例明显低于四子王旗和陈巴尔虎旗。为了促进草原可持续发展，实现牧区适度规模经营，在制定设计草场流转和规模经营的牧区政策时，需要关注牧户的雇工放牧行为。

一、背　　景

草原既是畜牧业发展重要的生产资料，也承载着重要的生态功能。草原畜牧业需要在促进草原生态保护和促进牧民增收相协调的基础上实现可持续发展。饲草饲料和畜牧业劳动力是草原畜牧业发展最为重要的两大投入要素。牧区的雇工放牧行为，在牧户家庭劳动力的基础上增加了畜牧业劳动力的供给，深入研究牧区牧户的雇工放牧行为对于促进草原生态保护和保障牧民生存发展都有重要的现实意义。

牧区雇工是非常普遍的现象（白银宝、王俊敏，1995；包路芳，2003；措钦才让，1990），盖志毅（2012）指出牧区雇工的户数已经占到50%以上，而羊倌费已经成为畜牧业发展的第二大影响因素。对牧区普遍存在雇工现象的背后原因，措钦才让（1990）指出放牧生活太过艰苦、部分家庭劳动力缺乏、市场化带来的非农就业机会增加、牧民"小富则安"的心理等是可能的原因，盖志毅（2012）指出牧区的牧民相比于农区的农民没有精打细算的习惯以及勤劳程度不大够是牧户轻易雇工的原因。在牧区雇工可能存在的问题方面，一些学者指出，为雇工而多养畜、短期雇工不珍惜草场等因素增加了草原负担和增大了草原破坏，牧户雇工带来畜牧业收益的流失从而增加了牧区的人口压力，牧区雇工缺乏放牧经验、责任心不强、雇工关系缺乏正式合同等因素产生了很多雇工纠纷（措钦才让，1990；盖志毅，2012；雅柱，1996）。

现有的文献关于牧区雇工行为的研究还非常少，在为数不多的文献中也多以问题的定性描述为主。本章试图通过对内蒙古自治区阿拉善左旗、四子王旗、陈巴尔虎旗三个旗县的实地调研，定量分析哪些类型的牧户更倾向于雇工放牧（即谁在雇用羊倌），如果能够识别出牧户雇工放牧行为的影响因素，将为后续完善和制定相关政策措施提供重要参考。

二、概念界定和理论分析

（一）雇工放牧

雇工放牧，往前可以追溯到封建时期的"苏鲁克"。"苏鲁克"，蒙古语，通常指牧工和牧主的生产关系。"苏鲁克"分放苏鲁克和养苏鲁克，放苏鲁克是指牧主，具体包括拥有大量牲畜的王公贵族、上层僧侣和一般牧主，他们将畜群交给或租给牧工放牧，养苏鲁克是指牧工，他们代养牧主的牲畜。20世纪50年代解放后，废除了封建制度，推行了新的合同制苏鲁克，实行"三不两利"政策，其中的"两利"是指牧工牧主两利，即牧工放牧分成

（崔树华、雪岩，2002）。

雇工放牧是指牧主雇用牧工进行放牧的行为。在雇工放牧的概念中，存在牧主和牧工两个主体，两者是雇用关系。牧主通常拥有承包草场，牧工可能拥有承包的草场（来自牧区，通常将承包草场出租给其他牧户使用）也可能不拥有承包的草场（来自农区），牧工在实际中的通俗称谓为"羊倌""牛倌"等。牧主雇用牧工进行畜牧业生产，牧工通过劳动分享草原畜牧业的收益。草原畜牧业属于劳动密集型的农业生产形式，其劳动力的使用主要包括两个重要方面：一是1年内持续稳定的劳动力使用，主要指放牧；二是1年内特定时期的劳动力使用，例如，夏季剪羊毛、秋季打草、冬季接羔等。本章所指的雇工放牧主要指前者，雇用时间通常在半年以上，不包括用于剪羊毛、打草、接羔等的短期雇工。

（二）理论分析

从理论上来分析牧户雇工放牧行为的可能影响因素。草原畜牧业，从投入产出的视角来分析，草原畜牧业的产出是畜产品，具体与牧户的牲畜品种和结构相关；草原畜牧业的投入要素主要包括两个，一是饲草饲料，二是畜牧业劳动力。饲草饲料从来源上可以进一步区分为承包草场、流转草场和买草买料三种方式，畜牧业劳动力从来源上可以进一步区分为牧户的家庭劳动力和雇用劳动力两种方式。

假设牧户的牲畜养殖规模为 Y，牧户的饲草饲料总额为 S，其中牧户承包草场提供的饲草为 S_1，净流转草场提供的饲草为 S_2，买草买料为 S_3，牧户的畜牧业劳动力为 L，其中牧户的家庭劳动力为 L_1，牧户的雇用劳动力为 L_2，当存在雇用劳动力时，L_2 大于 0，当不存在雇用劳动力时，L_2 等于 0。

牲畜养殖规模 Y 和饲草饲料 S 的关系。按照《草畜平衡管理办法》的规定，草畜平衡是指为保持草原生态系统良性循环，在一定时间内，草原使用者或承包经营者通过草原和其他途径获取的可利用饲草饲料总量与其饲养的牲畜所需要的饲草饲料量保持动态平衡（农业部，2005）。假定牧户遵循草畜平衡的规定进行牲畜养殖，并且草畜平衡标准为 k_1，那么，

$$Y = \frac{S}{k_1} = \frac{S_1 + S_2 + S_3}{k_1} \qquad (17-1)$$

牲畜养殖规模 Y 和畜牧业劳动力 L 的关系。草原畜牧业属于劳动密集型的农业生产形式，牲畜养殖规模 Y 和畜牧业劳动力 L 呈正相关，为简化处理，不妨假定两者呈线性正比关系，其比例系数为 k_2，那么，

$$Y = Lk_2 \tag{17-2}$$

由（17-1）式和（17-2）式可以求得，

$$L = \frac{S_1 + S_2 + S_3}{k_1 \times k_2} \tag{17-3}$$

按照假设，$L = L_1 + L_2$，结合（17-3）式可以求得，

$$L_2 = L - L_1 = \frac{S_1 + S_2 + S_3}{k_1 \times k_2} - L_1 \tag{17-4}$$

引入虚拟变量 W，令当 $L_2 > 0$ 时，$W = 1$，当 $L_2 < 0$ 时，$W = 0$，那么

$$W = \begin{cases} 1, & \dfrac{S_1 + S_2 + S_3}{k_1 \times k_2} - L_1 > 0 \\[2mm] 0, & \dfrac{S_1 + S_2 + S_3}{k_1 \times k_2} - L_1 \leq 0 \end{cases} \tag{17-5}$$

设 P 为牧户雇工放牧的概率，那么，

$$P = P(W = 1) = P\left(\frac{S_1 + S_2 + S_3}{k_1 \times k_2} - L_1 > 0\right) \tag{17-6}$$

根据（17-4）式、（17-5）式、（17-6）式，可以进一步来分析牧户的畜牧业生产条件对牧户雇工放牧行为的影响。k_1 和 k_2 为常数，影响牧户雇工放牧的影响因素主要包括 S_1、S_2、S_3 和 L_1。S_1，承包草场提供的饲草，与牧户雇工放牧的概率成正相关，牧户的草场承包面积越大，牧户越可能雇工放牧，以牧户的草场承包面积作为度量指标。S_2，净流转草场提供的饲草，与牧户雇工放牧的概率成正相关，牧户的净流转草场面积越大，牧户越可能雇工放牧，以牧户的净流转面积作为度量指标。S_3，买草买料，与牧户雇工放牧的概率成正相关，牧户的草料费支出越大，牧户越可能雇工放牧，以牧户的草料费支出作为度量指标。L_1，牧户的家庭劳动力，与牧户雇工放牧的概率成负相关，牧户的家庭劳动力数量越多，牧户越不可能雇工放牧，以牧户的家庭劳动力数量作为度量指标。

通常牧户户主的人口特征变量也会对牧户雇工放牧产生影响，主要包括户主年龄、民族、受教育程度、婚姻状况、是否是村干部等。本章未将牧户

的牲畜养殖规模和牧户的收入水平作为影响因素，主要的考虑在于牧户的收入水平通常与牧户的牲畜养殖规模有显著的相关性，而牧户的牲畜养殖规模作为畜牧业产出，与牧户的畜牧业投入有显著的相关性，引入这两个变量会产生多重共线性的问题而影响模型回归的显著性。

（三）模型建立和变量说明

为分析畜牧业生产条件对牧户雇工放牧行为的影响，本章将牧户是否在 2014 年雇工放牧作为因变量，$W = 1$，表示牧户雇工放牧；$W = 0$，表示牧户未雇工放牧。设 P_k 为牧户 k 雇工放牧的概率，采用 Logistic 概率分布函数，则：

$$P_k = F\left(\alpha + \sum_{i=1}^{n} \beta_i x_{ki}\right) = \frac{1}{1 + \exp\left[-\left(\alpha + \sum_{i=1}^{n} \beta_i x_{ki}\right)\right]} \quad (17-7)$$

根据（17-7）式，二元 Logistic 回归模型表达如下：

$$\ln\left(\frac{P_k}{1 - P_k}\right) = \alpha + \sum_{i=1}^{n} \beta_i x_{ki} \quad (17-8)$$

在（17-7）式和（17-8）式中，k 为观测样本，x_{ki} 表示影响牧户 k 雇工放牧的第 i 个（i = 1, …, n）因素，α 为常数项，β_i 为第 i 个影响因素的回归系数。

计量分析模型中各个相关变量的说明及预期影响方向如表 17-1 所示。

表 17-1 模型变量说明及预期影响方向

变量名称		变量定义及取值	预期方向
因变量	是否雇工放牧	虚拟变量，否 = 0；是 = 1	-
户主特征	年龄	连续变量，实际年龄（岁）	-
	民族	虚拟变量，蒙古族 = 0；非蒙古族 = 1	-
	受教育程度	定序变量，文盲 = 1；小学 = 2；初中 = 3；高中 = 4；高中以上 = 5	+
	婚姻状况	虚拟变量，未婚、丧偶或离异 = 0；有配偶 = 1	
	是否是村干部	虚拟变量，否 = 0；是 = 1	+

续表

变量名称		变量定义及取值	预期方向
生产条件	草场承包面积	连续变量，每户承包经营的草场面积（公顷）	+
	净流转草场面积	连续变量，净流转草场面积 = 租入草场面积 – 租出草场面积（公顷）	+
	草料费支出	连续变量，畜牧业生产购买草和料的支出（万元）	+
	家庭劳动力数量	定序变量，实际家庭劳动力数量（含非农劳动力）（人）	–
地区变量	W1	虚拟变量，阿拉善左旗 = 0；其他 = 1	–
	W2	虚拟变量，四子王旗 = 0；其他 = 1	–

三、数据来源和样本说明

（一）数据来源和处理

为了突出研究的代表性，本章选取了内蒙古自治区东部的呼伦贝尔市、中部的乌兰察布市、西部的阿拉善盟作为研究区域，分别代表三种草原类型，温性草甸草原、温性荒漠化草原和温性草原化荒漠。分析所用资料来自调研组一行 8 人于 2014 年 7 月 3 日 ~ 8 月 6 日对内蒙古自治区阿拉善左旗、四子王旗、陈巴尔虎旗三个旗县的 8 个苏木①的 34 个纯牧业嘎查②的实地调研。调查以问卷调查为主，采取调研员和牧户面对面交谈的方式。

此次调研共发放问卷 498 份，回收有效问卷 490 份，其中阿拉善左旗 174 份，四子王旗 169 份，陈巴尔虎旗 147 份，全禁牧 154 份，全部草畜平衡 201 份，部分禁牧部分草畜平衡 135 份。剔除 154 份全禁牧牧户的调查问卷，将剩余的 336 份调查问卷作为本章的有效样本。样本分布情况如表 17 – 2 所示。

---

① 苏木，源自蒙古语，指一种介于旗及村之间的行政区划单位，与乡镇平级。
② 嘎查，设在内蒙古有关盟市所属旗的行政编制下，与行政村平级。

表 17 - 2   样本分布情况

	阿拉善左旗	四子王旗	陈巴尔虎旗
苏木镇数	3	1	3
调查村数	11	6	12
有效样本数	85	108	143
雇工放牧户数	7	39	52

在 336 户牧户中，共有 98 户牧户进行了雇工放牧，其中阿拉善左旗 7 户，四子王旗 39 户，陈巴尔虎旗 52 户，分别占到各个旗县样本的 8.2%、36.1% 和 36.4%，三个旗县中，阿拉善左旗雇工放牧的比例显著低于另外两个旗县。

三个旗县的草地类型对应的草地生产力存在显著的差异，根据《2013 年内蒙古自治区草原监测报告》，呼伦贝尔市、乌兰察布市、阿拉善盟的平均草地生产力（以干草计算）分别为 132.91 公斤/亩、37.85 公斤/亩、15.72 公斤/亩（内蒙古自治区农牧厅，2013）。为使三个地区的草地面积可比，本研究将三个地区的草场面积按照"标准亩"① 折算系数统一折算成标准亩，然后再统一折算成公顷，其中阿拉善左旗的标准亩折算系数为 0.52，四子王旗的标准亩折算系数为 0.85，陈巴尔虎旗的标准亩折算系数为 1.59。

本章所用主要变量的描述性统计结果见表 17 - 3。

表 17 - 3   模型变量描述性统计

变量名称		最小值	最大值	平均值	标准差
因变量	是否雇工放牧	0	1	0.29	0.46
户主特征	年龄	22	76	45.24	9.35
	民族	0	1	0.29	0.45
	受教育程度	1	5	2.84	0.98
	婚姻状况	0	1	0.87	0.33
	是否是村干部	0	1	0.13	0.34

① "标准亩"是指根据内蒙古自治区天然草原的平均载畜能力，测算出平均饲养 1 只羊单位所需要的草地面积为 1 个标准亩，根据 2009~2010 年内蒙古自治区的草原普查数据，全区平均载畜能力为 40 亩养一只羊单位，其系数为 1。

续表

变量名称		最小值	最大值	平均值	标准差
生产条件	草场承包面积	12	2672	464.63	336.65
	净流转草场面积	-846	2120	67.99	241.69
	草料费支出	0	20.8	2.93	3.19
	家庭劳动力数量	0	7	2.54	1.01
地区变量	W1	0	1	0.75	0.44
	W2	0	1	0.68	0.47

（二）样本基本信息

336 户样本牧户的基本信息如表 17-4 所示，从户主性别上看，以男性为主，占到了 79%；从民族上看，蒙古族牧民占到了 71%；从年龄结构上看，牧户的平均年龄为 45 岁，36~55 岁占到了 73%；从受教育程度上看，小学和初中文化程度的牧民占到了 71%。

表 17-4　　　　　　　　　受访者基本情况

	性别		民族	
	男	女	蒙	汉
人数（人）	267	69	239	97
比例（%）	79	21	71	29
	年龄				
	15~25 岁	26~35 岁	36~45 岁	46~55 岁	55 岁以上
人数（人）	6	41	128	116	45
比例（%）	2	12	38	35	13
	受教育程度				
	文盲	小学	初中	高中	高中以上
人数（人）	24	98	141	53	20
比例（%）	7	29	42	16	6

（三）雇工基本信息

在 336 户牧户中，共有 98 户牧户进行了雇工放牧，雇工的具体信息，实际统计了 91 个雇工，基本信息如表 17－5 所示。从性别上看，雇工以男性为主，占到了 95%；从民族上看，蒙古族占到了 58%；从年龄结构上看，雇工的平均年龄为 51 岁，45 岁以上占到了 74%；从受教育程度上看，雇工的受教育程度普遍较低，小学及文盲占到了 85%。

表 17－5 雇工基本信息统计

	性别		民族	
	男	女	蒙	汉
人数（人）	87	4	53	38
比例（%）	95	5	58	42
	年龄			
	15～25 岁	26～35 岁	36～45 岁	46～55 岁	55 岁以上
人数（人）	0	3	21	42	25
比例（%）	0	3	23	46	28
	受教育程度			
	文盲	小学	初中	高中	高中以上
人数（人）	28	49	13	1	0
比例（%）	31	54	14	1	0

从雇工来源上看，91 户雇工中有 31 户来自牧区，60 户来自附近的农区，来自农区的雇工的比例要更高一些，占到了 66%。来自牧区的雇工一般都有自己承包的草场，承包的草场通常出租给其他牧户使用。从雇工工资的支付方式上看，最主要的支付方式是现金支付。另外还有两种特殊的支付方式，一种是在现金支付的基础上，允许雇工在草场上养殖一定数量的雇工自己的牲畜（例如 100 只羊），另一种是在现金支付的基础上，每年给雇工一定数量的幼畜（例如 30 只羊羔），这两种支付方式相对少些。从雇工工资的支付水平上看，每月工资最高的为 5000 元，最低的为 1000 元，91 个雇工平均工资为 3065 元每月。从雇工的雇用时间上看，长期稳定的雇工比较少，通常都是一年一换，有些甚至半年一换。从雇工的生活状态上看，雇工的主要工作是放牧，一般会与雇主一起居住生活在草原上，如果雇主进城居住的话，则由雇工独自居住生活在草原上，而雇主会定期来自己的草场上。

四、实证分析结果

（一）估计结果

本章应用 EViews6.0 统计软件对模型进行回归和检验，首先对所有的 11 个变量进行二元 Logistic 回归后得到一次回归结果，然后经过逐步向后回归得到二次回归结果，回归结果见表 17-6。

表 17-6　　　　　　　　　　　　二次模型估计结果

一次模型回归结果			二次模型回归结果		
变量	系数	Z 检验值	变量	系数	Z 检验值
年龄	0.0101	0.5665	受教育程度	0.4325 ***	2.8425
民族	0.1213	0.3437	婚姻状况	0.9868 *	1.8839
受教育程度	0.4218 **	2.3451	草场承包面积	0.0023 ***	4.5982
婚姻状况	0.9393 *	1.7944	净流转草场面积	0.0036 ***	4.2266
是否是村干部	0.4258	1.0100	草料费支出	0.1282 ***	2.6006
草场承包面积	0.0023 ***	4.0072	家庭劳动力数量	-0.5066 ***	-2.8679
净流转草场面积	0.0036 ***	4.1890	地区虚变量 W1	1.6290 ***	3.6743
草料费支出	0.1278 **	2.2755			
家庭劳动力数量	-0.5274 ***	-2.9488			
地区虚变量 W1	1.6762 ***	3.3663			
地区虚变量 W2	-0.0158	-0.0386			
模型拟合效果	R^2	0.2606	模型拟合效果	R^2	0.2565
	LR	105.6996		LR	104.0386
	显著性水平	0.0000 ***		显著性水平	0.0000 ***
	观测值个数	336		观测值个数	336

注：*、**、*** 分别表示在 10%、5% 和 1% 的水平上显著。

（二）估计结果分析

实证分析模型中，两次回归的最大似然比都通过 0.01 水平显著性检验，说明该模型拟合效果较好。综合体现牧户的畜牧业生产条件的四个因素，即草场承包面积、净流转草场面积、草料费支出和家庭劳动力数量，均与牧户是否雇工放牧在 0.01 水平上显著相关，并且影响方向均与预期方向一致。

草场承包面积与牧户是否雇工放牧在 0.01 水平上显著正相关，说明草场承包面积越大的牧户越倾向于雇工放牧。净流转草场面积与牧户是否雇工放牧在 0.01 水平上显著正相关，说明净流转草场面积越大的牧户越倾向于雇工放牧。草料费支出与牧户是否雇工放牧在 0.01 水平上显著正相关，说明草料费支出越大的牧户越倾向于雇工放牧。草场承包面积、净流转草场面积和草料费支出共同决定了牧户的饲草饲料总量，进而按照草畜平衡的理论决定了牧户的牲畜养殖规模，牧户的牲畜养殖规模越大，需要投入的畜牧业劳动力越多，从而越倾向于雇工放牧。

家庭劳动力数量与牧户是否雇工放牧在 0.01 水平上显著负相关，说明家庭劳动力数量越少的牧户越倾向于雇工放牧。草原畜牧业属于劳动密集型的农业生产形式，在一定的牲畜养殖规模下，需要投入不低于一定数量的畜牧业劳动力，当牧户的家庭劳动力不足时，牧户倾向于通过雇用劳动力来弥补自身劳动力不足的缺陷。

研究还发现，受教育程度对牧户是否雇工放牧存在显著的正向影响，牧户的受教育程度越高越倾向于雇工放牧。牧户的婚姻状况对牧户是否雇工放牧存在显著的正向影响，牧户的婚姻状况越好越倾向于雇工放牧。牧户是否雇工放牧在阿拉善左旗和另外两个旗县之间存在显著的差异，四子王旗和陈巴尔虎旗之间不存在显著的差异。其他控制变量，例如户主年龄、民族和是否是村干部对牧户是否雇工放牧的影响在统计上不显著。

五、小　　结

本章利用 2014 年内蒙古自治区阿拉善左旗、四子王旗、陈巴尔虎旗三个旗县的实地调研数据，采用二元 Logistic 回归模型，分析了牧户雇工放牧行为的影响因素。研究结果表明：草场承包面积越大、净流转草场面积越大、草料费支出越大，牧户越倾向于雇工放牧，三者共同决定了饲草饲料总量进而决定了牲畜养殖规模，从而牲畜养殖规模越大的牧户越倾向于雇工放牧。家庭劳动力数量越少的牧户越倾向于雇工放牧，当牧户的家庭劳动力不足时，牧户通过雇用劳动力可以弥补自身劳动力不足的缺陷。牧户的受教育程度和婚姻状况对牧户雇工放牧行为也存在显著的正向影响。从地区差异上看，阿拉善左旗牧户雇工放牧行为的比例明显低于四子王旗和陈巴尔虎旗。

草原畜牧业的发展既关乎草原生态保护又关乎牧区牧民的生存和发展，在试图协调草原生态保护和牧民生计目标的基础上，草场流转和适度规模经营将逐步受到政策制定者的重视。畜牧业劳动力和饲草饲料构成了草原畜牧业发展的两大核心投入要素，牧户的雇工放牧行为，在牧户家庭劳动力的基础上增加了畜牧业劳动力的供给，同时牧户的雇工放牧行为也与草场承包面积、净流转草场面积以及草料费支出密切相关。因此，牧户的雇工放牧行为的研究将是牧区适度规模经营研究中不可或缺的组成部分。

从本章结论中可以得出以下政策含义：（1）鉴于牧区雇工放牧行为非常普遍并且是畜牧业生产经营的重要组成部分，因此，需要在政策层面给予更多的重视；（2）为了促进草原可持续发展，实现牧区适度规模经营，在制定设计草场流转和规模经营的牧区政策时，需要关注牧户的雇工放牧行为。

参 考 文 献

[1] 措钦才让. 关于牧区雇工问题 [J]. 中国民族，1990 (12)：17.

[2] 白银宝，王俊敏. 牧民家庭及其经济 [J]. 内蒙古师范大学学报 (哲学社会科学版)，1995 (1)：115 – 120.

[3] 包路芳. 布里亚特蒙古族牧区雇工现象的历史变迁 [J]. 内蒙古社会科学 (汉文版)，2003 (4)：18 – 21.

[4] 盖志毅. 对内蒙古牧区培育新型职业牧民的思考 [J]. 北方经济，2012 (5)：24 – 25.

[5] 雅柱. 牧区用工应有章可循 [J]. 当代畜禽养殖业，1996 (11)：29.

[6] 崔树华，雪岩. 试论内蒙古牧区民主改革运动中的"三不两利"政策 [J]. 前沿，2002 (12)：127 – 129.

[7] 农业部. 草畜平衡管理办法 [Z]. 2005 – 01 – 19.

[8] 内蒙古自治区农牧厅. 2013 年内蒙古自治区草原监测报告 [Z]. 内部资料.

第七部分

结论和建议

|第十八章|
结论和建议

经过调查研究、实地访谈、机构座谈和会议等方式，对中国草原生态补偿尤其是草原生态保护补助奖励机制进行了系统的研究，得到如下结论和政策建议。

一、总 的 结 论

（一）草原生态补偿含义

对草原生态补偿的理解包括草原生态补偿的政策背景、政策目标、政策逻辑、政策内容、关键问题五个方面。

草原生态补偿的政策背景包括两个方面：一是超载过牧导致草地退化；二是草原生态保护是多个环境管理手段的结合。《国务院关于促进牧区又好又快发展的若干意见》指出，"长期以来，受农畜产品绝对短缺时期优先发展生产策略的影响，我国在强调草原生产功能的同时，忽略了草原的生态功能，造成草原长期超载过牧和人畜草关系持续失衡，这是导致草原生态难以走出恶性循环的根本原因。"草原生态保护是多个管理手段的结合，有命令控制手段（如禁牧制度、草畜平衡制度）、生态补偿制度（如草原生态保护补助奖励机制）、保护开发项目（如发展现代畜牧业），草原生态补偿制度不是一个孤立的政策，是与其他环境管理手段相互融合且至关重要的一个政策。

草原生态补偿的政策目标是草原生态保护，它不是唯一的目标，但是第一目标。《国务院关于促进牧区又好又快发展的若干意见》确立了我国牧区实行"生产生态有机结合、生态优先"的发展方针。草原生态补偿的政策目标是生态目标，即草原生态保护。进一步明确和理解草原生态补偿的政策目标，关键是要理解好草原生态保护和牧民生计之间的冲突和协调问题，定位好牧民生计在草原生态补偿政策目标中的位置。

草原生态补偿的政策逻辑是，在超载过牧的背景下，为了达到草原生态保护的目的，就需要遏制超载，具体的政策措施是禁牧和草畜平衡。国家遏制超载的政策目标是希望通过实施草原生态补偿，达到草原生态保护和促进牧民增收相结合。

草原生态补偿的政策内容包括三个方面：一是禁牧补助；二是草畜平衡奖励；三是牧民生产性补贴。按照政策要求，"将生态脆弱、生存环境恶劣、草场严重退化、不宜放牧以及位于大江大河水源涵养区的草原划为禁牧区""全国牧区除禁牧区以外的草原都划为草畜平衡区"。禁牧是使草原从放牧到不放牧的转变，牧民因为不能放牧而承担了一定的机会成本。草畜平衡是使草原从超载到不超载的转变，牧民因为减畜而承担了一定的机会成本。草原生态补偿标准是草原生态补偿机制设计中的核心内容，禁牧补助标准和草畜平衡奖励标准是两类分别对应禁牧和草畜平衡的草原生态补偿标准。禁牧补助的国家标准为6元/亩，草畜平衡奖励的国家标准为1.5元/亩，各省（区）可参照国家标准，科学合理地制定适合本省（区）实际情况的具体标准。

草原生态补偿的关键问题主要包括（包含但不仅限于）：

第一，草原生态补偿的基线调查。草原的生态服务存量评估，生态重要性评估，生态脆弱性评估，为确定禁牧草场提供基础数据支撑。草原超载现状评估，确定草原超载的主体，明确哪些地区超载严重，哪些牧户超载严重，为促进超载主体实现有效减畜提供数据支撑。

第二，草原生态补偿标准的估算。禁牧和草畜平衡的机会成本具体表现为减畜的收入损失，禁牧补助标准应该大于禁牧的机会成本，草畜平衡奖励标准应该大于草畜平衡的机会成本，这样才能促使牧户自觉自愿地通过减畜来达到政策要求，否则就会出现偷牧、继续超载等行为。

第三，草原生态补偿标准的差别化和依据。全国将近 60 亿亩草原、18 种草地类型，不同地区生态区位优势、人口居住密度、草地类型、草场面积分布、超载程度等存在显著的差异，草原生态补偿标准要不要差别化，如何差别化，差别化的依据是什么。

第四，草原生态补偿的监管和后评估。禁牧区是否真的实现了禁牧，草畜平衡区是否真的通过减畜达到了草畜平衡，这对于草原生态补偿生态目标的实现具有重要意义。

（二）草原生态补偿的政策分析

借鉴国外环境服务付费（PES）的分析框架，对中国草原生态补偿进行了整体的思考和分析，简单论述草原生态补偿的政策背景，辩证论述草原生态补偿的政策目标，重点论述草原生态补偿的政策设计。研究发现：第一，草原生态保护是中国草原生态补偿的政策目标也是唯一的政策目标。第二，在禁牧地区，禁牧补助只能补偿草场的要素价值，通过配套政策措施帮助牧民转产再就业是禁牧政策得以实施的关键。第三，现有的草畜平衡奖励标准未将超载程度纳入考虑因素，这会造成减畜和补偿的不对等关系，进而降低草原生态补偿的生态效果。第四，现有的草原生态补偿监管体系是草畜平衡框架下的数量监管体系，呈现出弱监管的特性，会严重影响草原生态补偿的政策目标的实现。第五，相对于按人口补偿的模式，按面积补偿的模式更符合草原生态补偿的政策目标。第六，草场流转和适度规模经营与草原生态保护有着密切的联系，有必要做进一步的深入研究。第七，以草原生态补偿政策为主体，完善配套政策措施，能够显著提升草原生态补偿的政策效果。

基于此，第一，在草原生态补偿实践中，需进一步明确和强化中国草原生态补偿的政策目标即草原生态保护。第二，做好禁牧草场的选择，科学制定禁牧补助标准，配套政策措施帮助牧民转产再就业。第三，做好基线调研，定位草原超载的主体，合理阐述草畜平衡奖励的概念，科学制定草畜平衡奖励标准，将超载程度的差异纳入考虑因素。第四，转变监管思路，创新监管手段，确保草原生态补偿支付的条件性。第五，以草原生态补偿政策为主体，完善配套政策措施，有助于提升草原生态补偿的政策效果。第六，关注牧区的草场流转和适度规模经营研究。

（三）草原生态补偿的政策评估

利用 2014 年内蒙古自治区阿拉善左旗、四子王旗、陈巴尔虎旗三个旗县的 470 户牧户样本数据，从生态绩效、收入影响、政策满意度三个方面对草原生态补偿政策（即草原生态保护补助奖励机制）进行了评估。

生态绩效评估结果表明：全国草原生态环境得到了一定的改善，2014 年全国天然草原鲜草总产量比 2010 年增长 4.1%。草原利用方式更趋合理，平均牲畜超载率下降明显，2014 年全国重点天然草原平均牲畜超载率为 15.2%，比 2010 年下降 14.8%。但超载过牧的现状没有得到根本的转变，全国重点天然草原、牧区县、半牧区县、样本调研旗县 2011~2014 年减畜任务达成比例分别为 49%、51%、67%、42%，总体减畜任务达成情况一般。

收入影响评估结果表明：平均每户理论收入影响为 -8607 元，草原生态补偿标准偏低，需要在原有基础上提高 35%。平均每户的实际收入影响为 16686 元，牧民没有严格按照政策要求进行完全的减畜。不同地区类型之间、不同牧户之间，减畜任务达成情况差异显著，草原生态补偿标准不只是一个单纯的标准偏低的问题，同时也有标准差别化的问题，需要在不同地区之间做出调整。

政策满意度评估结果表明：草原生态补偿政策的政策满意度为 57%，其中陈巴尔虎旗的政策满意度最高，为 87%，四子王旗其次，为 62%~63%，阿拉善左旗最低，为 18%~32%。政策满意度与实际收入影响存在显著的相关关系，实际收入影响正向越大，政策满意度越高。

需要辨析"政策满意度"：牧民对草原生态补偿政策的"政策满意度"越高，并不意味着草原生态补偿的政策设计和执行就越好。当理论收入影响为正、实际收入影响为正时，牧户对草原生态补偿政策满意，但却存在着过度补偿的问题，在这种情形下，收入影响显著，但生态效果不佳。当理论收入影响为负、实际收入影响为正时，牧户对草原生态补偿政策满意，但却存在着补偿不足和政策执行较差的问题，收入影响显著，但生态效果不佳。当理论收入影响为负、实际收入影响为负时，牧户对草原生态补偿政策不满意，存在着补偿不足的问题，政策执行较好，收入影响为负，但生态效果较佳。

基于此，第一，在参考收入影响和政策满意度的基础上，草原生态补偿实践需进一步明确和强化中国草原生态补偿的政策目标即草原生态保护。第二，草原生态补偿标准偏低，需要在原有基础上提高35%。第三，草原生态补偿标准不只是一个单纯的标准偏低的问题，同时也有标准差别化的问题，需要在不同地区之间做出调整。第四，牧民没有严格按照政策要求进行完全的减畜，不同地区类型减畜任务达成情况差异显著，需要深入分析这种差异的背后原因，总结有益的做法，针对问题采取适当的措施。

二、关于遏制超载过牧和完善草畜平衡奖励的建议

（一）遏制超载过牧

中小牧户是草原超载的主体，草场经营面积越小，载畜率越低。中小牧户是草场租入的主体，草场承包面积越小，租入草场的概率越高。大牧户是雇工放牧的主体，草场经营面积越大，雇工放牧的概率越高。家庭承包经营模式下草原超载过牧的内在机理是：中小牧户，草场面积较小，草地是稀缺生产要素，为了生计需求而养殖不低于一定数量的牲畜，超载过度存在一定的必然性；大牧户，草场面积较大，劳动力是稀缺生产要素，受限于家庭劳动力的限制而养殖不高于一定数量的牲畜，不超载也存在一定的必然性。草场面积是影响牧户是否超载和超载程度的重要因素。突破草畜平衡在科学层面上的概念界定，草畜平衡的社会经济含义是适度规模经营，即"在家庭承包经营模式下，一个牧户家庭，需要拥有多少草场，才能按照草畜平衡的规定进行牲畜养殖，同时保障其生计需求"。

草场承包和围栏建设，通过明晰产权解决了集体公共草场因产权不清晰而导致的"公地悲剧"问题，但在家庭承包经营模式下，草原超载过牧依旧存在，有了新的表现和规律。草地面积是影响牧户是否超载和超载程度的重

要因素，草场承包和围栏建设可能会带来草场的破碎化经营，但破碎化的程度需要综合考虑地区的草地资源禀赋和具体的草地分配政策，草地资源禀赋较差的地区更可能产生草场的破碎化经营。

具体的政策建议包括：第一，在制定和完善一些致力于遏制超载过牧的政策措施（例如草原生态补偿、社区参与式管理等）时，应该瞄准草原超载的主体，重点关注草地资源禀赋较差的地区和牧户。第二，在草地资源禀赋适中的地区，应该鼓励和支持有条件的中小牧户进行草场流转，扩大草场经营规模，实现适度规模经营。第三，在草地资源禀赋较差的地区，草场承包和围栏建设很可能会带来草场的破碎化经营，应该反思围栏的必要性，尝试探索新的草地管理模式，例如集体草场的社区参与式管理。

（二）草畜平衡奖励标准的差别化

草畜平衡奖励标准所存在的问题不只是一个单纯的标准偏低的问题，也有标准差别化的问题。草畜平衡的实现包含了两种活动类型：一种是原本超载的地区和牧户通过减畜来实现草畜平衡；另一种是原本不超载的地区和牧户继续维持草畜平衡，避免出现超载的情形，两种活动类型需要区别对待，前者的补偿是必需的，后者的补偿不一定是必需的。无差别化的草畜平衡奖励标准产生了错误瞄准的问题，难以达到遏制超载的目的，草畜平衡奖励标准需要差别化，核心在于瞄准草原超载的主体，将超载程度纳入考虑因素。超载程度越高，需要适当提高草畜平衡奖励标准；草场承包面积越大，需要适当调低草畜平衡奖励标准；草畜平衡标准（与草地生产力成反比）不能单独纳入草畜平衡奖励标准的差别化考虑因素，与草场承包面积相结合才能综合反映牧户的草地资源禀赋；每羊单位的畜牧业纯收入越高，需要适当提高草畜平衡奖励标准。

将超载程度纳入草畜平衡奖励标准的差别化考虑因素，并不是鼓励超载这种现象，而是为了超载主体能够实现有效减畜所做出的合理补偿。一些基层政府官员反映，"当前的草畜平衡奖励，不应该叫作草畜平衡奖励，而是应该叫作草畜平衡处罚"，其含义就是指超载严重的地区和牧户在政策实施前后表现为收入损失，这并不是真正意义上的草原生态补偿。

具体的政策建议包括：第一，为了达到遏制超载的目的，在草原生态保护补助奖励机制的第二轮（2016～2020），草畜平衡奖励标准需要差别化，核心在于瞄准草原超载的主体，将超载程度纳入考虑因素。第二，草畜平衡奖励标准差别化需要综合考虑超载程度、草场承包面积、草地生产力和每羊单位的畜牧业纯收入等因素。

（三）草畜平衡奖励标准需要考虑超载程度的差异

减畜难度大和补偿标准低属于同一个问题，也就是减畜和补偿存在不对等的关系。补偿标准低和减畜难度大不是绝对的，而是相对的，有些人减畜难度大，有些人减畜难度不大，有些人甚至不需要减畜。减畜和补偿不对等的根源在于不同牧户超载程度存在显著的差异。

超载程度的差异会通过减畜和补偿的不对等关系影响减畜的实现，未考虑超载程度的草畜平衡奖励存在政策目标和政策实施上的不一致。将超载程度纳入草畜平衡奖励的政策设计，需要做好基线调查和后评估，即定位草原超载的主体和考核减畜任务的达成。中小牧户是草原超载的主体，"将超载程度纳入草畜平衡奖励的政策设计"的真正含义是"将草畜平衡奖励向中小牧户做出适当倾斜"，"封顶保底"政策和"差别化奖励"政策可以达到这一效果。中小牧户存在着草原的生态目标和牧户的生计目标之间的不可协调性，草畜平衡奖励不能从根本上解决这种内在的不协调性，减少中小牧户的数量，扩大牧户的草场经营规模，促进牧区牧户的适度规模经营才是实现草原可持续发展的出路所在。

具体的政策建议包括：第一，超载程度的差异会通过减畜和补偿的不对等关系影响减畜的实现，因而需要将超载程度纳入草畜平衡奖励的政策设计中。第二，中小牧户是草原超载的主体，"将超载程度纳入草畜平衡奖励的政策设计"的真正含义是"将草畜平衡奖励向中小牧户做出适当倾斜"，可以采取"封顶保底"政策和"差别化奖励"政策。第三，草畜平衡奖励不能从根本上解决草原的生态目标和牧户的生计目标之间的内在不协调性，减少中小牧户的数量，扩大牧户的草场经营规模，促进牧区牧户的适度规模经营才是实现草原可持续发展的出路所在。

三、关于完善禁牧和禁牧补助的建议

(一) 禁牧补助标准的估算

禁牧补助标准的估算是指采取恰当的估算方法对禁牧补助标准进行估算，并将禁牧补助标准的估算结果和实际禁牧补助标准进行比较分析。利用 2014 年内蒙古自治区阿拉善左旗、四子王旗、陈巴尔虎旗三个旗县 470 户牧户样本数据，运用受偿意愿、生产核算、草场流转三种估算方法对禁牧补助标准进行了估算。估算结果表明：阿拉善左旗、四子王旗、陈巴尔虎旗三个旗县禁牧补助标准的综合估算结果分别为 5.59 元/亩、6.82 元/亩、11.51 元/亩。阿拉善左旗、四子王旗、陈巴尔虎旗三个旗县禁牧补助标准的综合估算结果都比实际禁牧补助标准要高，分别高 2.47 元/亩、1.72 元/亩、1.97 元/亩。三个旗县禁牧补助标准的综合估算结果的平均值为 7.97 元/亩，三个旗县实际禁牧补助标准的平均值为 5.92 元/亩（几乎等于国家标准 6 元/亩），综合估算结果的平均值比实际标准的平均值高 2.05 元/亩。

禁牧补助的国家标准为 6 元/亩，禁牧补助标准的确存在偏低，约低 2 元/亩，合意的禁牧补助标准应该为 8 元/亩。从解决现实问题的角度出发，这很好地解答了"实际的禁牧补助标准是不是低了，低多少，合理的禁牧补助标准应该是多少"的问题。

具体的政策建议包括：第一，为了保证禁牧政策的有效执行，在草原生态保护补助奖励机制的第二轮周期（2016～2020），禁牧补助标准应当提高，国家标准应由 6 元/亩提高到 8 元/亩。第二，在禁牧政策实施所面临的问题中，禁牧补助标准的估算是重要的核心问题，但不是唯一的问题，在提高禁牧补助标准之后，还需重点关注禁牧补助标准的差别化和依据、禁牧政策实施中的具体问题。

（二）禁牧补助标准的差别化

全国将近 60 亿亩草原，18 种草地类型，不同地区生态区位优势、人口居住密度、草地类型、草场面积、超载程度等存在较大差异，禁牧补助标准需要差别化，差别化考虑因素包括草地生产力、一羊单位的畜牧业纯收入、超载程度、草场承包面积、禁牧面积、畜牧业依赖度和生态重要性，其中，草地生产力是禁牧补助标准差别化的最重要考虑因素。草地生产力越高，需要适当提高禁牧补助标准；一羊单位的畜牧业纯收入越高，需要适当提高禁牧补助标准；超载程度越高，需要适当提高禁牧补助标准；草场承包面积越大，需要适当调低禁牧补助标准；禁牧补助金额需要"封顶保底"；畜牧业依赖度越高，需要适当提高禁牧补助标准，半农半牧区，畜牧业依赖度较低，需要适当调低禁牧补助标准；生态重要性越突出，需要适当提高禁牧补助标准，水源涵养区和草地类自然保护区等生态重要的地区，需要适当提高禁牧补助标准。

具体的政策建议包括：第一，为了保证禁牧政策的有效执行，在草原生态保护补助奖励机制的第二轮（2016～2020），禁牧补助标准需要差别化。第二，禁牧补助标准差别化需要综合考虑草地生产力、一羊单位的畜牧业纯收入、超载程度、草场承包面积、禁牧面积、畜牧业依赖度和生态重要性等因素。

（三）禁牧政策实施中的五个关键问题

基于对内蒙古和甘肃四个纯牧业旗县的实地调研和比较分析，识别出草原生态补偿中禁牧实施的五个关键问题，并形成如下研究结论和政策建议：

第一，禁牧草场的选择：需要综合考虑草场的生态属性和牧户的自愿性。合理的路径选择是，先从草场的生态属性出发确定禁牧草场的大致区域，在大致区域内结合牧户的自愿性选择禁牧草场。行政区禁牧、完全自愿禁牧、指标平均分配型禁牧三种禁牧情形都未能综合考虑草场的生态属性和牧户的自愿性。

第二，禁牧规定的差别化：在全禁牧类型中，需要制定差别化的禁牧规定。差别化的禁牧规定增加了牧户的可选择性，可以达到更好的减畜效果。差别化禁牧规定通常可以制定两种禁牧规定供牧户选择，一种是禁止放牧，另一种是饲养规定数量牲畜，饲养标准远高于当地草畜平衡标准，牲畜数量总额满足牧户自食需要且不超过某一数值。差别化的禁牧规定充分考虑了牧户之间的差异性从而相对保证了牧户的自愿性。差别化禁牧规定中，饲养规定数量牲畜并不会对草原生态产生破坏。差别化禁牧规定通过追求牧户之间的"相对公平"而产生了牧户之间的相互监督约束机制，要比现有监督管理体系下的外在监督约束机制，成本更低，效果更佳。

第三，禁牧监管成本的降低：围栏建设使得禁牧草场边界清晰，集中连片降低禁牧草场的分散程度，都有助于降低禁牧的监管成本。在部分禁牧类型中，分散的禁牧草场通常没有围栏建设，禁牧监管成本高，有必要做出一定的改进。禁牧草场需要考虑适度的集中连片，过小会使得禁牧监管成本过高，过大会产生牧户自愿性等问题。

第四，"禁牧不禁养"的适用性："禁牧不禁养"的实现依赖于舍饲的可行性，当舍饲不可行时，"禁牧不禁养"可能只是政策设计上的一厢情愿。在水资源并不丰富、不适宜开垦人工饲草地的牧区，并不具备舍饲化养殖的条件，而单纯依靠购买饲草料来进行舍饲化养殖缺乏经济效益，牧民普遍不能接受舍饲化养殖。

第五，牧户转产和进城的可行性：牧区城镇化在短期内很难解决牧户转产和进城的问题，在当前禁牧地区不同程度违禁放牧普遍存在的情形下，禁牧政策需要谨慎处理，需要放缓禁牧速度。土地资源不是牧区城镇化的稀缺要素，因城镇化所带来的土地增值空间不大，水资源和气候条件才是牧区城镇化的稀缺要素。由于水资源匮乏和气候条件较为恶劣，多数牧区并不具备大规模工业化、城镇化开发的条件，很难提供畜牧业以外的就业机会，从而很难成为人口的聚集地。

四、关于完善草原生态补偿监督管理的建议

（一）增强补偿的条件性

除了在国家、省、市、县层面上的绩效考核以外，在牧户层面上通过机制设计突出补奖资金的"支付约束性"，保证资金使用效率和草原生态保护效果。在省级的草畜平衡和禁牧监督管理规定中，各级草原主管部门逐级签订禁牧和草畜平衡责任书以明确责任，明确规定各级草原主管部门、监理部门以及草原管护员的监管职责，建立基于牧民自我监管和相互监管的社会监督机制。

（二）改善"弱监管"

实际的监管概率小于最低有效监管概率，使得牧民普遍倾向于不遵守政策规定，即禁牧区继续放牧和草畜平衡区继续超载，这种现象被界定为"草原生态补偿的弱监管"。草原生态补偿弱监管的根源来自三个重要方面，分别是草原生态补偿标准偏低、违约成本太低和实际监管概率偏低，并且这三个方面不是简单的并列关系，而是一种存在优先序的递进关系，草原生态补偿标准偏低优先于违约成本太低，违约成本太低优先于实际监管概率偏低。弱监管将影响牧民在草原生态补偿第二个补助周期中的行为选择，弱监管产生了不公平（有人遵守规定，有人不遵守规定，但是获得了相同的补偿），不公平进一步带来了反向激励（原本愿意遵守规定的人也选择不遵守规定），这会极大地限制草原生态补偿的政策效果。

正确地理解和认识草原生态补偿的弱监管，不要将弱监管片面地等同于地方监管部门的监管不力。草原生态补偿标准偏低、违约成本太低而产生的弱监管，属于草原生态补偿政策设计的问题，即便是实际监管概率偏低引发的弱监管，其背后的原因也是多样的。

具体的政策建议包括：第一，合理制定草原生态补偿标准，确保牧民自愿参与草原生态补偿。第二，提高草原生态补偿的违约成本是降低弱监管的必要条件。第三，完善已有的草原生态补偿监管体系，提高实际监管概率。

五、关于完善牧区适度规模经营的建议

（一）关注中小牧户

中小牧户是指草场经营面积未能实现适度规模经营的牧户。中小牧户产生的原因有：（1）特定时间的人口增长总体上降低了牧区牧民的人均草场面积；（2）草地退化导致草地生产力下降和合理载畜能力下降，牧民需要更多的草地资源才能保障生计需求；（3）嘎查的草地资源禀赋（草地类型、人均草场面积）决定了嘎查内牧民的草地资源禀赋；（4）草场的初始分配政策和牧户家庭人口变动带来了嘎查内部不同牧户之间人均草场面积的差异。

纵观我国草地资源可持续管理的制度选择，主要的制度包括草原承包经营制度、草畜平衡制度、基本草原保护制度、禁牧休牧划区轮牧制度、草原生态补偿制度、草原承包经营权流转制度、社区共管制度等，其中最为基础和核心的制度是草原承包经营制度和草畜平衡制度。草原承包经营和围栏建设，促使牧区草场实现了从集体公共草场到家庭承包草场的转变，畜牧业生产方式也实现了从游牧到定居的转变，草场分户承包经营使得牧户的草场经营规模变得狭小。中小牧户，草场面积较小，草场是稀缺生产要素，从而在超载过牧、草场流转等方面表现出特性，具体表现为中小牧户超载严重、中小牧户在进行草场整合。这对以实现草畜平衡为目标的一系列制度都有很大的启示，例如，以遏制超载为目的的草原生态保护补助奖励机制，草畜平衡奖励需要关注中小牧户，在不断发生的草原承包经营权流转中，需要关注中小牧户。

具体的政策建议包括：第一，中小牧户存在生计目标和生态目标的冲突并且难以协调，关注中小牧户，帮助中小牧户，是协调草原生态目标和牧民生计目标的关键。第二，中小牧户产生的原因是多样的，在后续促进草原可持续发展完善相关政策措施中需要充分考虑中小牧户产生的背后原因。

（二）关注草场流转

草场流转有助于草原生态保护。草场承包面积越大的牧户，载畜率越高，超载程度越低；在草场承包面积相同的情况下，草场流转面积越大的牧户，载畜率越高，超载程度越低。在草畜平衡制度的基础上，在超载过牧的解释框架下，草场超载的主体是草场面积较小且未进行草场流转的牧户，草场流转具有正的生态环境效率，即草场流转有助于草原生态保护。

草场流转是牧民自我决策优化的过程，综合考虑自身的资源禀赋，或租入草场追求畜牧业的规模化经营，或租出草场寻找一些替代生计。存在三股力量促进草场流转不断发生：第一，城镇化的推进，很多牧民外出打工或进城居住和生活，进而在当下和将来都会促进草场流转。第二，教育的集中是促进牧区人口向城镇集中最有利的杠杆，进而会在长期内促进草场流转。第三，2011 年出台的草原生态保护补助奖励政策，使得禁牧制度和草畜平衡制度的约束能力进一步强化，也将在短期内促进草场流转的进一步发生。

草场流转的结果是牧区的适度规模经营。适度规模经营是一个规范分析和实证分析相结合的命题，它的规范性体现在基于什么目标下的适度规模经营。既然草场流转有助于草原生态保护，那么进而可以研究基于草原生态保护的目标下牧区的适度规模经营问题。

草场流转有助于草原生态保护，虽然草场流转的推动力（城镇化、教育集中、草原新政策）都带有国家干预的色彩，但草场流转可以看作是在已有制度下的"衍生品"，属于诱致性制度变迁，进一步深入研究草场流转，诱致性制度变迁和强制性制度变迁相互配合，或许可以更好地促进草原生态保护和牧民增收。

具体的政策建议包括：第一，为了达到草原生态保护，在禁牧制度和草畜平衡制度的基础上，考虑将草场流转纳入到草原生态保护的制度中去，给予一定的重视。第二，由于草原政策是双目标的，即草原生态保护和牧民增收，鉴于草场流转和草原生态保护之间存在着正相关性，从外部性理论出发，需要对草场流转行为给予一定的公共财政转移支付等支持措施。

（三）关注牧区适度规模经营

牧区适度规模经营需要综合考虑国家的生态目标和牧民的生计目标，意在追求"人、草、畜"的平衡。牧区适度规模经营是指"在家庭承包经营模式下，一个牧户家庭，需要拥有多少草场，才能按照草畜平衡的规定进行牲畜养殖，同时保障其生计需求"。

利用 2014 年内蒙古自治区四子王旗查干补力格苏木的 103 户牧户样本数据，对内蒙古中部地区草原牧区的适度规模经营进行了实证研究。研究显示：四子王旗查干补力格苏木牧区适度规模经营在 9189～12656 亩之间，75% 的牧户未能实现适度规模经营，平均每户需增加约 4000 亩草场才能达到适度规模经营的最小值。通过草场流转扩大牧户的草场经营面积，通过转变畜牧业发展方式提高 1 羊单位的畜牧业纯收入，通过完善牧区社会保障制度、加强牧区基础设施建设和完善草原生态补偿制度等措施来降低牧民的生计需求，有助于促进牧区适度规模经营。

具体的政策建议包括：第一，在家庭承包经营模式下，牧区适度规模经营对于实现草原可持续发展和改善牧民生计都有重要意义，应该促进牧区适度规模经营。第二，为了促进牧区适度规模经营，应该重点关注草场流转，通过草场流转扩大牧户的草场经营面积。第三，为了促进牧区适度规模经营，应该积极转变畜牧业发展方式提高 1 羊单位的畜牧业纯收入，应该完善牧区社会保障制度、加强牧区基础设施建设和完善草原生态补偿制度等。

六、其他方面的建议

（一）草原生态补偿的资金分配模式

草原生态补偿中，当不同牧民的草场承包面积一致时，按照面积和按照人口分配补偿资金是等价的。但不同牧民间草场承包面积的差异是普遍存在的，且在部分地区差异非常显著。这种差异进一步导致了应该按照面积还是按照人口分配补偿资金的问题。地方政府作为补偿主体，在确定补偿资金的分配方式时可能会考虑包括分配的公平性、牧民生计等多个目标。牧民作为补偿客体，在不同的补偿方式间选择时主要考虑自身经济利益最大化。理性的牧民会考虑家庭人均草场承包面积的大小，并选择合理的补偿资金分配方式以获得尽可能多的补偿资金。牧民家庭人均草场面积越大，牧民越倾向于按照面积分配草原生态补偿资金，反之则倾向于按人口分配。

地方政府在草原补奖政策的操作层面上有较大的操作空间，地方政府的目标设定以及执行能力是草原生态补偿资金最终以何种方式分配的决定性因素，牧民层面的意愿并不能决定最终的资金补偿方式。虽然政府的目标有多个，但草原补奖政策作为一种生态补偿政策，其根本目标在于草原生态环境保护。

按照人口分配补偿资金的方式基本上实现了资金在牧民间分配的绝对公平，对于改善牧民生计状况的其他政策创新提供了便利条件。但是这种分配方式仅与牧民的家庭人口数量相关，而与牧民的草场实际利用情况无关，这显然不符合草原生态环境保护的政策目标。而按照面积分配补偿资金，虽然在一定程度上会造成不同牧民所获补偿资金的差异，但是这种资金分配方式与牧民的草场利用情况直接相关。一般而言，草场承包面积较大的牧户所提供的生态系统环境服务更多，其进行草原生态保护的直接成本和机会成本也比较大，出于草原生态环境保护的角度考虑理应获得更多的草原生态补偿资金。所以，将按照面积还是按照人口分配补偿资金的两种模式相比较，前者显然是更符合草原补奖政策的初始目标。

具体的政策建议包括：第一，在两种草原生态补偿方式中，按照面积分配补偿资金相对于按照人口分配更加符合草原补奖政策的初始目标，但是与其他创新性的草原生态补偿方式相比，按照面积分配补偿资金未必是最优的政策设计，如何结合草原生态补偿中的实际问题，进而优化政策设计需要进一步的研究和探讨。第二，突出生态目标的优先性和重要性并非完全不考虑牧民生计目标，牧民的生计情况在很大程度上决定着草原补奖政策的实施效果，依靠草原补奖政策进行草原生态保护的同时，需要通过其他配套政策保障和改善牧民生计。

（二）牧区畜牧业经营的代际传递意愿

随着经济社会发展，牧区的生产生活方式发生了深刻变化，牧民畜牧业经营的代际传递意愿总体上较弱，明确表示愿意让后代继续从事草原畜牧业生产的比例仅有 20.4%。但是由于牧区的生产经营特点以及文化因素影响，牧区的畜牧业经营代际传递意愿仍然强于农区的种植业经营代际传递意愿。影响牧民畜牧业经营代际传递意愿的因素集中于草原畜牧业最主要的两类投入要素，即草场资源和劳动力。其中，在草场资源方面，家庭人均草场面积、嘎查间草场质量差异与草地资源禀赋紧密相关，这些变量显著影响牧民的畜牧业经营代际传递意愿，即家庭人均草场面积越大、草场质量相对越好的牧民代际传递意愿越强；在劳动力方面，家庭人数越多、畜牧业劳动力越多的牧民其代际传递意愿也越强。总体来看，畜牧业生产经营中生产要素禀赋较好的家庭更倾向于让后代继续从事草原畜牧业生产。

牧民的代际传递意愿并非其后代的实际选择，真正决定牧民后代是否继续从事畜牧业的根本原因在于牧区畜牧业经营收益与其他非牧业就业途径收益的差距，以及牧民后代寻找替代生计的能力。但是当代牧民的畜牧业经营代际传递意愿仍然可以在一定程度上揭示牧区未来人口流动的趋势。

具体的政策建议包括：第一，随着牧区现代化的进程，牧民畜牧业经营代际传递意愿趋弱，这为牧区城镇化提供了政策操作空间。通过促进牧区人口向外流动和释放牧区劳动力，可以有效缓解草原人口压力，有利于改善牧民生计状况，解决牧区贫困问题。第二，为了合理有序地引导牧区人口流动，需要进一步提升牧区教育水平、增加技能培训，以破除牧民走出牧区就业所可能遇到的壁垒。第三，在人口向外流动，部分牧民逐渐放弃畜牧业生产的情况下，可以通过促进草场流转来解决"谁来放牧"的问题。由于草场和劳动力等生产要素禀赋较好的家庭更倾向于留在牧区继续从事草原畜牧业，可以鼓励这些家庭租入草场，并继续留在牧区进行适度规模经营。

（三）关注雇工放牧行为

草原畜牧业的发展既关乎草原生态保护又关乎牧区牧民的生存和发展，在试图协调草原生态保护和牧民生计目标的基础上，草场流转和适度规模经营将逐步受到政策制定者的重视。畜牧业劳动力和饲草饲料构成了草原畜牧业发展的两大核心投入要素，牧户的雇工放牧行为，在牧户家庭劳动力的基础上增加了畜牧业劳动力的供给，同时牧户的雇工放牧行为也与草场承包面积、净流转草场面积以及草料费支出密切相关。因此，牧户的雇工放牧行为的研究将是牧区适度规模经营研究中不可或缺的组成部分。

草场承包面积越大、净流转草场面积越大、草料费支出越大，牧户越倾向于雇工放牧，三者共同决定了饲草饲料总量进而决定了牲畜养殖规模，从而牲畜养殖规模越大的牧户越倾向于雇工放牧。家庭劳动力数量越少的牧户越倾向于雇工放牧，当牧户的家庭劳动力不足时，牧户通过雇用劳动力可以弥补自身劳动力不足的缺陷。

具体的政策建议包括：第一，鉴于牧区雇工放牧行为非常普遍并且是畜牧业生产经营的重要组成部分，因此需要在政策层面给予更多的重视。第二，为了促进草原可持续发展，实现牧区适度规模经营，在制定设计草场流转和规模经营的牧区政策时，需要关注牧户的雇工放牧行为。

附录

附录一　内蒙古牧区草畜平衡区调查问卷

内蒙古_____盟（市）_____旗（县）_____苏木（乡）_____嘎查（村）

问卷编号：_____调研人员：_____日期：_____

尊敬的朋友，您好，我们是中国农业大学的研究生，想询问一些您对畜牧业生产和草原保护相关的看法，此次调查仅用于我们的研究，谢谢您配合。

一、受访户基本信息（尽量是户主）

1. 姓名：_____

2. 性别：（□男　　□女）

3. 民族：（□蒙古族　□汉族　□其他_____）

4. 年龄：_____

5. 受教育程度：（□小学以下　□小学　□初中　□高中　□高中以上）

6. 婚姻状况：（□有配偶　□未婚　□丧偶　□离异）

7. 是否是村干部：（□是　□否）

    如果是，干部类型：A. 村长　B. 书记　C. 财务　D. 其他_____

8. 家里有_____人，其中：男性_____人，女性_____人；

    其中：16 周岁以下_____人，16～60 周岁_____人，60 周岁以上_____人；劳动力_____人，其中：从事畜牧业生产_____人，性别和年龄分别是_____，_____，_____，_____，_____，_____，外出打工（半年以上）_____人，性别、年龄、职业分别是_____，_____，_____，_____，_____，_____

9. 子女数量_____人，性别和年龄分别是_____，_____，_____，_____，_____，_____

孩子 1 是否上学（□在上学　□已毕业）

（□小学　□初中　□高中　□大学　□研究生）

如果已毕业，是否从事畜牧业（□是　□否）

如果未从事畜牧业，其就业状况如何（□较好　□一般　□不好）

孩子 2 是否上学（□在上学　□已毕业）

（□小学　□初中　□高中　□大学　□研究生）

如果已毕业，是否从事畜牧业（□是　□否）

如果未从事畜牧业，其就业状况如何（□较好　□一般　□不好）

孩子 3 是否上学（□在上学　□已毕业）

（□小学　□初中　□高中　□大学　□研究生）

如果已毕业，是否从事畜牧业（□是　□否）

如果未从事畜牧业，其就业状况如何（□较好　□一般　□不好）

10. 您从事畜牧业生产年数：_____

11. 草场承包_____亩，其中禁牧_____亩，草畜平衡_____亩。

　　承包草场块数：_____。

　　草场距离主要道路的距离：_____公里。

　　草场距离居住地的距离：_____公里。

　　居住地距离县城的距离：_____公里。

12. 草场围栏精细化程度：A. 围栏到户　B. 联户围栏　C. 围栏到村

13. 是否租入草场？（□是　□否），如果是，租入____亩，租金____元每亩。

14. 是否租出草场？（□是　□否），如果是，租出____亩，租金____元每亩。

15. 是否倒场？（□是　□否），如果是，夏营盘____亩，冬营盘____亩。

16. 与村内其他牧民相比，您觉得您家的草场质量如何？A. 较差　B. 一样　C. 较好

17. 与其他村相比，您觉得这个村的草场质量如何？A. 较差　B. 一样　C. 较好

18. 自家的人工饲草地_____亩，是否租入饲草地？（□是　□否），如果是，面积____亩，租金_____元每亩。

19. 总共人工饲草地____亩，其中一年生人工草地____亩，多年生人工草地____亩，是否灌溉（□是　□否），灌溉_____亩，2013 年饲草产量_____吨干草。

20. 您觉得您家的人工饲草料地足够吗？A. 足够　B. 不足

21. 您想租入别的牧户的饲草地吗？A. 想　B. 不想

22. 您家有泥棚总面积：_____平方米，_____个，每个_____平方米。

23. 暖棚总面积：_____平方米，养殖小区暖棚面积：_____平方米，_____个，每个_____平方米，散的暖棚面积：_____平方米，_____个，每个_____平方米，

    2011～2014 年已建和正在建暖棚面积：_____平方米，_____个，每个_____平方米，总共花费_____元，其中补贴_____元，自费_____元；补贴类型：_____

    _____

24. 从 2011 年开始至今，您觉得您家暖棚（已建和在建）足够吗？

    A. 足够　B. 不足；

    如果不足，您想投资暖棚建设吗？A. 想　B. 不想

    如果想，存在什么困难吗？A. 没有困难　B. 资金不足　C. 拿不到政府补贴名额　D. 没有地方建暖棚　E. 缺乏劳动力　F. 其他困难

    _____

25. 目前人畜饮水来源：A. 自家井水　B. 公共水井　C. 他家水井 D. 自来水　E. 河水　F. 集水，如果是自家井水，那么水井深度____米，____年打的井

    打井类型：（□自家打井　□国家资助打井）

26. 附近是否有河流？（□是　□否），距离最近的河流有_____公里。

27. 您是否雇用羊倌？（□是　□否），如果是，请回答以下问题

    您为什么雇用羊倌？（□自己养照顾不过来　□养羊太累雇羊倌自己可以轻松一些　□自己有其他非农就业）

    进一步问题请看最后一页羊倌问卷。

二、牲畜养殖和减畜情况

1. 2011 年实际存栏（绵羊____只，山羊____只，肉牛____头，奶牛____

头，其他____只）；

2010 年末存栏（绵羊____只，山羊____只，肉牛____头，奶牛____头，其他____只）。

2. 2014 年实际存栏（绵羊____只，山羊____只，肉牛____头，奶牛____头，其他____只）；

2013 年末存栏（绵羊____只，山羊____只，肉牛____头，奶牛____头，其他____只）。

3. 您知道当地的草畜平衡标准吗？ A. 知道　B. 不知道

4. 您知道按照草畜平衡标准，您的草场的合理载畜量吗？ A. 知道　B. 不知道

5. 按照 2011 年的养殖量，您的类型是：A. 超载需要减畜　B. 不超载不需要减畜

如果属于 A 超载需要减畜，请回答问题 6 ~ 11

6. 您是怎么减畜的？（可以多选）A. 减少牲畜存栏　B. 减少的牲畜进行舍饲养殖　C. 租入草场　D. 其他减畜方式_____

7. 您认为实施草原补奖政策，减畜的难度：A. 小　B. 中等　C. 大；

8. 如果减畜难度中等或大，减畜的困难在哪里？ A. 减少存栏收入损失大　B. 舍饲养殖成本太高　C. 租不到草场　D. 其他_____

9. 您是怎么进行舍饲养殖的？（半开放式）

_____

夏秋放牧，冬春半舍饲？ A. 是　B. 否

是否对部分羊进行了全年舍饲？ A. 是　B. 否

是否采取了羊羔舍饲？ A. 是　B. 否

10. 您觉得减少的牲畜进行舍饲化养殖效果如何？ A. 效果很好　B. 效果一般　C. 效果不好

11. 如果效果一般或不好，舍饲养殖的困难在哪里？ A. 暖棚建设不足　B. 没有足够的饲草地　C. 草料价格太高　D. 其他困难_____

12. 一个成年大羊完全舍饲的草料费支出大概是_____元。

13. 一个羊羔完全舍饲（产羔到出栏）的草料费支出大概是_____元。

三、畜牧业收支（2013 年）

1. 家庭畜牧业（近三年）年均纯收入大概_____元。

2. 2013 年畜牧业销售总收入＿＿＿元，其中卖大羊＿＿＿＿＿只，每只＿＿＿元，卖羊羔＿＿＿只，每只＿＿＿＿＿元，羊毛＿＿＿元，羊绒＿＿＿＿＿元，卖肉牛＿＿＿＿＿头，平均每头＿＿＿＿＿元，卖奶制品＿＿＿＿＿元，其他＿＿＿＿＿元，自己一年要吃＿＿＿＿＿只羊。

3. 2013 年畜牧业经营性支出＿＿＿＿＿元，其中买草＿＿＿＿＿元，＿＿＿吨干草，每吨＿＿＿＿＿元，买料＿＿＿＿＿元，＿＿＿＿＿吨，每吨＿＿＿元，防疫费＿＿＿＿＿元，草场租金＿＿＿＿＿元，超载罚款＿＿＿＿＿元，雇羊倌＿＿＿元，拉水、打草、运输的机械燃油费用＿＿＿＿＿元，购买种羊＿＿＿＿＿元，其他费用＿＿＿＿＿元。

4. 生产性固定资产投资（自费＋补贴），暖棚＿＿＿＿＿年＿＿＿元、＿＿＿＿＿年＿＿＿＿＿元、＿＿＿年＿＿＿＿＿元，打草机＿＿＿＿＿年＿＿＿＿＿元，风力发电机＿＿＿＿＿年＿＿＿＿＿元，拖拉机＿＿＿＿＿年＿＿＿＿＿元，摩托车＿＿＿年＿＿＿＿＿元，围栏＿＿＿＿＿年＿＿＿＿＿元，青贮窖＿＿＿＿＿年＿＿＿＿＿元，其他＿＿＿＿＿，＿＿＿＿＿年＿＿＿＿＿元。

四、家庭总收支（2013 年）

1. 总收入＿＿＿＿＿元，其中畜牧业收入＿＿＿＿＿元，工资收入＿＿＿＿＿元，外出务工＿＿＿元，旅游收入＿＿＿＿＿元，补贴＿＿＿＿＿元，其他收入＿＿＿＿＿元。

   工资收入说明：＿＿＿＿＿＿＿＿＿＿＿＿＿＿＿＿＿＿＿＿＿＿＿

   外出务工收入说明：＿＿＿＿＿＿＿＿＿＿＿＿＿＿＿＿＿＿＿＿

   旅游收入说明：＿＿＿＿＿＿＿＿＿＿＿＿＿＿＿＿＿＿＿＿＿＿

   其他收入说明：＿＿＿＿＿＿＿＿＿＿＿＿＿＿＿＿＿＿＿＿＿＿

2. 总支出＿＿＿＿＿元，其中教育＿＿＿＿＿元，医疗＿＿＿＿＿元（其中报销＿＿＿＿＿元），生活支出＿＿＿＿＿元，人情费＿＿＿＿＿元，其他支出＿＿＿＿＿元。

   教育说明：＿＿＿＿＿＿＿＿＿＿＿＿＿＿＿＿＿＿＿＿＿＿＿＿＿

   医疗说明：＿＿＿＿＿＿＿＿＿＿＿＿＿＿＿＿＿＿＿＿＿＿＿＿＿

   其他支出说明：＿＿＿＿＿＿＿＿＿＿＿＿＿＿＿＿＿＿＿＿＿＿

3. 近三年有无借钱、贷款情况？ A. 有 B. 没有，如果有，请回答下面的问题。

   为什么要借款？ A. 买草料，B. 孩子上学，C. 家里人看病 D. 日常开销 E. 其他

跟谁借钱(□亲戚朋友　　　　　元，利息　　)

(□高利贷　　　　　元，利息　　)

(□信用社或银行　　　　　元，利息　　)

4. 当地有哪些优惠的贷款?　＿＿＿＿＿＿＿＿＿＿＿＿＿＿＿

您是否获得了这些贷款?(□是　□否)，额度是＿＿＿＿元。

为什么贷款?　A. 因为缺钱　B. 不是很缺钱但因为是政府贴息贷款

您获得这些优惠贷款的难易程度?　A. 困难　B. 一般　C. 容易

5. 补贴总额:＿＿＿＿元

2013 年因"草原生态保护补助奖励"这一项政策，你得到的补助奖励是:＿＿＿＿元。

禁牧补助＿＿＿＿元，草畜平衡奖励＿＿＿＿元，牧草良种补贴＿＿＿＿元，牧民生产资料综合补贴＿＿＿＿元。

您家还有其他补贴吗?　林业补贴:＿＿＿元，＿＿＿亩，＿＿＿元每亩;

低保＿＿＿＿元，＿＿＿＿人，＿＿＿＿元每人;暖棚补贴＿＿＿＿元;

其他补贴:＿＿＿＿＿＿＿＿＿＿＿＿

五、草原生态保护补助奖励机制的评价

1. 该地区的草原奖补标准模式和具体标准为:

A. 按面积补助:禁牧＿＿＿＿元/亩，草畜平衡＿＿＿＿元/亩

B. 按人口补助:禁牧:16 周岁以下＿＿＿＿元，16～60 周岁＿＿＿＿元，

60 周岁以上＿＿＿＿元;

草畜平衡:16 周岁以下＿＿＿＿元，16 周岁以上＿＿＿＿元。

2. 您觉得哪种补偿模式更合理:　A. 按面积补助　B. 按人口补助

3. 您认为目前的禁牧补助标准:　A. 太低　B. 低　C. 中等　D. 高
E. 很高

目前的草畜平衡奖励标准:　A. 太低　B. 低　C. 中等　D. 高　E. 很高

4. 如果让您选择您的草场是否禁牧，您愿意接受的禁牧补助标准为＿＿＿元/亩，或者＿＿＿＿元/成年人，由于政府资金有限，如果您高报，政府将不会选择将您的草场禁牧。

5. 如果让您选择您的草场是否实行草畜平衡，您愿意接受的草畜平衡奖励标准为＿＿＿＿元每亩，或者＿＿＿＿元/成年人，由于政府资金有限，

如果您高报，政府将不会选择将您的草场进行草畜平衡。

6. 您认为这些奖励补助资金发放是否及时？ A. 不及时 B. 及时

7. 补奖政策实施以后，您的收入是增加了还是降低了？ A. 增加 B. 降低
   如果不考虑畜产品价格的上涨，您的收入是增加了还是降低了？
   A. 增加 B. 降低

8. 奖励补助资金对减畜带来的损失的弥补效果如何？ A. 无效 B. 部分
   有效 C. 非常有效

※总体来说，您对目前的草原生态补助奖励政策满意吗？

A. 不满意   B. 一般   C. 满意

六、禁牧和草畜平衡的监管评价

1. 本嘎查是否有村规民约对禁牧和草畜平衡进行了规定？ A. 有 B. 没有

2. 您认为每个嘎查是否需要一个草管员？ A. 需要 B. 不需要

3. 您认为草管员应该由谁担任？ A. 村领导担任 B. 自愿担任 + 村民选举

七、牧区家庭经营代际传递意愿

1. 您会继续从事草原畜牧业吗？ A. 会 B. 不会 C. 不清楚

2. 您会让您的后代继续从事草原畜牧业吗？ A. 愿意 B. 不愿意 C. 由
   子女自己决定

3. 当地是否提供非农就业培训？ A. 是 B. 否

4. 您的牲畜是怎么销售的？ A. 中间商收购 B. 肉食品加工企业收购
   C. 屠宰场收购 D. 通过合作社组织销售 E. 旅游点销售 F. 自行
   贩卖

5. 您认为近两年牲畜销售价格如何？ A. 很低 B. 较低 C. 一般
   D. 较高 E. 很高

6. 您认为牧区经营收益如何？ A. 很低 B. 较低 C. 一般 D. 较高
   E. 很高

7. 您认为牧区近几年灾害发生的频率如何？ A. 很少 B. 较少 C. 一般
   D. 较多 E. 很多
   近几年灾害对您的畜牧业生产影响如何？ A. 很小 B. 较小 C. 一般
   D. 较大 E. 很大

8. 您对牧区政策（畜牧生产、社会保障等）满意吗？

A. 很不满意　B. 不满意　C. 一般　D. 满意　E. 非常满意

9. 您认为牧区生活条件如何？A. 很艰苦　B. 一般　C. 不艰苦

10. 您对当前的生活状况满意吗？A. 不满意　B. 一般　C. 满意

八、草场流转

1. 您想租入别的牧户的草场吗？A. 想　B. 不想

2. 如果想，您愿意支付的最大草场租金_____元/亩。

以下是存在草场流转的牧户需要回答的问题。

租入户和租出户：

1. 流转的期限：____年，从____年到____年

2. 草场流转的价格是怎么确定的？A. 一年一定　B. ____年一定

3. 流转租金的支付方式？A. 现金　B. 转账

4. 流转租金的支付方式？A. 按年支付　B. 按月支付　C. 按几年支付

5. 流转是村内流转还是村外流转？A. 村内　B. 村外

　　如果是村内流转，是否需要通过村组同意？A. 需要　B. 不需要

　　如果是村外流转，是否需要通过村组同意？A. 需要　B. 不需要

6. 流转合同是口头的还是书面的？A. 口头　B. 书面

租入户：

7. 您是在2011~2014年开始租入的吗或者有进一步增加租入草场？（□是 □否）

　　如果是，主要与草原生态保护补助奖励机制有关系吗？（□是　□否）

8. 您租入的草场是否来自多个牧户？（□是　□否），以下内容是否均要填写。

　　分别是哪一年？_____，_____，_____。

　　分别是多少亩？_____，_____，_____。

　　距离自家草场是多少公里？_____，_____，_____。

　　租出户的承包面积分别是多少亩？_____，_____，_____。

9. 出租给您草场的牧户的去向是什么？A. 到城里生活　B. 到城里打工　C. 在牧区当羊倌　D. 部分出租草场继续从事畜牧业　E. 其他_____

10. 出租给您草场的牧户出租草场的原因是什么？A. 草场面积小增收困难　B. 因年老或者疾病丧失劳动能力　C. 进城工作或生活　D. 牲

畜较少、草场面积较大部分出租　E. 其他原因_____

租出户：

11. 您是在 2011~2014 年开始租出的吗？（□是　□否）

如果是，与草原生态保护补助奖励机制有关系吗？（□是　□否）

12. 您为什么要租出草场？A. 草场面积小增收困难　B. 因年老或者疾病丧失劳动能力　C. 牲畜较少、草场面积较大部分出租　D. 其他原因

九、羊倌

问卷类型：A. 户主在羊倌在（羊倌填写）　　B. 户主在羊倌不在（户主填写）

1. 羊倌基本信息

（1）性别：（□男　　□女）

（2）民族：（□蒙古族　□汉族　□其他_____）

（3）年龄：_____

（4）受教育程度：（□小学以下　□小学　□初中　□高中　□高中以上）

（5）婚姻状况：（□有配偶　□未婚　□丧偶　□离异）

（6）家里有_____人，其中：男性_____人，女性_____人，子女数量_____人。

其中：16 周岁以下_____人，16~60 周岁_____人，60 周岁以上_____人。

（7）劳动力_____人，除本人以外，其他劳动力性别、年龄、职业分别是_____，_____，_____，_____，_____，_____

（8）羊倌的工资_____元/月

（9）从事羊倌的年限：_____年

2. 羊倌的定位

（1）您来自：（□牧区　□农区）

（2）如果来自牧区，

①草场承包_____亩，其中禁牧_____亩，草畜平衡_____亩。

②草场的利用情况：（□出租给其他牧户　□自家使用）如果出租给其他牧户，出租面积_____亩，租金_____元/亩。

③属于（□同一嘎查　□同一苏木　□同一旗县　□同一盟市

□其他)

（3）如果来自农区，属于（□同一苏木　□同一旗县　□同一盟市
□其他)

3. 羊倌的家庭总收支（2013 年）

（1）总收入_____元，其中羊倌收入_____元，其他收入_____元
其他收入说明：_____

_____

（2）总支出_____元，其中教育_____元，医疗_____元（其中报销
_____元)，生活支出_____元，人情费_____元，其他支出
_____元
教育说明：_____
医疗说明：_____
其他支出说明：_____

附录二 内蒙古牧区禁牧区调查问卷

内蒙古_____盟（市）_____旗（县）_____苏木（乡）_____嘎查（村）

问卷编号：_____调研人员：_____日期：_____

尊敬的朋友，您好，我们是中国农业大学的研究生，想询问一些您对畜牧业生产和草原保护相关的看法，此次调查仅用于我们的研究，谢谢您配合。

一、受访户基本信息（尽量是户主）

1. 姓名：_____

2. 性别：（□男　　□女）

3. 民族：（□蒙古族　□汉族　□其他_____）

4. 年龄：_____

5. 受教育程度：（□小学以下　□小学　□初中　□高中　□高中以上）

6. 婚姻状况：（□有配偶　□未婚　□丧偶　□离异）

7. 是否是村干部：（□是　□否）

　　如果是，干部类型：A. 村长　B. 书记　C. 财务　D. 其他_____

8. 家里有_____人，其中：男性_____人，女性_____人；

　　其中：16周岁以下_____人，16～60周岁_____人，60周岁以上_____人；劳动力_____人，其中：从事畜牧业生产_____人，性别和年龄分别是_____，_____，____，____，_____，_____，外出打工（半年以上）_____人，性别、年龄、职业分别是____，____，_____，_____，_____，

9. 子女数量__人，性别和年龄分别是_____，_____，____，_____，_____，_____，

　　孩子1是否上学（□在上学　□已毕业）

　　（□小学　□初中　□高中　□大学　□研究生）

　　如果已毕业，是否从事畜牧业（□是　　□否）

如果未从事畜牧业，其就业状况如何（□较好　□一般　□不好）

孩子 2 是否上学（□在上学　□已毕业）

（□小学　□初中　□高中　□大学　□研究生）

如果已毕业，是否从事畜牧业（□是　□否）

如果未从事畜牧业，其就业状况如何（□较好　□一般　□不好）

孩子 3 是否上学（□在上学　□已毕业）

（□小学　□初中　□高中　□大学　□研究生）

如果已毕业，是否从事畜牧业（□是　□否）

如果未从事畜牧业，其就业状况如何（□较好　□一般　□不好）

10. 从事畜牧业生产年数：_____

11. 草场承包_____亩，其中禁牧_____亩，草畜平衡_____亩。

　　承包草场块数：____。

　　草场距离主要道路的距离：_____公里。

　　草场距离居住地的距离：_____公里。

　　居住地距离县城的距离：_____公里。

12. 草场围栏精细化程度：A. 围栏到户　B. 联户围栏　C. 围栏到村

13. 您的禁牧类型：

　　A. 补奖政策实施前禁牧，具体是____年　B. 补奖政策实施后禁牧

　　A. 长期性禁牧　　　B. 阶段性禁牧

　　A. 工程性禁牧　　　B. 行政性禁牧

　　A. 全禁牧　　　　　B. 部分禁牧，部分草畜平衡

14. 人工饲草地_____亩，其中一年生人工草地_____亩，多年生人工草地_____亩，是否灌溉（□是　□否），灌溉_____亩，2013 年饲草产量_____吨干草。

15. 租入饲草地：（□是　□否），如果是，面积_____亩，租金_____元每亩，是否灌溉（□是　□否），灌溉_____亩，2013 年饲草产量_____吨干草。

16. 您觉得您家的人工饲草料地足够吗？A. 足够　B. 不足；

17. 您想租入别的牧户的饲草地吗？A. 想　B. 不想

18. 您家有泥棚总面积：____平方米，____个，每个____平方米。

19. 暖棚总面积：_____平方米，养殖小区暖棚面积：_____平方米，_____个，每个_____平方米，散的暖棚面积：_____平方米，_____个，每个_____平方米，2011～2014 年已建和正在建暖棚面积：_____平方米，_____个，每个_____平方米，总共花费_____元，其中补贴_____元，自费_____元；补贴类型：_____。

20. 从 2011 年开始至今，您觉得您家暖棚（已建和在建）足够吗？A. 足够 B. 不足

如果不足，您想投资暖棚建设吗？A. 想 B. 不想

如果想，存在什么困难吗？A. 没有困难 B. 资金不足 C. 拿不到政府补贴名额 D. 没有地方建暖棚 E. 缺乏劳动力 F. 其他困难

_____

21. 目前人畜饮水来源：A. 自家井水 B. 公共水井 C. 他家水井 D. 自来水 E. 河水 F. 集水，如果是自家井水，那么水井深度_____米，_____年打的井

打井类型：（□自家打井 □国家资助打井）

22. 附近是否有河流？（□是 □否），距离最近的河流有_____公里。

二、牲畜养殖和减畜情况

1. 2011 年实际存栏（绵羊_____只，山羊_____只，肉牛_____头，奶牛_____头，其他_____只）；

2010 年末存栏（绵羊_____只，山羊_____只，肉牛_____头，奶牛_____头，其他_____只）。

2. 2014 年实际存栏（绵羊_____只，山羊_____只，肉牛_____头，奶牛_____头，其他_____只）；

2013 年末存栏（绵羊_____只，山羊_____只，肉牛_____头，奶牛_____头，其他_____只）。

3. 您知道当地的禁牧措施吗？A. 知道 B. 不知道

4. 您知道按照禁牧规定，您的合理载畜量吗？A. 知道 B. 不知道

5. 按照 2011 年的养殖量，您的类型是：A. 需要减畜 B. 不需要减畜

如果属于 A 需要减畜，请回答问题 6～11

6. 如果是，您是怎么减畜的？（可以多选）A. 减少牲畜存栏 B. 减少

的牲畜进行舍饲养殖　C. 其他减畜方式_____

7. 您认为实施草原补奖政策，减畜的难度：A. 小　B. 中等　C. 大

8. 如果减畜难度中等或大，减畜的困难在哪里？A. 减少存栏收入损失
大　B. 舍饲养殖成本太高　C. 租不到草场　D. 非农就业机会少
E. 其他_____

_____

9. 您是怎么进行舍饲养殖的？（半开放式）

_____

夏秋放牧，冬春半舍饲？A. 是　B. 否

是否对部分羊进行了全年舍饲？A. 是　B. 否

是否采取了羊羔舍饲？A. 是　B. 否

10. 您觉得减少的牲畜进行舍饲化养殖效果如何？A. 效果很好　B. 效果
一般　C. 效果不好

11. 如果效果一般或不好，舍饲养殖的困难在哪里？A. 暖棚建设不足
B. 没有足够的饲草地　C. 草料价格太高　D. 其他困难_____

12. 一个成年大羊完全舍饲的草料费支出大概是_____元

13. 一个羊羔完全舍饲（产羔到出栏）的草料费支出大概是_____元

三、畜牧业收支（2013 年）

1. 家庭畜牧业（近三年）年均纯收入大概_____元。

2. 2013 年畜牧业销售总收入____元，其中卖大羊_____只，每只____
元，卖羊羔_____只，每只_____元，羊毛____元，羊绒_____元，
卖肉牛_____头，平均每头_____元，卖奶制品_____元，其他
_____元，自己一年要吃_____只羊。

3. 2013 年畜牧业经营性支出_____元，其中买草_____元，____吨干
草，每吨_____元，买料_____元，_____吨，每吨____元，防疫费
_____元，草场租金_____元，超载罚款_____元，雇羊倌____元，
拉水、打草、运输的机械燃油费用____元，购买种羊_____元，其他
费用_____元。

4. 生产性固定资产投资（自费 + 补贴），暖棚_____年_____元、____
年_____元、____年_____元，打草机_____年_____元，风力发

电机＿＿＿＿年＿＿＿＿元，拖拉机＿＿＿＿年＿＿＿＿元，摩托车＿＿＿＿年
＿＿＿元，围栏＿＿＿＿年＿＿＿＿元，青贮窖＿＿＿＿年＿＿＿＿元，其他
＿＿＿＿，＿＿＿＿年＿＿＿＿元。

四、家庭总收支（2013年）

1. 总收入＿＿＿＿元，其中畜牧业收入＿＿＿＿元，农业收入＿＿＿＿元，工
   资收入＿＿＿＿元，外出务工＿＿＿＿元，旅游收入＿＿＿＿元，补贴
   ＿＿＿＿元，其他收入＿＿＿＿元

   农业收入说明：＿＿＿＿亩地，种植＿＿＿＿，纯收入＿＿＿＿元；

   ＿＿＿＿亩地，种植＿＿＿＿，纯收入＿＿＿＿元；

   ＿＿＿＿个大棚，种植＿＿＿＿，纯收入＿＿＿＿元；

   ＿＿＿＿个大棚，种植＿＿＿＿，纯收入＿＿＿＿元；

   大棚建设补贴：＿＿年＿＿个大棚，单个自费＿＿元，单个补贴＿＿元
   ＿＿年＿＿个大棚，单个自费＿＿元，单个补贴＿＿元

   工资收入说明：＿＿＿＿＿＿＿＿＿＿＿＿＿＿＿＿＿＿＿＿＿＿＿＿＿＿

   外出务工收入说明：＿＿＿＿＿＿＿＿＿＿＿＿＿＿＿＿＿＿＿＿＿＿＿＿

   旅游收入说明：＿＿＿＿＿＿＿＿＿＿＿＿＿＿＿＿＿＿＿＿＿＿＿＿＿＿

   其他收入说明：＿＿＿＿＿＿＿＿＿＿＿＿＿＿＿＿＿＿＿＿＿＿＿＿＿＿

2. 总支出＿＿＿＿元，其中教育＿＿＿＿元，医疗＿＿＿＿元（其中报
   销＿＿＿＿元），生活支出＿＿＿＿元，人情费＿＿＿＿元，其他支
   出＿＿＿＿元

   教育说明：＿＿＿＿＿＿＿＿＿＿＿＿＿＿＿＿＿＿＿＿＿＿＿＿＿＿＿＿＿

   医疗说明：＿＿＿＿＿＿＿＿＿＿＿＿＿＿＿＿＿＿＿＿＿＿＿＿＿＿＿＿＿

   其他支出说明：＿＿＿＿＿＿＿＿＿＿＿＿＿＿＿＿＿＿＿＿＿＿＿＿＿＿＿

3. 近三年有无借钱、贷款情况？A. 有　B. 没有，如果有，请回答下面
   的问题。

   为什么要借款？A. 买草料　B. 孩子上学　C. 家里人看病　D. 日常
   开销　E. 其他

   跟谁借钱(□亲戚朋友　　　　　元，利息　　　)

   　　　　　(□高利贷　　　　　元，利息　　　)

   　　　　　(□信用社或银行　　　元，利息　　　)

4. 当地有哪些优惠的贷款？_____

　　您是否获得了这些贷款？（□是　□否），额度是_____元。

　　为什么贷款？A. 因为缺钱　B. 不是很缺钱但因为是政府贴息贷款

　　您获得这些优惠贷款的难易程度？A. 困难　B. 一般　C. 容易

5. 补贴总额：_____元

　　2013 年因"草原生态保护补助奖励"这一项政策，你得到的补助奖励是：____元。禁牧补助_____元，草畜平衡奖励_____元，牧草良种补贴_____元，牧民生产资料综合补贴_____元。

　　您家还有其他补贴吗？林业补贴：____元，____亩，____元每亩；

　　低保_____元，_____人，____元每人；暖棚补贴_____元；

　　其他补贴：_____

五、草原生态保护补助奖励机制的评价

1. 该地区的草原奖补标准模式和具体标准为：

　　A. 按面积补助：禁牧____元/亩，草畜平衡_____元/亩

　　B. 按人口补助：禁牧：16 周岁以下____元，16 ~ 60 周岁____元，60 周岁以上____元；

　　　　　　　　草畜平衡：16 周岁以下____元，16 周岁以上____元。

2. 您觉得哪种补偿模式更合理：A. 按面积补助　B. 按人口补助

3. 您认为目前的禁牧补助标准：A. 太低　B. 低　C. 中等　D. 高　E. 很高

　　目前的草畜平衡奖励标准：A. 太低　B. 低　C. 中等　D. 高　E. 很高

4. 如果让您选择您的草场是否禁牧，您愿意接受的禁牧补助标准为_____元/亩，或者_____元/成年人，由于政府资金有限，如果您高报，政府将不会选择将您的草场禁牧。

5. 如果让您选择您的草场是否实行草畜平衡，您愿意接受的草畜平衡奖励标准为_____元每亩，或者_____元/成年人，由于政府资金有限，如果您高报，政府将不会选择将您的草场进行草畜平衡。

6. 您认为这些奖励补助资金发放是否及时？A. 不及时　B. 及时

7. 补奖政策实施以后，您的收入是增加了还是降低了？A. 增加　B. 降低

　　如果不考虑畜产品价格的上涨，您的收入是增加了还是降低了？

　　A. 增加　B. 降低

8. 奖励补助资金对减畜带来的损失的弥补效果如何？ A. 无效　B. 部分
有效　C. 非常有效

※总体来说，您对目前的草原生态补助奖励政策满意吗？

A. 不满意　　　　　　　B. 一般　　　　　　　C. 满意

六、禁牧和草畜平衡的监管评价

1. 本嘎查是否有村规民约对禁牧和草畜平衡进行了规定？ A. 有　B. 没有

2. 您认为每个嘎查是否需要一个草管员？ A. 需要　B. 不需要

3. 您认为草管员应该由谁担任？ A. 村领导担任　B. 自愿担任＋村民选举

4. 嘎查中是否存在偷牧或夜牧的行为？ A. 有　B. 没有

5. 当地都有哪些禁牧的监管措施？_____

七、牧区家庭经营代际传递意愿

1. 您会继续从事草原畜牧业吗？ A. 会　B. 不会　C. 不清楚

2. 您会让您的后代继续从事草原畜牧业吗？ A. 愿意　B. 不愿意　C. 由
子女自己决定

3. 当地是否提供非农就业培训？ A. 是　B. 否

4. 您的牲畜是怎么销售的？ A. 中间商收购　B. 肉食品加工企业收购
C. 屠宰场收购　D. 通过合作社组织销售　E. 旅游点销售　F. 自行
贩卖

5. 您认为近两年牲畜销售价格如何？ A. 很低　B. 较低　C. 一般
D. 较高　E. 很高

6. 您认为牧区经营收益如何？ A. 很低　B. 较低　C. 一般　D. 较高
E. 很高

7. 您认为牧区近几年灾害发生的频率如何？ A. 很少　B. 较少　C. 一般
D. 较多　E. 很多
近几年灾害对您的畜牧业生产影响如何？ A. 很小　B. 较小　C. 一般
D. 较大　E. 很大

8. 您对牧区政策（畜牧生产、社会保障等）满意吗？
A. 很不满意　B. 不满意　C. 一般　D. 满意　E. 非常满意

9. 您认为牧区生活条件如何？ A. 很艰苦　B. 一般　C. 不艰苦

10. 您对当前的生活状况满意吗？ A. 不满意　B. 一般　C. 满意

附 录 三　甘 肃 牧 区 调 查 问 卷

甘肃省　　　武威市　天祝县＿＿＿＿＿＿镇（乡）　＿＿＿＿＿＿＿村

问卷编号：＿＿＿＿＿＿　被访者：＿＿＿＿＿＿调研人员：＿＿＿＿＿＿日期：＿＿＿＿＿＿

尊敬的朋友：您好，我们是甘肃省生态补偿政策法律框架项目草原生态补偿组成员，想询问您对草原生态保护补助奖励政策的看法，此次调查仅用于我们的研究，谢谢您配合。

一、受访户基本信息

1. 性别：（□男　□女）

2. 民族：＿＿＿＿＿＿

3. 年龄：（□15～25周岁　□26～35周岁　□36～45周岁　□46～55周岁　□55周岁以上）

4. 受教育程度：（□小学以下　□小学　□初中　□高中　□高中以上）

5. 家里有＿＿＿＿＿人，其中：劳动力＿＿＿＿＿人，从事农业生产＿＿＿＿＿人，其中：女性＿＿＿＿＿人　外出打工＿＿＿＿＿人　外出打工原因＿＿＿＿＿＿

6. 贫富类型：（□贫困户　□中等户　□富裕户）

7. 草场承包＿＿＿＿＿亩，其中禁牧＿＿＿＿＿亩，草畜平衡＿＿＿＿＿亩。

8. 租入（出）草场：（□是　□否），如果是，租入＿＿＿亩，租金＿＿＿元每亩。

9. 人工饲草地＿＿＿＿＿亩，其中一年生人工草地＿＿＿＿＿亩，多年生人工草地＿＿＿亩，饲草年产量＿＿＿＿＿吨。

10. 租入饲草地：（□是　□否），如果是，面积＿＿＿亩，租金＿＿＿＿＿元每亩，饲草年产量＿＿＿＿＿＿吨。

11. 您家有暖棚＿＿＿个，其中养殖小区暖棚＿＿＿个，每个＿＿＿平方米，散棚＿＿＿＿＿个，每个＿＿＿平方米，2011～2013年已建成暖棚＿＿＿＿＿个，正在建暖棚＿＿＿＿＿个，单个暖棚共花费＿＿＿＿＿元，其中后续产业扶持补贴_____元，联村联户补贴_____元，自费____元。

从 2011 年开始至今，您觉得您家暖棚（已建和在建）足够吗？

A. 足够　B. 不足

如果不足，您想投资暖棚建设吗？A. 想　B. 不想；如果想，为什么没有进行暖棚建设？A. 资金不足　B. 政府补贴名额有限　C. 其他原因_____如果不想，为什么？_____

12. 从 2011 年至今，您家人工饲草地面积有增加吗？A. 有　B. 没有；如果有，怎么增加的？A. 自主投资建设　B. 政府资助建设，增加_____亩；

品种有改良吗？A. 有　B. 没有

您觉得您家的人工饲草料地足够吗？A. 足够　B. 不足；如果不足，您想增加人工饲草料地面积吗？A. 想　B. 不想；如果想，为什么没有增加人工饲草料地面积？

A. 自然条件不允许　B. 政府补贴名额有限　C. 其他原因_____

如果不想，为什么？_____

二、牲畜养殖

1. 根据前 5 年平均鲜草产量核定合理载畜量为_____羊单位，2010 年末实际存栏（牦牛、绵羊、山羊、其他　　）_____头____只，折合_____羊单位，超载_____羊单位。完成三年减畜计划，达到草畜平衡需 2011 年减畜_____羊单位；2012 年减畜_____羊单位；2013 年减畜_____羊单位。（这些数据在"村与户"禁牧、草畜平衡责任书中）

2. 您是否清楚您家草畜平衡区放牧和舍饲养殖的牲畜分别是多少？

A. 清楚　B. 不清楚；清楚的话，如何区分舍饲养殖和草畜平衡区放牧？_____

_____

3. 您在天然草场上是怎么放牧的？

A. 所有的羊进去放牧　B. 符合草畜平衡规定的羊进去放牧　C. 介于 A 与 B 之间

A. 全年放牧　B. 半年放牧 + 舍饲　C. 夏冬草场轮牧

如果是半年放牧，半年放牧的时间段：____月到____月

如果是夏冬草场轮牧，夏草场面积是____亩，冬草场面积是____亩。

4. 2011 年末实际存栏（牦牛_____头，绵羊_____只，山羊_____只，其他_____只），折合____羊单位，其中草畜平衡区放牧（牦牛____头，绵羊____只，山羊____只，其他____只），折合____羊单位，舍饲养殖（牦牛____头，绵羊____只，山羊____只，其他____只），折合____羊单位

5. 2012 年末实际存栏（牦牛____头，绵羊_____只，山羊____只，其他_____只），折合____羊单位，其中草畜平衡区放牧（牦牛____头，绵羊____只，山羊____只，其他____只），折合____羊单位，舍饲养殖（牦牛____头，绵羊____只，山羊____只，其他____只），折合____羊单位

三、畜牧业生产情况（2012 年）

1. 畜牧业销售总收入____元，其中卖大羊_____只，每只____元，卖羊羔____只，每只_____元，羊毛____元，羊绒_____元，卖牦牛____头，每头_____元，卖其他____只，每只____元，其他_____元

2. 畜牧业经营性支出_____元，其中买草_____吨，每吨_____元，买料_____吨，每吨____元，防疫费____元，草场租金____元，超载罚款____元，雇羊倌____元，其他费用_____元

3. 您多养一个羊单位（一个成年大羊 + 一个半年羊羔）的草料费支出是_____元，其中草____吨，料____吨

四、家庭总收支（2012 年）

1. 总收入____元，其中畜牧业收入____元，工资收入_____元，外出务工____元，旅游收入_____元，补贴_____元，其他收入_____元

   工资收入说明：_____

   外出务工收入说明：_____

   旅游收入说明：_____

   其他收入说明：_____

2. 总支出_____元，其中教育_____元，医疗_____元，生活支出_____元，交通费_____元，通讯费_____元，其他支出_____元

教育说明：_____

医疗说明：_____

其他支出说明：_____

五、草原生态保护补助奖励机制的评价

天祝县执行青藏高原区的标准，其中禁牧补助 20 元每亩，草畜平衡奖励 2.18 元每亩。

1. 您认为目前的草原补奖标准：A. 太低　B. 低　　C. 中等　D. 高　E. 很高

   目前的禁牧补助标准：A. 太低　B. 低　C. 中等　D. 高　E. 很高

   目前的草畜平衡奖励标准：A. 太低　B. 低　C. 中等　D. 高　E. 很高

   您认为禁牧补助每亩_____元合适，草畜平衡奖励每亩_____元合适

   理由是什么？_____

   您认为禁牧实行多少年之后，草场退化能够明显改善？

   A. 3 年以下　　B. 3~5 年　　C. 5 年以上　　或者具体____年

   您认为草畜平衡实行多少年之后，草场退化能够明显改善？

   A. 3 年以下　　B. 3~5 年　　C. 5 年以上　　或者具体____年

2. 您认为实施草原补奖政策，减畜的难度：A. 很小　B. 小　C. 中等　D. 大　E. 很高；您是怎么减畜的？A. 减少牲畜年末存栏　B. 减少的牲畜进行舍饲养殖　C. 不减畜舍饲养殖的困难在哪里？A. 暖棚建设投资大　B. 草料费支出大　C. 没有足够的人工饲草地　D. 其他__

3. 有无借钱、贷款情况？A. 有　B. 没有

   跟谁借　□亲戚朋友　□高利贷　□信用社或者银行

   为什么要借款？_____

   目前的借贷情况？A. 仍负债　B. 已还清　C. 继续借

4. 2012 年因"草原生态保护补助奖励"这一项政策，你得到的补助奖励是：____元。禁牧补助_____元，草畜平衡奖励_____元，牧草良种补贴_____元，牧民生产资料综合补贴_____元。

   您家还有其他补贴吗？林业补贴：____元，____亩，____元每亩；

   低保_____元，_____人，____元每人；其他补贴：_____

5. 您认为这些奖励补贴资金发放是否及时？A. 不及时　B. 及时

※总体来说，您对目前的草原生态补助奖励政策满意吗？

A. 非常不满意　B. 不满意　C. 说不上　D. 满意　E. 非常满意

6. 开放问题：您认为草原生态补助奖励政策好在什么地方？（如果认为该政策有好的方面的话）

7. 开放问题：您认为草原生态补助奖励政策在哪些地方需要改进？

六、禁牧和草畜平衡的监管评价

政府的监管体系（草原监理局—草原监理站—草管员—村规民约）

1. 您觉得监管上能够达到减畜的预期目的吗？理由是什么？

　　A. 能　　　　　　　　B. 不能

2. 您会遵守村规民约中新增的禁牧和草畜平衡规定吗？理由是什么？

　　A. 会　　　　　　　　B. 不会

3. 您认为其他村民都能遵守村规民约中的禁牧和草畜平衡规定吗？理由是什么？

　　A. 会　　　　　　　　B. 不会

4. 您认为监管（即草管员＋村规民约）上存在哪些问题？

5. 您觉得在监管上可以有哪些改进？

七、草场流转

1. 您会继续从事草原畜牧业吗？A. 会　B. 不会　C. 不清楚

　为什么？＿＿＿＿＿＿＿＿＿＿＿＿＿＿＿＿＿＿＿＿＿

2. 您会让您的后代继续从事草原畜牧业吗？A. 会　B. 不会　C. 不清楚

　为什么？＿＿＿＿＿＿＿＿＿＿＿＿＿＿＿＿＿＿＿＿＿

3. 您想租入别的牧户的草场吗？A. 想　B. 不想＿＿＿＿＿＿＿＿＿

＿＿＿＿＿＿＿＿＿＿＿＿＿＿＿＿＿＿＿＿＿

4. 如果想，为什么？A. 扩大生产规模　B. 达到草畜平衡标准　C. 其他原因＿＿＿＿＿＿＿＿＿＿＿＿＿＿＿＿＿

＿＿＿＿＿＿＿＿＿＿＿＿＿＿＿＿＿＿＿＿＿

5. 如果想又没有租入，为什么？A. 没人出租草场　B. 价格太高　C. 其

他原因_____

_____

6. 如果不想？为什么？ A. 自己年龄大了　 B. 子女们都有稳定的工作了

　　 C. 其他原因_____

_____

以下是存在草场流转的牧户需要回答的问题。

如果想又租入了草场：从____年开始租入草场

7. 草场的价格是怎么确定的？ A. 双方协商　 B. 村规民约规定的

您觉得价格怎么样？ A. 偏高　 B. 偏低

8. 流转的形式是怎么样的？ A. 内部　 B. 就近　 C. 无限制

9. 您为什么要租入草场？ A. 扩大生产规模　 B. 达到草畜平衡标准

　 C. 其他原因

10. 您租入草场与实施了草原奖补政策有关系吗？ A. 有　 B. 没有

11. 出租给您草场的牧户为什么出租草场？_____